高等职业教育教材

基因操作技术

何曼文　袁思敏　余展旺　主编

化学工业出版社

·北京·

内 容 简 介

《基因操作技术》教材由校企合作开发，基于工学一体化教学理念，围绕行业典型工作任务，着重培养学生的综合职业能力。教材内容不仅涵盖从唾液样本采集到基因组DNA提取、高通量测序文库制备、上机测序及结果解读的全流程技能任务，还包括基因操作的理论知识，如生物样本管理的政策法规、核酸的理化性质、文库制备的基本原理、核酸定量分析方法及原理、高通量测序原理及常见测序技术类型以及生物信息分析数据指标等。同时，教材强调核酸样品管理与检测技能、生物安全操作，着重于高通量测序技术的应用与数据分析，使学生能够熟练掌握基因检测设备操作、核酸样品处理及测序数据解读，以适应基因检测领域的专业需求。

本书可作为高等职业院校和技工院校生物技术类、药品类、医学检验技术等相关专业的教材，也可作为临床检验工作者、继续教育者和职称考试者的参考用书。

图书在版编目（CIP）数据

基因操作技术 / 何曼文，袁思敏，余展旺主编.
北京：化学工业出版社，2024. 10. --（高等职业教育
教材）. -- ISBN 978-7-122-46981-6
Ⅰ. Q78
中国国家版本馆 CIP 数据核字第 2024FT7589 号

责任编辑：王　芳　提　岩　　　　　　　　文字编辑：丁海蓉　刘悦林
责任校对：杜杏然　　　　　　　　　　　　装帧设计：王晓宇

出版发行：化学工业出版社（北京市东城区青年湖南街 13 号　邮政编码 100011）
印　　装：北京云浩印刷有限责任公司
787mm×1092mm　1/16　印张 15½　字数 384 千字　2025 年 9 月北京第 1 版第 1 次印刷

购书咨询：010-64518888　　　　　　　　售后服务：010-64518899
网　　址：http://www.cip.com.cn
凡购买本书，如有缺损质量问题，本社销售中心负责调换。

定　　价：46.00 元　　　　　　　　　　　　　　　版权所有　违者必究

本书编审人员名单

主　编　何曼文　深圳城市职业学院
　　　　　袁思敏　深圳城市职业学院
　　　　　余展旺　深圳城市职业学院

副主编　周理华　深圳城市职业学院
　　　　　伍　辉　深圳城市职业学院
　　　　　王　宁　深圳华大智造科技股份有限公司
　　　　　王逸丛　深圳华大智造科技股份有限公司

参　编　冯丽雄　深圳城市职业学院
　　　　　官昭瑛　深圳城市职业学院
　　　　　唐　倩　深圳城市职业学院
　　　　　余姝侨　深圳城市职业学院
　　　　　吕　乐　深圳城市职业学院
　　　　　蔡晓雯　深圳城市职业学院
　　　　　林俊亮　深圳城市职业学院

主　审　张红云　深圳华大基因股份有限公司

前言

面对基因检测在医学和公共卫生领域快速发展的新格局，《"十四五"生物经济发展规划》中提到围绕重点高校建设人才培养基地，重点培养生物领域高技能人才。

《基因操作技术》教材面向生物工程、生物制品、药品、保健食品等生产与经营行业，以培养符合行业发展需求的技能型人才为目标，围绕生物产业发展需要、岗位用人标准和需求，通过专业、系统、实用的理论知识和实践操作，培养适应生物技术及相关企业的生物检测、生产加工、生产线技术管理、生物制品营销及售后服务、实验室管理维护和科研辅助等工作的人才。

本书结合基因检测相关工作岗位的典型工作任务来编写项目，以DNA特征的识别为主线，包括生物样本库建设与管理、核酸样本制备、核酸文库制备、核酸样本与文库质量检测、高通量测序、检测结果分析与解读等内容。每个项目由学习目标、项目说明、必备知识、项目实施和能力拓展等组成。每个项目实施包含了2~5个具体工作任务，突出培养学生的动手操作能力和实际应用能力。

此外，书中有机融入课程思政，并配套微课、电子课件、习题答案等资源，形成纸数融合新形态教材。

本教材由深圳城市职业学院和深圳华大基因股份有限公司"产学研"校企合作项目开发而来。编写团队成员不仅在分子生物学领域拥有深厚的教学和科研背景，同时也具备丰富的企业实践经验。本书的编写得到了深圳城市职业学院生物制药专业顾问委员会的鼎力支持，在此表示衷心的感谢。

鉴于基因操作技术领域的广泛性和复杂性，尽管我们力求全面和准确，书中仍可能存在疏漏和不足，恳请广大读者多提宝贵意见。

编　者

2025 年 4 月

目 录
CONTENTS

项目一　生物样本库建设与管理

知识目标　1. 学习并掌握生物样本管理的政策法规。
　　　　　2. 熟悉生物样本的伦理审查流程。
　　　　　3. 掌握生物样本建设与管理的技术标准。

能力目标　1. 会对不同生物样本进行信息采集。
　　　　　2. 能正确处理并储存生物样本。
　　　　　3. 能对生物样本进行规范包装与运输。

素质目标　1. 培养小组团结合作的精神。
　　　　　2. 养成注重规范与安全的责任意识。

<　**项目说明**

　　生物样本库是一个包含人体、动物和植物等生物体的生物样本的存储设施，它能够为医学研究、临床诊断和药物开发等提供重要的支持和帮助。生物样本的采集、处理、包装和运输环节是基因操作过程中的首要及关键环节，需要严格遵守相关标准和规定，以确保样本的质量和可靠性，避免影响后续实验结果的准确性。

<　**必备知识**

一、发展历程

　　生物样本是指从人体、动物、植物、微生物或非动物/植物类的多细胞生物（如棕色海藻和真菌）等生物体获得或衍生的任意物质（ISO 20387）。其中人类生物样本是指从人体获得或衍生的生物物质，包括但不限于遗体（包括死亡胚胎、胎儿等）、器官、组织（包括胚胎等）、细胞（包括受精卵、原代细胞等）、体液（包括血液等）、分泌物、排泄物等以及由其衍生获取的生物物质，如 DNA（脱氧核糖核酸）、RNA（核糖核酸）、蛋白质、菌群、代谢物等。而生物样本库是指开展生物样本保藏的合法实体或其部分（ISO 20387），可以是一个单独的实验室或一个大型机构，例如国家生物样本库。

1. 初期建设阶段（20 世纪 50 年代—1999 年）

20 世纪 50 年代至 1999 年，我国建立了一些基础的生物样本库，主要用于保存和研究重要的生物资源和遗传信息。早在 20 世纪 50 年代，中国科学院植物研究所就建立了中国植物标本馆，成为我国最早的植物标本库之一。该植物标本馆收集、保存了大量的植物标本，包括植物的种子、叶片、花朵、果实等，为植物分类学和植物资源研究提供了重要的资源。在 20 世纪 60 年代，中国科学院动物研究所建立了中国动物标本馆，成为我国最早的动物标本库之一。该动物标本馆收集和保存的动物标本主要包括动物的骨骼、皮毛、羽毛、鳞片等。当时物质条件和技术手段相对比较简单，动植物标本收集主要通过野外考察、捕获、采集和标本制作等传统方法进行。标本的保存和保藏主要依赖于干燥、防虫、防腐等简单的物理方法。与此同时，中国科学院微生物研究所建立了微生物菌种保藏中心，主要通过培养和保存微生物菌种的方法来进行工作。通过收集来自不同地区和环境的微生物样品，经过分离、纯化和培养，得到纯种的微生物菌种，并将其冷冻或冻干保存起来。1994 年，中国科学院建成了中华民族永生细胞库，存储了我国 3000 多人的永生细胞株和 6000 多份 DNA 样本。之后我国陆续出现了规模不一的样本库，如专家库、科室库、学科群库、重大项目库、区域库和医院库等。这些初期建设的生物样本库为我国的生物资源保护、研究和利用奠定了基础。随着科学技术的进步和国家对生物资源的重视，我国的生物样本库建设逐渐进入了国家级建设阶段。

2. 国家级建设阶段（1999—2010 年）

1999 年，我国启动了"国家生物样本库建设"项目，旨在建立国家级的生物样本库网络，以促进生物资源的保护、研究和利用。随后，卫生部正式批准成立国家生物样本库管理办公室，负责统筹和管理国家生物样本库的建设和运营。在这个阶段，我国陆续建立了一系列国家级生物样本库，如国家人类基因组北方研究中心（北京市）、国家人类基因组南方研究中心（上海市）、国家动物标本馆（成都市）、国家微生物菌种保藏管理中心（北京市）等，涵盖了人类遗传资源、动植物标本、微生物菌种等多个领域。广东省中山大学肿瘤防治中心从 2000 年开始筹建肿瘤资源库，2001 年 12 月正式启动建设，是国内最早开始采集、处理、存储、分发使用重大疾病样本的样本资源中心之一，其中鼻咽癌样本规模为全球最大。我国人类遗传资源平台是由中华人民共和国科学技术部（简称科技部）于 2003 年 7 月启动建设的，旨在整合动植物种质、微生物菌种、人类遗传资源、生物标本、岩矿化石标本、实验材料与标准物质等领域的自然科技资源，实现资源的全社会共享。2004 年，广州生物银行队列研究项目和中国慢性病前瞻性研究项目开始建立，分别在局部（广州地区）和全国范围的成年人群体中研究慢性病的发病机制、危险因素和预防措施等，为公共卫生政策提供科学依据。2008 年，上海市科学技术委员会启动了上海临床生物样本库项目，由上海市胸科医院、复旦大学附属肿瘤医院、上海儿童医学中心、海军军医大学第二附属医院（上海长征医院）等单位组成。该项目采用政府引导、社会参与、市场化发展的模式，由上海医药临床研究中心作为第三方协作单位建立了学术委员会、伦理与法律委员会、管理委员会。上海交通大学医学院、同济大学、上海中医药大学、中国人民解放军海军军医大学、中国科学院上海生命科学研究院以及 15 家三级医院共同组成了上海生物样本库资源网络，共同推进标准化生物样本库的建设工作。北京市重大疾病临床数据和样本资源库始建于 2009 年，以首都医科大学为主，与其分库进行数据交换，依托北京市各大医院丰富的临床病例资源，针对突发疫情、心脑血管疾病、艾滋病、肝炎等重大疾病设立了 10 个研究样本库，集中存储血清、细胞、遗传物质、组织等样本资源。2010 年，中国医药生物技术协会组织生物样本库分会成立，其宗旨是"珍惜样本、执行标准、充分应用、维护产权"。协会每年召开中国生物样本库标准化建设与应用研讨会暨中国生物样本库院长高峰论坛，也代表中国生物样本库行业参与国际生物样本库组织和国际标准制定，推动我国生物样本库行业与国际接轨，增进国际合作与交流。

3. 系统化管理阶段（2010—2016 年）

2010 年，我国启动了中国生物样本库管理系统建设项目，通过建设统一的生物样本库管理系统，实现了生物样本库之间的信息共享和协同管理。这一举措大大提高了生物样本库的管理效率和科研资源的利用效益。该指南提供了关于生物样本库和数据库建设的指导原则、技术要求和管理规范等内容，旨在推动生物样本库的规范建设和管理。2011 年，中国医药生物技术协会组织生物样本库分会发布了《中国医药生物技术协会生物样本库标准（试行）》，对生物样本库的建设、管理、质量控制等方面进行了规定。同年，国家四部委批复依托深圳华大生命科学研究院建设深圳国家基因库，这是我国首座存、读、写一体化的综合性生物遗传资源基因库。该基因库一期工程已经建成，具备千万级样本的存储能力，并且能够产生 PB（petabyte）级的数据。2012 年，生物芯片上海国家工程研究中心牵头组织复旦大学等单位，共同编译国际权威《ISBER 最佳实践 2012》，充分结合我国国情推广生物样本库建设领域的先进标准，指导我国生物样本库的标准化建设。2015 年，我国成立了全国生物样本标准化技术委员会，该委员会的主要职责是负责生物样本的采集、处理、存储、管理、分发以及相关技术、方法和产品领域国家标准的制定和修订工作。全国生物样本标准化技术委员会的成立，标志着我国在生物样本库建设和管理方面迈出了重要的一步，有助于推动我国生物医药领域的发展和创新。2016 年，我国启动"精准医学研究"重点专项研究计划，开展百万级自然人群国家大型健康队列研究。同年，国家出台《"健康中国 2030"规划纲要》，提出以提高人民健康水平为核心，推进全民健康、优化健康服务、加强健康管理等多项具体举措，给临床生物样本库的发展创造了良好机遇。

4. 法规规范阶段（2016 年至今）

2016 年，我国发布了《生物样本库管理办法》，明确了生物样本库的管理要求和责任，进一步规范了生物样本库的建设和运营。该办法明确了生物样本库的管理机构、管理人员以及样本采集、保存、使用、共享等方面的要求，保障了生物样本的合法性、规范性和可持续管理。2017 年，科技部出台的《"十三五"卫生与健康科技创新专项规划》明确要求不断完善创新基地平台，在明确定位、分类整合的基础上，优化布局卫生与健康领域研发基地和平台建设，大力推进国家临床医学研究中心建设，统筹布局国家医学大数据及样本资源库等平台基地，建成覆盖 100 万健康人群和 10 个重点疾病的大型人群队列。2018 年，"基因遗传风险评分"作为研究热点中的关键词，再次成为疾病风险管控的重要手段。这表明人们提高了对生物样本规范化管理的重视，必须加强科技创新以控制风险。只有这样，生物样本库的建设才能进入良性循环的发展状态，从而推动生物样本库的可持续发展。自 2019 年《中华人民共和国人类遗传资源管理条例》施行以来，我国人类生物样本库的建设管理就从法规上奠定了基础。该条例规范了人类遗传资源的获取和使用程序，保障了公众的利益和权益，有利于促进科学研究的发展，保护个人隐私和信息安全。

目前，我国的生物样本库建设已经取得了显著成果。我国的生物样本库网络已经覆盖了全国各地，涵盖了生物样本的多个领域。这些样本的保存和研究对推动科学研究、保护生物多样性、促进医学进步等方面都具有重要意义。未来，我国的生物样本库将进一步加强与国际样本库的合作与交流，提高样本库的管理水平和科研价值。

二、政策法规

1. 生物样本管理办法

为加强医疗卫生机构科研用人类生物样本的管理，规范生物样本的获取、存储、使用和共享活动，提高生物样本质量，促进生物样本资源有效利用，2022 年 1 月，国家卫生健康委员会发布了《医疗卫生机构科研用人类生物样本管理暂行办法》，明确各级各类医疗机构、疾病预防控制机构、妇幼保健机构、采供血机构等均是生物样本管理的责任主体，生物样本的获取、转运、存储、使用和共享等活动应当严格遵守《中华人民共和国生物安全法》《中华人民共和国人类遗传资源管理条例》《病原微生物实验室生物安全管理条例》《医疗废物管理条例》等相关法律法规。医疗卫生机构在采集人类生物样本时，应遵循科学、规范的原则，确保采集的样本符合科研的需要，并保护被采集者的知情权和自愿权。生物样本存储机构可以自建生物样本库等设施或委托第三方存储生物样本，应当建立与生物样本存储管理相适应的组织体系，配备技术人员，提供必要的场地、资金保障，建立健全生物样本全流程管理制度和标准操作规范。对传染病生物样本的管理要严格遵循《中华人民共和国传染病防治法》《中华人民共和国生物安全法》《病原微生物实验室生物安全管理条例》等有关规定，对相关生物样本及周边生物样本和环境进行生物安全风险评估，采取防控措施，确保生物安全。医疗卫生机构在使用人类生物样本进行科研活动时，应确保科研活动的合法性和伦理性，并尊重被采样者的知情权和隐私权。医疗卫生机构在进行涉及人类生物样本的科研活动时，应进行伦理审查，确保科研活动符合伦理要求。生物样本相关信息系统应严格落实国家网络安全等级保护制度要求，建立严格的数据安全管理制度和技术防护体系，确保数据安全和捐献者的个人信息安全。

2. 实验室安全

实验室安全是指在实验室环境中保护人员不受伤害和设备不受损坏的一系列措施和规范。实验室安全的重要性在于保护实验人员的生命安全和健康，防止实验过程中发生事故和意外，并保护实验设备和材料的完整性。实验室安全的常见措施和规范包括以下 9 点：

① 实验室标识：实验室内应标示清楚安全标识，包括紧急出口、消防器材、危险物品等的标志，以便人员在紧急情况下能够快速找到相关设备和出口。

② 个人防护装备：实验室人员应佩戴适当的个人防护装备，如实验手套、安全眼镜、防护服等，以减小实验人员身体受到化学品、辐射等危害的风险。

③ 化学品管理：实验室中应有明确的化学品储存区域，各种化学品应按照相应的规定进行分类储存和标识，并遵循正确的操作方法，避免混合使用和泄漏。

④ 设备维护和检修：实验室设备应定期进行维护和检修，以确保其正常运行和安全使用。对于损坏的设备，应及时修复或更换。

⑤ 灭火器材：实验室内应配备适量的灭火器材，并定期检查其有效性。实验室人员应熟悉灭火器材的使用方法，并在发生火灾时能够迅速采取措施。

⑥ 紧急救护设备：实验室应配备急救箱、洗眼器、紧急淋浴等急救设备，以应对可能发生的伤害和事故。

⑦ 实验室规章制度：实验室应制定相关的安全规章制度，并进行培训和宣传，确保实验室人员了解并遵守安全规范。

⑧ 废物管理：实验室产生的废物应按照相关规定进行分类、储存和处理，以防止对环境和人员造成危害。

⑨ 定期检查和演练：实验室应定期进行安全检查和演练，发现问题及时解决，并提高实验室人员面对应急情况时的应对能力。

实验室是进行科学研究和实验的地方，其中涉及的化学品、生物制品、放射性物质等都具有一定的危险性，因此实验室安全法规显得尤为重要。常见的实验室安全法规包括以下5点：

① 《中华人民共和国安全生产法》：其明确了生产单位应当建立安全生产责任制度，落实安全生产主体责任，保障生产过程中工人和公众的安全。

② 《实验室安全管理规定》：该规定主要规定了实验室的建设和管理要求，包括设施设备的要求、实验室人员的培训和管理、实验室安全管理制度的制定和执行等。

③ 《高等学校实验室安全规范》：该办法规定了实验室的建设和管理要求，包括实验室安全管理、实验室设备设施的管理、实验室用品的管理、实验室环境的管理等方面。

④ 《危险化学品安全管理条例》：该条例规定了化学品的分类、标识、包装、储存、运输、销售和使用等方面的管理要求，保障化学品的安全使用。

⑤ 《放射性物质管理条例》：该条例规定了放射性物质的管理要求，包括放射性物质的分类、安全使用、储存和处理等方面的要求。实验室工作者应该认真学习实验室安全法规，确保实验室工作的科学化、规范化和高效化。

生物样本库的实验室安全更多地强调的是生物安全。生物安全是为了避免微生物和医学实验室各种活动中生物因子（如细菌、病毒、真菌、毒素以及含有感染性病毒的各种样本）可能对人、环境和社会造成的危害而采取的防护措施（硬件）和管理措施（软件），以达到对人、环境和社会的安全防护目的的一种综合行为。实验室生物安全法规的目的是确保实验室内进行的生物实验不会对人体和环境造成危害，保障实验室工作人员的安全和健康，同时防止实验室内的生物物质泄漏和传播。中国《实验室生物安全通用要求》（GB 19489—2008）规定了我国实验室内生物安全的基本要求和操作规范，包括实验室建设和管理、实验操作和生物安全评价等；美国《生物安全法案》规定了美国实验室内生物安全的基本要求和操作规范，包括实验室的安全评价、生物物质的分类和标记、实验室内的生物安全级别等；欧盟生物安全指令规定了欧盟实验室内生物安全的基本要求和操作规范，包括实验室内的生物安全管理、生物物质的分类和标记、实验室内的生物安全级别等。国内已有一系列法规和标准来规范实验室内的生物安全（表 1-1）。

生物安全实验室的培训

生物样本管理的政策法规

表 1-1 国内实验室生物安全法规和标准

名称	法规/标准号	分类
《病原微生物实验室生物安全管理条例》	中华人民共和国国务院令（第 424 号）	病原微生物实验室生物安全管理条例相关
《病原微生物实验室生物安全环境管理办法》	国家环境保护总局令（第 32 号）	
《人间传染的高致病性病原微生物实验室和实验活动生物安全审批管理办法》	中华人民共和国卫生部令（第 50 号）	
《人间传染的病原微生物目录》	国卫科教发〔2023〕24 号	

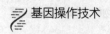

续表

名称	法规/标准号	分类
《医疗废物管理条例》	中华人民共和国国务院令（第 380 号）	医疗废物管理条例相关
《医疗卫生机构医疗废物管理办法》	中华人民共和国卫生部令（第 36 号）	
《医疗废物管理行政处罚办法》	中华人民共和国卫生部、环境保护总局令（第 21 号）	
《医疗废物分类目录（2021 年版）》	中华人民共和国生态环境部、中华人民共和国国家卫生健康委员会（国卫医函〔2021〕238 号）	
《医疗废物集中处置技术规范》	国家环境保护总局（环发〔2003〕206 号）	
《实验动物管理条例》	国家科学技术委员会令（第 2 号）	实验动物生物安全法规相关
《实验动物 环境及设施》	中华人民共和国国家标准（GB 14925—2023）	
《兽医实验室生物安全管理规范》	中华人民共和国农业部公告（第 302 号）	
《实验室 生物安全通用要求》	中华人民共和国国家标准（GB 19489—2008）	国家标准及行业标准
《生物安全实验室建筑技术规范》	中华人民共和国国家标准（GB 50346—2011）	
《病原微生物实验室生物安全通用准则》	中华人民共和国卫生行业标准（WS 233—2017）	
《生物安全柜》	中华人民共和国国家标准（GB 41918—2022）	
《中华人民共和国传染病防治法》	中华人民共和国主席令（第 17 号）	相关法律
《突发公共卫生事件应急条例》	中华人民共和国国务院令（第 376 号）	
《实验室生物安全认可准则》	中国合格评定国家认可委员会（CNAS-CL05）	认可文件
《实验室生物安全认可规则》	中国合格评定国家认可委员会（CNAS-RL05）	
《实验室生物安全认可申请书》	中国合格评定国家认可委员会（CNAS-AL05）	

3. 生物样本的运输

生物样本的运输是将生物样本从采集点或实验室运至分析实验室的过程，涉及生物安全和遗传信息保护等方面的法规和标准（表 1-2），这些法规和标准需要严格遵守和执行，以保障实验结果的准确性和可靠性。

表 1-2 与生物样本的运输相关的法规和标准

名称	法规/标准号
《中华人民共和国生物安全法》	中华人民共和国主席令（第 56 号）
《中华人民共和国个人信息保护法》	中华人民共和国主席令（第 91 号）
《病原微生物实验室生物安全管理条例》	中华人民共和国国务院令（第 424 号）
《可感染人类的高致病性病原微生物菌（毒）种或样本运输管理规定》	中华人民共和国卫生部令（第 45 号）
《医疗器械监督管理条例》	中华人民共和国国务院令（第 739 号）
《民用航空危险品运输管理规定》	中华人民共和国交通运输部令（第 4 号）

续表

名称	法规/标准号
《危险物品安全航空运输技术细则》	国际民用航空组织（Doc 9284 号）
《危险品规则》	国际航空运输协会（IATA DGR 66 版）
《医学实验室-质量和能力要求》	国际标准化组织（ISO 15189：2022）
《检测和校准实验室能力的通用要求》	国际标准化组织（ISO/IEC 17025：2017）

生物样本在运输之前需要准备样本，样本准备应该遵循 4 个基本原则：

① 代表性原则：取样的代表性关系到实验结果是否具有科学意义。

② 准确性原则：代表性样本的各种特征数据必须被准确记录。

③ 迅速性原则：样本质量是实验中影响实验结果的最关键因素，因此样本在采集、制备、贮存、运输过程中应尽可能地做到迅速，最大限度地缩短从样本采集到实验的时间。

④ 低温原则：所取样本离体后，应尽快置于液氮、干冰或−80℃冰箱中，并保证在实验前始终处于−70℃以下，以避免 DNA/RNA 的降解。

生物样本运输的安全和规范要求主要包括 7 点：

① 容器选择：选择适合的容器来存放样本，确保容器具有足够的密封性和耐用性，能够防止样本泄漏和样本被破坏。

② 标签标识：在容器上正确标注样本的标识信息，包括样本类型、编号、采样日期和来源等，可以确保样本被追踪和识别。

③ 温度控制：对需要保持特定温度的样本，如冷藏或冷冻样本，应使用适当的冷藏袋、冷冻剂或冷藏箱来控制样本的温度。

④ 包装和填充物：使用适当的包装材料和填充物来保护样本，可以在运输过程中防止样本破损或泄漏。

⑤ 泄漏和事故处理：在运输过程中，应避免容器泄漏和事故发生。如果发生泄漏或事故，应立即采取适当的措施进行处理，以防止有害物质泄漏。

⑥ 运输方式：根据样本的性质和距离选择合适的运输方式，包括快递、冷链运输等。在选择运输方式时，要确保运输公司或机构有相关的经验和资质。

⑦ 相关法规和规范：遵守国家或所在地区的相关法规和规范，如国际航空运输协会（IATA）的《生物样本运输指南》等。

三、伦理规范

生物样本库伦理规范是指在建立、管理和使用生物样本库的过程中，需要遵守的伦理规范和标准，确保生物样本的采集、储存和使用符合伦理原则和法律法规。以下是生物样本库伦理规范的主要内容：

1. 知情同意

传统知情同意是指在研究开始之前，研究者向参与者提供详细的信息，并征得他们的同意，确保他们理解研究的目的、过程、风险和利益等，并自愿参与研究。这种知情同意通常是以书面形式进行，参与者需要签署知情同意书（图 1-1）。即在采集生物样本前，需要

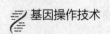

告知被采集者样本用途、风险和权利等信息，并取得其知情同意书。如果被采集者是未成年人或无法表达意愿的人群，需要取得其法定监护人或其他合法代表的同意。知情同意书是保护被试者权益和确保研究的伦理性的重要工具之一，具体包括以下内容：

① 研究的目的和内容：说明研究的目的、研究内容以及研究过程中可能涉及的测试、检查、治疗等内容。

② 风险和收益：说明参与研究可能带来的风险、不适和不良反应，以及可能获得的好处和收益。

③ 自愿参与：强调参与研究是自愿的，被试者有权随时退出研究，不影响其医疗服务。

④ 机密性：保证研究过程中的机密性，保护被试者的隐私。

⑤ 联系方式：提供研究人员的联系方式，以便被试者随时咨询和提出问题。

⑥ 签署和日期：被试者和研究人员签署知情同意书，并注明日期。知情同意书需要在被试者或患者完全了解研究内容、风险和收益后，自愿签署。同时，研究人员也需要严格遵守知情同意书的约定，确保研究过程的合法性和伦理性。

******第一附属医院　　　　　　　　　　　　　　　　　　　知情同意书

生物样本收集知情同意书

病案号：_____

姓名：_____　性别：_____　年龄：_____　科室：_____

一、致患者/近亲属/监护人

尊敬的患者：

感谢您对我院的信任，并祝您早日恢复健康！

目前，人类很多疾病的病因和发病机理不明，缺乏有效的治疗手段，_____******第一附属医院作为国家中医临床研究基地、国家临床医学研究中心，开展临床医学研究，进一步提高疾病的诊疗水平是我们义不容辞的责任。为了更多患者的健康，在您的诊疗过程中，出于诊治和研究相关疾病的目的，我们会常规收集您的血液、尿液、组织、痰液等生物样本，未来可能用于相关疾病研究，以提高今后对该类疾病的诊治水平。这些研究不会使您马上获益，但是科学研究的进步和医学知识的积累会进一步提高我国的医疗卫生水平。

使用这些标本进行研究不会使您受到伤害，如果研究需要，我们会查阅和使用您的病历信息，同时我们在科研活动中将充分保护您的隐私。您有权不签署该知情同意书，您也有权在任何时候撤回您已经签署的同意书。无论您是否同意，均不会影响您在院期间的诊疗活动，也不会影响您和医护人员的关系。

如果您同意，请签字。非常感谢您对人类疾病研究做出的贡献，并致以崇高的敬意！

二、患者/近亲属/监护人声明

我确认本人具备合法资格签署本同意书。

我已经详细阅读以上条款并充分理解，同意。

_____　　　　　　　_____
（患者/近亲属/监护人签名）　　　　　　　　　（医生签名）

_____　　　　　　　_____
（联系方式）　　　　　　　　　　　　　　　（联系方式）

_____　　　　　　　_____
（签字日期）　　　　　　　　　　　　　　　（签字日期）

版本号：_____　版本日期：_____　　　******附属医院临床生物样本库制

图 1-1　知情同意书模板

在生物样本库中，由于涉及未来的未知研究，研究者无法提供具体的研究目的、研究内容和研究人员等细节信息，因此无法满足传统知情同意的要求。研究者在获取参与者的生物样本和数据时不知道将来可能在什么时间，由什么人，如何使用，如何销毁这些生物样本和数据，所以无法告知参与者传统知情同意要求的"信息"要素。这些入库的生物样本和数据被二次使用用于具体研究时，就有明确的研究目的、研究内容、研究人员等详细信息了。同一个参与者的生物样本和数据可能会被多个研究机构、多个研究者用于不同方向的研究，是否每一次具体的"出库"研究都要重新联系参与者进行知情同意？传统知情同意模式在大数据时代遇到了严峻的挑战。

为了解决这个问题，一种替代的知情同意模式被提出，称为"广泛知情同意"。广泛知情同意，即授权生物样本和数据可以在广泛指定的领域内用于所有未来和不可预见的研究，参与者可以限制其在一些领域的使用，在"出库"研究的伦理审查中，伦理委员会会审查具体的研究是否符合之前在广泛知情同意中描述的范围。广泛知情同意从具体的同意转变为"被管理的同意"。广泛知情同意的意义在于提供了一种有效且可行的方式来处理大规模研究中的知情同意问题。它减轻了参与者和研究者的负担，简化了研究过程，并提供了一种合理的方式来平衡个人隐私和科学研究的需要。同时，通过伦理委员会的审查，广泛知情同意模式也能够确保研究的合规性和伦理规范。

2. 伦理委员会

生物样本库伦理委员会是专门负责审查和监督生物样本（包括人体组织、细胞、DNA、RNA 等）收集、储存、使用等方面的伦理问题的机构。生物样本库伦理委员会的目标是保护参与者的权益和福祉，确保研究的科学性和伦理性，维护公众信任，以及严格遵守伦理准则和相关法律法规，促进生物样本库的可持续发展和科学研究的高质量开展。它在生物样本库研究中扮演着至关重要的角色，为研究人员和参与者提供了一个伦理审查和监督的机制。其主要职责包括：

① 审查和批准样本收集、储存、使用等方面的研究计划，确保研究符合伦理规范和法律法规；

② 监督样本的收集、储存、使用等过程，确保研究人员遵守伦理规范和批准的研究方案，不侵犯被试者或患者的权益和利益；

③ 处理样本使用过程中的伦理问题，如样本的隐私保护、知情同意、结果公开等；

④ 提供咨询和建议，协助研究人员遵守伦理规范和法律法规。

2016 年 10 月国家卫生和计划生育委员会（简称卫计委）通过的《涉及人的生物医学研究伦理审查办法》（以下简称《办法》）在内容方面进一步明确了伦理委员会的职责和任务。伦理委员会的成员通常包括医学、生命科学、法律等领域的专家和学者，以及社会代表等（图 1-2）。伦理委员会人数不得少于 7 人，并且应当有不同性别的委员。必要时，伦理委员会可以聘请独立顾问。独立顾问对所审项目的特定问题提供咨询意见，不参与表决。《办法》中规定伦理审查委员会对受理的申报项目应及时开展伦理审查，出示同意、不批准或要求研究者修改研究方案的审查意见；也有权通过跟踪审查停止研究者正在进行的项目。为了确保伦理审查委员会能够充分履行权力，就必须保证其相对独立性，同时排除不利干扰，保证伦理审查的公平、公正和独立。2020 年 10 月，我国成立了国家科技伦理委员会。国家科技伦理委员会的成立标志着我国科技伦理建设迈出了重要一步。该委员会具有权威性和严肃性，其主要职责是统筹规范和指导科技活动，协调各方面的工作，以更好地推动创新驱动发展。

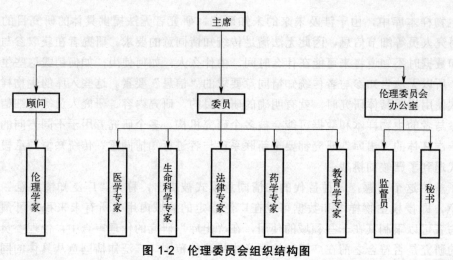

图 1-2　伦理委员会组织结构图

3. 伦理审查

生物样本库伦理审查是指对生物样本库相关研究计划进行伦理审查，以确保研究符合伦理规范和法律法规。生物样本库伦理审查通常由生物样本库伦理委员会负责，伦理审查流程通常包括以下步骤：

生物样本的
伦理审查

① 确定研究目的和样本类型：确定研究目的并确定所需的生物样本类型，例如血液、组织、尿液、唾液等。

② 提交伦理申请：包括研究计划、样本收集和使用程序、知情同意书、数据保密协议等。

③ 审核伦理申请：伦理审查委员会对申请进行审核，包括研究目的、样本收集和使用程序、知情同意书等。

④ 审核结果：伦理审查委员会对申请进行审查后，提供审查结果和建议。

⑤ 获得许可：如果申请获得批准，研究人员可以获得使用生物样本的许可，并按照伦理委员会的要求进行研究。

⑥ 样本保管：在研究期间，生物样本必须得到妥善保管，并确保保密性和隐私性。

⑦ 完成研究后的处理：在研究完成后，研究人员必须采取适当措施处理生物样本，包括销毁、妥善保管等（图 1-3）。

生物样本库伦理审查是加强生物样本库管理和保护、促进其有效开发利用的关键环节，可以有效保护被试者或患者的权益和利益，并提高研究的质量和可信度。

生命伦理学的基本伦理原则为不伤害、公平和尊重原则，具有普遍适用性特征，也是生物样本库伦理审查的标准。伦理审查原则主要包含六大原则：

① 知情同意原则。知情同意原则是伦理审查的首要关键点，《办法》中将知情同意作为单独的一个章节进行描述，说明涉及人的生物医学研究中对知情同意的内容特别关注和重视。

② 控制风险原则。风险受益评估是涉及人的生物医学研究伦理审查的重要内容之一。风险获益评估主要关注的是伤害与预期获益的发生概率以及严重程度。

③ 免费和补偿原则。《办法》对受试者参加研究的费用以及相关补偿均有明确说明："应当公平、合理地选择受试者，对受试者参加研究不得收取任何费用，对受试者在受试过程中支出的合理费用还应当给予适当补偿。"

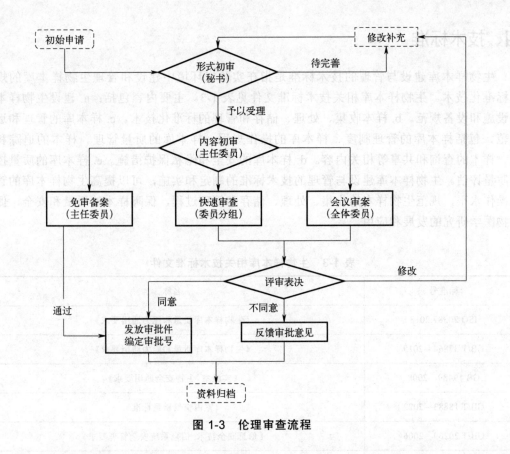

图 1-3 伦理审查流程

④ 保护隐私原则。随着《中华人民共和国民法典》《中华人民共和国个人信息保护法》等法律法规的相继出台，"合法、正当、必要"已成为个人信息处理的基本原则，个人信息和公众隐私权的保护被提到了前所未有的高度。《办法》中规定："切实保护受试者的隐私，如实将受试者个人信息的储存、使用及保密措施情况告知受试者，未经授权不得将受试者个人信息向第三方透露。"

⑤ 依法赔偿原则。《办法》中规定："受试者参加研究受到损害时，应当得到及时、免费的治疗，并依据法律法规及双方约定得到赔偿。"

⑥ 特殊保护原则。《办法》规定："对儿童、孕妇、智力低下者、精神障碍患者等特殊人群受试者，应当予以特别保护。"此类人群通常为弱势人群，是指相对或绝对没有能力保护自身利益的人。他们可能没有足够的能力、智力、受教育程度、资源、力量，或者其他所需的属性来保护自身的利益。

《办法》增强了伦理审查的可操作性，新增了递交初始审查资料、初始审查的重点审查内容和批准研究的标准。研究者在申请初始伦理审查时应当向伦理委员会提交研究材料，如诚信承诺书、生物样本/信息数据的来源证明、科学性论证意见、利益冲突申明、研究成果的发布形式说明等新增资料。伦理委员会初始审查的重点审查内容关注研究参与者招募方式、途径是否恰当，招募是否公平，是否明确告知研究参与者应当享有的权益，是否涉及社会敏感的伦理问题等。《办法》新增了伦理委员会批准研究的基本标准：研究具有科学价值和社会价值，不违反法律法规的规定，不损害公共利益，风险受益比合理，风险已最小化等。

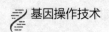

四、技术标准

生物样本库建设与管理的技术标准是指在实验室环境中建设和管理生物样本库的规范和标准化技术。生物样本库相关技术标准文件见表1-3。主要内容包括：a.建设生物样本库的设施和设备规范。b.样本收集、处理、储存和管理的标准化技术。c.样本库的管理和运营规范，包括样本库的管理制度、样本库的操作规程、样本库的质量管理、样本的追踪和管理、样本的查询和共享等相关内容。d.样本库的安全和隐私保护措施。e.样本库的质量控制和质量评估。生物样本库建设与管理的技术标准的制定和实施，可以提高生物样本库的管理和操作水平，规范生物样本的收集、处理、储存和管理过程，保障样本的质量和安全，促进生物医学研究的发展和应用。

表 1-3　生物样本库相关技术标准文件

标准号	名称
ISO 20387:2018	《生物样本库质量和能力通用要求》
GB/T 37864—2019	《生物样本库质量和能力通用要求》
GB 19489—2008	《实验室 生物安全通用要求》
GB/T 18883—2022	《室内空气质量标准》
GB/T 20269—2006	《信息安全技术 信息系统安全管理要求》
AQ 3013—2008	《危险化学品从业单位安全标准化通用规范》
GB 50052—2009	《供配电系统设计规范》
GB/T 40364—2021	《人类生物样本库基础术语》
GB/T 39766—2021	《人类生物样本库管理规范》
GB/T 39767—2021	《人类生物样本管理规范》
GB/T 39768—2021	《人类生物样本分类与编码》
GB/T 38736—2020	《人类生物样本保藏伦理要求》
GB/T 38576—2020	《人类血液样本采集与处理》
GB/T 38735—2020	《人类尿液样本采集与处理》
GB/T 40352.1—2021	《人类组织样本采集与处理 第1部分：手术切除组织》
GB/T 41908—2022	《人类粪便样本采集与处理》
GB/T 42060—2022	《医学实验室 样品采集、运送、接收和处理的要求》

五、核酸分子生物标志物

分子生物标志物是指能够表征生物学过程、病理过程、药物治疗响应或环境暴露等的生物分子。它们对了解疾病发生的机制、提供疾病诊断、监测疾病进展和治疗反应，甚至预测疾病风险具有重要意义。分子生物标志物通常包括蛋白质、小分子代谢物、脂质以及核酸等。目前，分子生物学检验中应用最广泛的是核酸分子生物标志物，主要包括 DNA 突变、基因多态性、DNA 甲基化、转录产物（如 mRNA 和非编码 RNA），以及循环核酸等。

1.DNA 突变

DNA 突变是指遗传物质 DNA 序列中发生的改变。这些改变可以发生在基因（编码蛋白质的特定序列）上或非编码区域（不直接编码蛋白质但可能具有调控功能的序列）。DNA 突变可以是自然发生的，也可以是由外界因素如化学物质、辐射或病毒感染引起的。DNA 突变的类型包括：a. 点突变，包括替换（substitution）、同义突变（silent mutation）、错义突变（missense mutation）和无义突变（nonsense mutation）等。b. 插入和缺失。c. 大尺度变异（large-scale variations），包括拷贝数变异（copy number variations，CNVs）、倒置（inversion）、易位（translocation）和染色体数目的变化等。

2. 基因多态性

多态性是指在一个生物群体中，经常同时存在两种或多种不连续的变异型或基因型（genotype）或等位基因（allele），亦称遗传多态性（genetic polymorphism）或基因多态性。从本质上来讲，基因多态性的产生在于基因水平上的变异，一般发生在基因序列中不编码蛋白的区域和没有重要调节功能的区域。对于一个个体而言，基因多态性碱基顺序终生不变，并按孟德尔遗传定律世代相传。生物群体基因多态性现象十分普遍，其中，人类基因的结构、表达和功能方面的研究比较深入。

人类基因多态性既来源于基因组中重复序列拷贝数的不同，也来源于单拷贝序列的变异，以及双等位基因的转换或替换。按引起关注和研究的先后，通常分为 3 大类：DNA 限制性片段长度多态性、DNA 重复序列多态性、单核苷酸多态性（SNP）。限制性片段长度多态性（restriction fragment length polymorphism，RFLP）是指在基因组中存在由不同限制性内切酶切割后形成的 DNA 片段长度差异。这种差异可能是由基因组中存在的 SNP 位点或重复序列的差异导致的。通过 RFLP 分析，可以对特定基因或基因组区域进行定位、检测和鉴定。重复序列多态性（tandem repeat polymorphism，TRP）是指在基因组中存在连续重复的 DNA 序列，并且不同个体之间重复序列的长度存在差异。重复序列多态性可以分为微卫星（microsatellite）和小卫星（minisatellite）两种类型。微卫星是由 2~6 个碱基组成的短重复序列，而小卫星则是由 6~100 个碱基组成。重复序列多态性常用于亲子鉴定、人类类群遗传学研究以及疾病相关基因的定位等方面。单核苷酸多态性（single nucleotide polymorphism，SNP）是指在基因组中某个位点上，至少有两种不同的碱基出现的现象。例如，在人类基因组中，某个位点上可以出现 A、T、C 和 G 四种不同的碱基，这就是一个 SNP 位点。SNP 是最常见的基因多态性形式，它可以影响个体对疾病的易感性、药物代谢等方面。

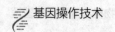

3.DNA 甲基化

DNA 甲基化是指在 DNA 分子中的胞嘧啶（cytosine）碱基上发生的化学修饰过程，通过在胞嘧啶碱基的 C5 位点上加上一个甲基基团（—CH$_3$）来进行甲基化。DNA 甲基化在生物体内起着重要的调控作用。它是一种表观遗传修饰，在基因组稳定性、基因表达调控、细胞分化和发育等过程中发挥关键的作用。

① 在基因组稳定性方面：DNA 甲基化可以起到保护基因组免受外界环境和内部突变的影响的作用。甲基化可以抑制转座子和 DNA 重组酶的活性，从而减小基因组的突变风险。

② 在基因表达调控方面：DNA 甲基化可以对基因的转录进行调控。一般情况下，DNA 甲基化位点的存在会抑制基因的转录活性，即使该基因含有启动子区域。这是由于甲基化可以吸引甲基化结合蛋白（MBD）和组蛋白去乙酰化酶等蛋白结合到 DNA 上，从而导致染色质结构的紧密化，使得转录因子无法结合到启动子区域上，进而抑制基因的转录。

③ 在细胞分化和发育方面：DNA 甲基化也起着重要的调控作用。在多细胞生物中，不同类型的细胞会表现出不同的基因表达模式。这部分是通过 DNA 甲基化的模式来实现的，即不同细胞类型中的 DNA 甲基化模式是不同的。在细胞分化过程中，某些基因的甲基化状态发生变化，从而导致这些基因的表达模式发生改变。

DNA 甲基化异常与多种疾病的发生和发展密切相关。甲基化异常可以导致基因的表达异常，从而引发多种疾病，包括癌症、心血管疾病、神经系统疾病等。研究 DNA 甲基化在疾病中的变化，有助于疾病的预测、诊断和治疗。

4. 转录产物

基于转录产物的分子生物标志物是指基于基因转录过程中产生的 RNA 分子的特定表达模式或变化，用于预测、诊断疾病或监测治疗效果的生物标志物。

① 基因表达水平：通过测量特定基因的转录产物（mRNA）的表达水平，可以获得关于基因表达的信息。这些表达水平的变化可能与疾病的发生、发展以及治疗效果相关。例如，在癌症中，某些基因的表达水平的升高或降低可以作为肿瘤的生物标志物。

② 转录本变异：转录本是指同一个基因产生的不同剪接形式，它们可以通过不同的剪接方式产生不同的 mRNA。转录本变异的检测可以揭示基因的剪接模式的变化，从而了解基因的功能和调控机制。转录本变异在某些疾病中具有重要的意义，例如肌萎缩侧索硬化（ALS）中的 TDP-43 基因的变异。

③ 非编码 RNA（ncRNA）表达：ncRNA 是一类不被翻译为蛋白质的 RNA 分子，它们在基因表达调控和细胞功能中起着重要的作用。通过分析特定 ncRNA 的表达水平和变化，可以了解其在疾病中的调控机制。例如，长链非编码 RNA（lncRNA）MALAT1 在肿瘤发生和预后中具有重要的生物标志物作用。

④ 微小 RNA（miRNA）：miRNA 是一类短小的 RNA 分子，可以通过与 mRNA 结合来调控基因表达。通过测量特定 miRNA 的表达水平和变化，可以了解其在疾病发生和发展中的调控作用。miRNA 在多种疾病，如心血管疾病、癌症和神经退行性疾病等中具有重要的生物标志物作用。

基于转录产物的分子生物标志物的研究为疾病的早期诊断、治疗策略的制定以及疾病预后评估提供了重要的依据。

5. 循环核酸

基于循环核酸的分子生物标志物是指在体液（如血液、尿液等）中循环的核酸分子，包括循环 DNA（circulating DNA）、循环 RNA（circulating RNA）和循环微小 RNA（circulating miRNA）等。通过分析表达水平、突变、甲基化等特征，这些循环核酸分子可以作为诊断、预测疾病或监测治疗效果的生物标志物。

① 循环 DNA：循环 DNA 是指在体液中存在的游离 DNA 分子。它们来自正常细胞的凋亡、坏死以及肿瘤细胞的凋亡、坏死等。通过分析循环 DNA 中的突变、结构变化或特定 DNA 区域的甲基化状态等，可以实现早期癌症的诊断、肿瘤负荷的监测以及治疗效果的评估。

② 循环 RNA：循环 RNA 是指在体液中存在的环形 RNA 分子。它们由线性 RNA 通过剪接反应形成环状结构，具有较高的稳定性。通过分析表达水平、特定转录本的剪接变化等，循环 RNA 可以作为疾病的生物标志物。例如，在心肌梗死的早期诊断中，通过分析表达模式的变化，循环 RNA 可以作为早期诊断标志物。

③ 循环微小 RNA：循环微小 RNA 是一类短小的 RNA 分子，在体液中循环并参与基因表达调控。通过分析循环微小 RNA 的表达水平和特定 miRNA 的变化，可以了解其在疾病发生和发展中的调控作用。循环微小 RNA 在多种疾病的预测和诊断中具有潜在的应用价值，例如癌症、心血管疾病等。

基于循环核酸的分子生物标志物具有许多优势，如非侵入性、可重复性和广泛的应用潜力。这些循环核酸分子为疾病的早期诊断、治疗策略的制定以及疾病预后评估提供了新的思路。然而，要确保其在临床应用中的准确性和可靠性，还需要进一步的研究和验证。

项目实施

任务一

生物样本采集

》任务描述　某基因检测公司正在开发一款临床检验试剂盒，为了支持研发项目和个体诊疗，现需收集一批 100 人份唾液样本（2mL/管）/血液样本（5mL/管）进行测试。在采集唾液/血液样本的过程中，公司将严格遵守相关法律法规和伦理规范，以确保受试者或患者的隐私得到保护并保障样本的安全性。这些样本将为研发项目提供必要的数据支持，并为个体诊疗提供有价值的信息。

一、任务单分析

》引导问题　如何正确采集唾液或血液样本？

1. 领取样本采集任务单（表 1-4），学生进行小组讨论，分析样本采集工作任务，明确工作内容、相关要求及注意事项，列出工作要点。

2. 自主查阅技术文件等相关资料，结合教学实际条件和情况，制订可行的样本采集工作计划和工作方案。

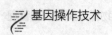基因操作技术

表 1-4　样本采集任务单

项目名称	×××基因检测试剂盒开发		任务单编号	×××
项目总负责部门	研发部		项目负责人	×××

一、任务简介

　　×××项目已通过伦理审查备案，目前在完成"炎黄一号"细胞系 gDNA 和乳腺癌标准参考品样本的研究基础上，拟纳入 100 例健康人群的唾液/血液样本，进行×××基因检测试剂盒开发的进一步研究与优化。本项目由研发部承诺所提供样本将获得充分知情同意，并与研究者尽一切努力共同做好受试者的隐私保护工作。

二、技术要求

　1. 参考 ISO 4307—2021《分子体外诊断检验 唾液预检验过程规范 分离的人类 DNA》。

　2. 参考 GB/T 38576—2020《人类血液样本采集与处理》。

会签意见		××年××月××日		
任务下达人	研发部	生产部	技术支持部	样本库中心
×××	×××	×××	×××	×××

二、制订计划

>> 引导问题　　如何对受试者的样本信息做好保密工作？

　1. 学生对所查资料进行归纳总结，小组内进行沟通讨论，分析采集技术要求。

　2. 小组讨论制订样本采集任务实施方案（表 1-5），明确组内分工。

表 1-5　样本采集任务实施方案表

工作任务名称	
技术要求细则	
仪器设备	
试剂耗材	
采集对象	
采集时间	
采集地点	
采集流程	
备注	

样本采集提示：

① 确定采样对象：例如动物、植物、人类或环境等，人类样本又可具体到健康/疾病、年龄、性别、是否有吸烟史等。

② 选择采样地点：选择适当的采样地点，确保采样地点能够代表研究对象的整体特征。

③ 准备采样工具：根据采样对象的不同，选择合适的采样工具，例如容器、采样棒或者刷子等。

④ 采样前准备：在采样前需要对采样工具和采样容器进行消毒和清洁，以免样本受到污染。

⑤ 采样操作：根据采样对象的不同，采用不同的采样操作。例如，对于动物样本，可以选择采集血液、皮肤或者粪便等；对于植物样本，可以选择采集叶子、种子或者根系等；对于环境样本，可以选择采集土壤、水体或者空气等。

⑥ 样本处理：对采集到的样本进行处理和加工，例如分离细胞、制备样本切片或者过滤水样等。

⑦ 样本保存：对处理好的样本进行标注和分类，并储存在合适的温度和湿度下，以保证样本的完整性和质量。

三、任务准备

>> 引导问题　如何做好个人防护和实验安全？

1. 仪器设备及耗材

超净工作台、台式离心机、电子天平、超低温冰箱、pH 计、精密 pH 试纸、微量移液器、一次性注射器、采样管、采血管、采血针、离心管、毛细管、tip 头（移液枪枪头）、试剂瓶、量筒、烧杯、玻璃棒、镊子、刷子、剪刀、刀片、酒精棉球、标签纸、记号笔、棉签、手套等。

2. 试剂配制

（1）RNAlater 保存液（新鲜组织 RNA 稳定保存液）　RNAlater10mL、0.5mol/L 乙二胺四乙酸（EDTA）1mL、1mol/L Tris-HCl（pH 7.5）1mL、焦碳酸二乙酯处理过的水（DEPC 水）178mL。

（2）Trizol 保存液（细胞或组织样品）　Trizol 1mL、氯仿 200μL、异丙醇 500μL、5mol/L NaCl 200μL、1mol/L Tris-HCl（pH 7.4）100μL、75% 乙醇 1.5mL。

（3）唾液保存液　氯化钠（NaCl）0.8g、磷酸二氢钾（KH_2PO_4）0.2g、氯化钾（KCl）0.2g、碳酸钠（Na_2CO_3）0.2g、甘露醇（$C_6H_{14}O_6$）20g、去离子水 1L。

（4）血液保存液　磷酸盐缓冲液（PBS）8g、葡萄糖（$C_6H_{12}O_6$）10g、氯化钾（KCl）0.2g、磷酸二氢钠（NaH_2PO_4）0.2g、氯化钠（NaCl）8g，pH 值调节至 7.2～7.4，去离子水定容至 1L。

四、任务实施

>> 引导问题　受试者是否已经阅读并明白采集样本的步骤？

1. 唾液样本采集

唾液样本基因检测是利用口腔黏膜脱落细胞对 DNA 进行检测的技术。一般唾液样本采

唾液样本采集

集流程如下：

① 唾液采集前 30min 内不得进食、饮水、吸烟、饮酒或嚼口香糖等，而且需要用饮用水漱口。

② 取出采样管，打开漏斗盖，通过漏斗将唾液收集到采样管中，直至达到采样管上标签所示位置。

③ 盖上漏斗盖，让漏斗盖里的保存液充分流到收集管。

④ 旋下漏斗，盖上小盖子，上下颠倒摇匀，使唾液与保存液充分混匀。

注意事项：

① 避免采样管触碰到其他物体，以防样本被污染。

② 要保证实际的唾液量能达到刻度线，上层的泡沫不包括在内，且必须在半小时内完成唾液样本采集过程。

2. 血液样本采集

出于伦理道德和安全考虑，教学实验室一般不能采集人体血液，通常可以使用模拟血液、动物血液或者人工合成的替代品来代替人体血液。本次实训采集动物血液来替代人体血液，以大鼠/小鼠为采血对象，使用颌下静脉采血方法，采集步骤如下：

① 固定小鼠：使小鼠侧卧，尽量固定小鼠头部。

② 消毒采血部位：对采血部位进行消毒，采血部位为小鼠头部下颌骨后方咬肌边缘颌下静脉丛血管处。

③ 针的选择：根据小鼠大小选择合适的注射针头。对于 25g 以内的小鼠，可选用 4 号或 5 号注射针头；对于 25g 以上的成年小鼠，可选用 6 号注射针头。

④ 针的插入：将针垂直扎入采血部位，深度不超过针头的斜面。进针深度以 1～2mm 为宜（对于 25g 以内的小鼠），或者 3～4mm 为宜（对于 25g 以上的成年小鼠）。

⑤ 收集血液：拔出针头后，血液便会流出。可以使用毛细管收集血液，或者直接将血液滴入采血管中。

⑥ 止血：采血结束后，立即用灭菌干棉球压迫采血部位，以止血。

⑦ 保持头部低于心脏高度：为方便采血，可使小鼠头部保持在低于心脏高度的位置。

注意事项：

① 需要熟悉下颌静脉的位置。

② 确保小鼠头部和前肢不能摆动。

五、工作记录

≫ 引导问题　样本的基本信息有哪些？

1. 采集完样本后，填写生物样本采集单（表 1-6），以便后续的实验或临床诊断使用。

表 1-6　生物样本采集单（含示例）

样本编号	采集日期	采集地点	采集者姓名	样本类型	样本预处理方法	存储方式
001	2021/09/01	××医院	×××	血液	抽取 5mL 血液注入 EDTA（乙二胺四乙酸）管中，离心后取上清液	−80℃冰箱

样本编号	采集日期	采集地点	采集者姓名	样本类型	样本预处理方法	存储方式
002	2021/09/01	××体检中心	×××	唾液	采集唾液至唾液保存液中	4℃冰箱
003	2021/09/01	××动物园	×××	粪便	采集新鲜粪便样本，加入保存液中	−20℃冰箱
004	2021/09/02	××大学实验室	×××	组织	采集动物组织样本，切片后置于离心管中	−80℃冰箱
005	2021/09/02	××大学实验室	×××	水样	采集水样，加入保存液中	4℃冰箱
006	2021/09/03	××动物园	×××	毛发	采集动物毛发样本	常温保存
007	2021/09/03	××动物园	×××	环境样本	采集环境样本，加入保存液中	−20℃冰箱

2. 明确样本是否须立即处理，如离心、提取、冷冻等，以保持样本的稳定性和可靠性。

3. 特殊样本的采集须进一步完善采集信息（表 1-7），记录特殊样本的质量信息和储存要求，注明特殊信息如患者病史信息等，以便后续查找和追溯，同时避免混淆或误操作。

表 1-7　生物样本详细记录单

样本基本信息		样本采集信息		样本处理信息	
样本编号		采集日期		样本类型	
样本名称		采集地点		样本处理方法	
样本来源		采集者姓名		样本处理日期	
样本数量		采集方式		样本处理人员	
样本储存信息		样本质量信息		科研项目信息	
存储位置		样本颜色		项目名称	
储存时间		样本形态		项目编号	
储存温度		样本 pH 值		项目周期	
存储方式		样本密度		项目负责人	
		样本透明度		项目经费	
患者病史信息[①]					
患者编号		就诊日期		诊断结果	
患者年龄		病情进展		治疗方案	
患者性别		病情记录		医生建议	
患者症状描述					
备注					

① 健康人群或环境样本采集无须填写患者病史信息。

六、任务评价

任务完成后，按表 1-8 进行样本采集评价。

表 1-8 样本采集评价表

班级：			姓名：		组别：		总分：
序号	评价项目		评价内容	分值	评价主体		
					学生	教师	
1	职业素养		尊重受试者权益	5			
			良好的沟通协调能力	5			
			遵守操作规程和安全规范	5			
			具备责任心和谨慎态度	5			
2	任务单分析		自主查阅资料，学习采样技术	10			
3	制订计划		技术要求细则	10			
			采集流程完整度	10			
4	任务实施		试剂配制准确度	10			
			采样工具选择	10			
			采样操作规范	20			
5	工作记录		正确记录样本信息	10			
合计				100			
教师评语：							
						年　月　日	

技能拓展

>> 引导问题　实验动物血液采集是否需要伦理批件？

1. 临床常用的采血方法

（1）静脉采血　静脉采血是最常见的采血方法，通过穿刺静脉进行血液采集。一般在手臂上的静脉（如肘窝部位的尺静脉或桡静脉）进行穿刺，之后使用消毒棉球、绷带、一次性静脉采血针和采血管等工具进行血液采集。

（2）动脉采血　动脉采血是从动脉中获取血液样本的方法，常用于监测动脉血气和动脉血氧饱和度。一般在桡动脉或股动脉上进行穿刺，使用消毒棉球、一次性动脉血气针和采血管等工具进行血液采集。

（3）皮下采血　皮下采血是通过穿刺皮下组织进行血液采集的方法。一般在手指或脚趾上进行穿刺，用一次性微量吸管吸血进行血液采集。皮下采血常用于婴儿、幼儿或特殊情况下无法进行静脉采血的患者。

2.实验动物血液采集方法

（1）割尾采血　需血量较少时采用此法采血。

① 麻醉小鼠：使用适当的麻醉剂将小鼠麻醉，确保小鼠处于无痛苦和安静状态。

② 固定小鼠：将麻醉后的小鼠放置在一个适当的固定装置上，使其尾部暴露。

③ 温水浸泡：将小鼠的尾部放入预先加热至 45～50℃的温水中浸泡数分钟。也可以使用化学药物（如二甲苯）涂擦小鼠尾部，以促使局部血管扩张。

④ 擦干和消毒：用干净的纸巾或棉花球轻轻擦干小鼠的尾部，然后使用酒精棉球对尾部进行消毒。

⑤ 切割尾尖：使用无菌手术刀、刀片或锋利的剪刀，快速且准确地截断小鼠尾尖 1～2mm。注意要快速进行，以减少小鼠的痛苦。

⑥ 采集血液：可以使用毛细采血管将血液吸取到管内，或者直接滴入收集管中。注意要使用无菌的采血工具，并避免污染血样。

⑦ 止血处理：采血结束后，用干净的棉球轻轻按压尾部伤口，或者使用止血剂（如6%液体火棉胶）来止血。

（2）眼眶静脉丛采血

① 麻醉小鼠：使用适当的麻醉剂将小鼠麻醉，确保小鼠处于无痛苦和安静状态。

② 侧卧位放置小鼠：将麻醉后的小鼠以侧卧位放置在一个适当的动物台上。

③ 拉皮肤：用左手的拇指和食指轻轻压迫小鼠颈部两侧，并将皮肤向后拉。注意避免用力过度导致压迫气管影响小鼠的呼吸。

④ 眼球外突：持续拉皮肤的同时，眼球会外突，提示眼眶后静脉丛充血。

⑤ 刺入毛细管：右手拿一根预先折断的 0.5mm×100mm 规格的毛细管，将其置于内侧眼角处，并以与鼻翼平面成 30°～45° 的角度刺入内眼角。要轻轻刺入，避免刺入过深。对于小鼠，一般刺入 2～3mm，对于大鼠，刺入 4～5mm 即可。

⑥ 确认血流：当感到阻力时，停止推进，并转动针头 180°，使斜面对着眼眶后界。此时，血液应该能够顺利流出毛细管。如果血液无法流出，可以稍微退出针头 0.1～0.5mm，通过毛细作用让血液进入毛细管内。

⑦ 停止采血：采集足够的血液后，立即松开手指，使眼球复位，并拔出毛细管。

（3）隐静脉采血

① 将小鼠放入固定器中，保持其后肢可自由活动。

② 在后肢外侧剃毛，暴露采血点（近尾侧的皮肤表面）。

③ 在后腿膝盖以上使用止血带使隐静脉更充盈。

④ 使用酒精棉球消毒采血部位。

⑤ 将灭菌注射针头垂直刺入后肢隐静脉，注意不要进针过深。

⑥ 松开止血带，让血液自由流出，用毛细管收集血液于离心管中。

⑦ 采血结束后，用干棉球按压伤口或使用止血剂（如硝酸银、6%液体火棉胶）来止血。

⑧ 将小鼠放回笼内。

任务二

生物样本处理

>> **任务描述** 　国家基因库今接收到一批生物样本，样本处理组的技术人员根据委托方的要求对样本进行了登记、处理和储存等工作，以确保样本被长期保存和有效管理，并为后续的科研和临床诊断等提供可靠的样本资源。

一、任务单分析

>> **引导问题** 　如何确保样本入库处理的完整性和准确性？

1. 领取样本入库处理单（表 1-9），学生进行小组讨论，分析样本处理工作任务，明确工作内容、相关要求及注意事项，列出工作要点。

2. 自主查阅国家标准等相关资料，结合教学实际条件和情况，制订可行的样本处理工作计划和工作方案。

表 1-9　样本入库处理单

委托方单位：××药企		合同编号：×××		采样单位：×××		采样日期：××年××月××日
委托方联系人：×××		联系电话：×××		采/送样人：×××		联系电话：×××
样本详情	样品名称	样品类别	数量	包装形式	样品状态	样品来源
	肺癌 FM34#01	尿液	200 管	密封容器	新鲜	服用药物 A 的肺癌患者
	肺癌 FM34#01	全血	200 管	采血管	新鲜	服用药物 A 的肺癌患者
	肺癌 FM34#01	组织	80 例	冷冻保存管	5 天内	服用药物 A 的肺癌患者
样本受理信息	受理人：×××		联系电话：×××		受理编号：×××	受理日期：××年××月××日
	包装情况：☑完好　□破损　□污染			运输方式：□室温　☑冷藏　□其他：		
	记录完整性：☑完整　□缺项			其他描述：有一管样本（编号×××）出现溶血现象		
	入库目的：□疾病诊断　☑样本保存和保护　☑数据共享和研究　□基因资源管理					
	样本处理要求： ① 尿液样本：尿沉渣核酸保护处理，置于−80℃低温冷藏。 ② 血液样本：分离血浆，以每份 2mL 分装后−80℃低温保藏。 ③ 组织样本：固定液处理后冷冻储存。					
备注：						

二、制订计划

>> 引导问题　制订样本处理方案的目的是什么？

1. 学生对所查资料进行归纳总结，小组内进行沟通讨论，分析不同类型样本的处理要求。

2. 小组讨论制订样本处理任务实施方案（表 1-10），明确样本处理依据和步骤。

3. 确定保存条件，明确组内分工。

表 1-10　样本处理任务实施方案表

工作任务名称			
样本信息			
样本处理方法			
仪器设备			
试剂耗材			
安全措施			
处理步骤及时间分配	处理步骤	时间/min	备注
样本储存			
信息共享			
备注			

三、任务准备

>> 引导问题　如何做好个人防护以及避免交叉污染？

1. 仪器设备及耗材

超净工作台、台式离心机、电子天平、超低温冰箱、pH 计、精密 pH 试纸、微量移液器、离心管、冻存管、冻存盒、tip 头、培养皿、试剂瓶、量筒、烧杯、玻璃棒、镊子、刷子、剪刀、刀片、酒精棉球、标签纸、记号笔、棉签、手套等。

移液枪的使用规范
与简单养护

2. 试剂配制

（1）RNAlater 保存液（见任务一）

（2）生理盐水　氯化钠（NaCl）0.9g、去离子水 100mL，灭菌后待用。

（3）PBS（磷酸盐缓冲液）　氯化钠（NaCl）8g、磷酸二氢钾（KH$_2$PO$_4$）0.24g、氯化钾（KCl）0.2g、磷酸氢二钠（Na$_2$HPO$_4$）1.44g，pH 值调节至 7.4，加蒸馏水定容至 1L，灭菌后待用。

（4）10%福尔马林　37%甲醛溶液 50mL、PBS 450mL。

（5）4%多聚甲醛（PFA）　多聚甲醛 20g、PBS 500mL。

四、任务实施

>> **引导问题**　如何避免样本污染？

1. 尿液样本处理

（1）确认留尿容器符合 WS/T 348—2011 规定，至少符合如下内容：

① 应为惰性环保材料制成的洁净、防渗漏的一次性容器。

② 应具有理化稳定性，无干扰物附着，无化学污染，以及无溶出物影响后续研究。

③ 应具有安全、易于开启且在低温下也密封性良好的盖子，防止容器倾斜翻倒时尿液溢出。

④ 容积宜不少于 50mL。

（2）完善样本信息记录

① 应符合相关法律法规以及伦理要求（图 1-4）。

② 应遵循统一的描述规范和编码标准，便于信息的统一和共享。

③ 应对样本进行伪名化，以确保捐赠者隐私受到保护。

④ 完善尿液类型（晨尿、随机尿、计时尿、无菌尿、特殊实验尿等）信息。

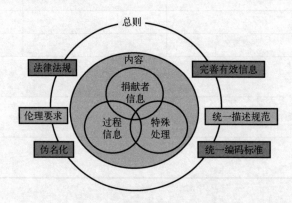

图 1-4　样本信息记录总则

（3）核酸保护处理

① 离心处理尿液样本，取上清液至冻存管置于超低温冰箱储存。

② 尿沉渣中加入 10 倍体积的 RNAlater 进行处理，RNA later 可以迅速渗透尿液中的细胞和细胞碎片，抑制核酸酶的活性，从而保护其中核酸的完整性和稳定性。充分混匀后置于 −80℃下保存。

2. 血液样本处理

（1）人类血液样本采集与处理应符合 GB/T 38576—2020 的要求。

（2）血浆分离

① 将抗凝采血管（紫色、黑色、浅蓝色、绿色、灰色管盖，见表 1-11）中样本离心 10min，2000r/min。

② 离心后轻轻取出采血管，不可颠倒，观察血样，血样应分为三层，上层为浅黄色澄清的血浆层，中层为灰白色的白膜层，下层为暗红色的红细胞层。

③ 小心吸取血浆层分装至 2mL 冻存管中，置于−80℃下保存。

表 1-11 真空采血管使用要求

管盖颜色	管盖颜色文字描述	可制备的标本类型	添加剂	要求
●	红色管盖	血清/血凝块	无	抽血后不需要摇动
●	紫色管盖	全血/外周血单个核细胞（PBMC）	EDTA、Na₂EDTA 或 K₂EDTA	抽血后立即轻轻颠倒混匀 5～8 次
●	黑色管盖	全血/血细胞	109mmol/L 枸橼酸钠	抗凝剂与血液 1：4 混合，抽血后立即轻轻颠倒混匀 5～8 次
●	浅蓝色管盖	全血/血浆	109mmol/L 枸橼酸钠	抗凝剂与血液 1：9 混合，抽血后立即轻轻颠倒混匀 5～8 次
●	金黄色管盖	血清/血细胞	含促凝剂和分离胶	可将血细胞与血清快速很好地分开，减少影响实验的因素
●	绿色管盖	血浆/全血	肝素锂、肝素钠	抽血后立即颠倒混匀 5～8 次
●	灰色管盖	血浆/全血	血糖降解抑制剂	抽血后立即轻轻颠倒混匀 5～8 次
各种真空采血管管盖的颜色均为国际通用标准，试管上的标签有刻度线、取血量、有效期、内含添加剂物等说明				

3. 组织样本处理

（1）人类组织样本采集与处理应符合 GB/T 40352.1—2021 的要求。

（2）组织样本处理步骤

① 用生理盐水或 PBS 洗去组织块中多余的血液和组织液。

② 在生物安全柜中，使用无菌刀片对样本进行分割，切割成小块（0.5cm×0.5cm×0.5cm 或 0.5cm×0.5cm×1cm）。

③ 加入 10%福尔马林或 4%多聚甲醛（PFA）等固定液中，固定处理 4～24h。

④ 将分装样本放入冻存管后，置于−80℃下保存。

样本异常情况提示：

① 尿液样本浑浊：可能是因为尿中含有大量蛋白质、白细胞、细菌等。此时可以将样本离心，去除沉淀物或者进行蛋白质、白细胞、细菌等检测。

② 尿液样本酸碱度异常：可能是因为尿液中含有过多的酸或碱性物质。此时可以进行尿液酸碱度的调整，或者重新采集新的尿液样本。

③ 尿液样本颜色异常：可能是因为尿液中含有过多的某种物质，如胆红素、血液等。此时可以进行尿液成分分析，找出问题所在。

④ 血液样本凝固：可能是因为血液中含有过多的凝血因子或者血液在采集后未及时离心。此时可以重新采集新的血液样本并在采集后尽快离心，或者进行血液分离处理。

⑤ 血液样本溶血：可能是因为采血时针头穿过血管内壁，或者因为血液在采集后未及时离心等。此时可以重新采集新的血液样本，或者进行血液分离处理。

⑥ 血液样本黏稠度异常：可能是因为血液中含有过多的红细胞等。此时可以进行血液稀释处理，或者进行红细胞计数等检测。

⑦ 血液样本污染：如果血液样本受到污染，可能会影响检测结果。此时可以重新采集新的血液样本，并注意采样时的消毒和无菌操作。

五、工作记录

>> 引导问题　样本标识和储存信息是否已核对？

1. 处理完的样本分装到冻存管中后，各管应标有独特的样本编号或标签，以确保样本的追踪和识别，方便确认样本总数。

2. 建议相同的样本类型储存在同一冻存盒内，盒盖上标识样品名称，比如肺癌FM34#01-血浆，方便后续取样研究。

3. 填写或电脑录入样本入库储存单（表1-12），具体描述样本储存信息。

4. 样本入库操作员应有一名陪同人员，负责审核信息并确认储存无误。

表1-12　样本入库储存单（含示例）

委托方单位：×××药企	合同编号：×××	受理人：×××	受理编号：×××
序号	样本编号	样本类型	规格（每管）	储存位置
1	FM34-S01	尿沉渣	2mL（含保护剂）	冰箱#12 第二层
2	FM34-S02	血浆	2mL	冰箱#12 第三层
3	FM34-S03	组织	0.5cm×0.5cm×1cm	冰箱#12 第四层
4				
5				
操作员：×××	审核员：×××	入库日期：××年 ××月 ××日	

六、任务评价

任务完成后，按表1-13进行样本处理评价。

表 1-13 样本处理评价表

班级：		姓名：	组别：		总分：	
序号	评价项目	评价内容		分值	评价主体	
					学生	教师
1	职业素养	严格遵守保密协议		5		
		团队协作		5		
		具备细致观察和沟通的能力		5		
		具备卫生和安全意识		5		
2	任务单分析	明确样本入库要求		10		
		自主查阅资料，学习样本处理方法		10		
3	制订计划	正确选取处理方法		10		
		处理步骤及时间设计合理		10		
4	任务实施	工作效率和组织能力		10		
		样本处理操作规范		20		
5	工作记录	准确性和可追溯性		10		
合计				100		

教师评语：

年 月 日

技能拓展

≫引导问题 临床样本还有哪些处理方法？

1. 尿液样本其他处理方法

（1）防腐处理 通常在尿液中添加 10%硝酸、甲醛、甲苯、硼酸、叠氮钠等防腐剂，并/或将样本置于低温条件下保存，如−80℃，可以防止细菌和其他微生物的生长，并可保持蛋白质、酶和代谢产物等化学成分的稳定性。

（2）蛋白酶抑制处理 选择浓度为 1%的乙酰胺、1mmol/L 的苯甲烷磺酰氟（PMSF）或者 1mmol/L 的 EDTA 处理样本，可有效地抑制尿液中的蛋白酶活性。

2. 血清分离及血凝块回收

① 将红色管盖（无添加剂采血管）样本于室温下静置 1h 或金黄色管盖（含促凝剂和分离胶采血管）样本于室温下静置 5min。

② 离心 10min，2000r/min。

③ 离心后轻轻取出采血管，不可颠倒，观察血样，血样应分为两层，上层为浅黄色澄清的血清层，下层为暗红色的血凝块层。

④ 小心吸取血清层分装至冻存管中。

⑤ 将下层血凝块挑取至另一冻存管中保存。

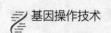

3. 组织样本其他处理方法（见图1-5）

① 快速降温后直接储存于−80℃超低温冰箱/液氮中。

② 固定液固定后用石蜡包埋。

③ OCT（optimal cutting temperature）包埋剂处理后冷冻储存。

④ 组织样本暂存于样本稳定剂（RNAlater、Trizol、乙醇、甘油等）后用于后续活细胞实验。

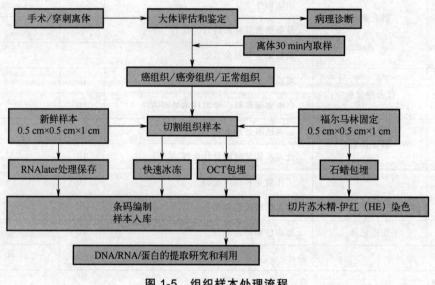

图 1-5　组织样本处理流程

任务三

生物样本包装与运输

》任务描述　某医疗机构需要将一批医检样本（血液，10mL/管）运输到第三方实验室进行分析和检测。这些样本需要在运输过程中保持安全、完整和无污染，以确保分析和检测结果的准确性和可靠性。

一、任务单分析

》引导问题　是否了解所要运输的生物样本的特性和要求？

1. 领取医检样本运输申请单（表1-14），学生进行小组讨论，分析医检样本运输的工作任务，明确工作内容、相关要求及注意事项，列出工作要点。

2. 自主查阅样本运输相关法规和技术文件等资料，结合教学实际条件和情况，制定可行的医检样本包装与运输的工作计划和工作方案。

表 1-14 医检样本运输申请单

申请单位	×××医院	地址		××省××市××区××路××号		
法定代表人	×××	电话	×××	邮编		×××
经办人	×××	联系电话	×××	邮箱		×××
医检样本来源		××药物治疗第××期××患者				
类型		☑血液 □尿液 □组织 □胸腹水 □唾液 □其他:				
运输目的		送样进行分析与检测,为疾病诊断和治疗服务				
运输方式		□公路 ☑铁路 □水路 □航空 □自驾 □其他:				
承运单位		×××铁路局	承运时间		××年××月××日	
运输目的地		××省××市××区××路××号,××公司××医学检验实验室				
护送人员		×××,×××				
接收单位情况	单位名称	××公司××医学检验实验室				
	地址	××省××市××区××路××号		邮编		×××
	对接人	×××	联系电话		×××	
	检验资质	临床检验机构执业许可证 编号×××				
		ISO 9001 认证				
		病原微生物实验室资格证书 编号×××				

包装情况:
　内包装:×××
　外包装:×××

二、制订计划

>> 引导问题 是否了解运输样本的法律和法规要求?

1. 学生对所查资料进行归纳总结,小组内进行沟通讨论,分析医检样本包装与运输的具体要求。

2. 小组讨论制订医检样本运输任务实施方案表(表 1-15),注意样本流向和人员流向。

表 1-15 医检样本运输任务实施方案表

工作任务名称	
样本信息	
运输要求	
仪器设备	
试剂耗材	

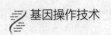

续表

必备文件	
样本流向	
人员流向	
备注	

三、任务准备

>> **引导问题**　是否需要使用特殊的包装材料或冷藏设备来保护样本？

1. 仪器设备及耗材

保存管、冻存管、采血管、密封袋、冷冻袋/盒、泡沫垫、气泡膜、垫片、标签纸、标贴、透明胶、手套、剪刀、保温箱、运输箱、运输记录表、记号笔、连体防护服、防护面罩等。

2. 试剂准备

（1）消毒液　75%酒精。

（2）冷冻剂　液氮、干冰、冰袋。

四、任务实施

>> **引导问题**　是否选择了合适的运输容器和标识？

1. 样本包装

① 已分装至冻存管的血液（血浆、血清、全血等）样本可置于密封袋内密封保存，样品密封容器表面标注样本相关信息。

② 样本如需在处理前进行转移，应保证采集样本的容器规范（见图1-6），容器外标签上注明样本编号、种类、采样日期等。

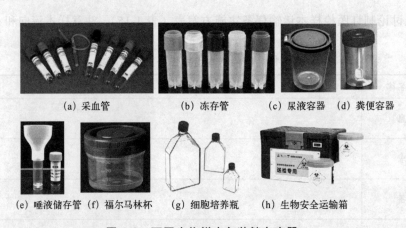

（a）采血管　　　（b）冻存管　　　（c）尿液容器　（d）粪便容器

（e）唾液储存管　（f）福尔马林杯　（g）细胞培养瓶　　（h）生物安全运输箱

图1-6　不同生物样本包装储存容器

③ 包装应选用三层包装，即内层容器、第二层包装以及第三层包装。

④ 第二层包装应防水和防漏，用于包裹并保护内层容器。

⑤ 选择适量合适的冷冻剂如干冰和冰袋置于第二层包装和第三层包装中间，以保证样本的温度。

⑥ 第三层包装应坚固耐压，以保护其内容物免受物理性损坏。随样本运输的文件，如样本运输记录表、样本转让协议和样本详细清单等可选择放在第三层包装和第二层包装之间。

⑦ 运输前检查包装是否牢固，运输过程中应避免震动和温度变化。可将密封袋放入防震材料中，如泡沫箱或泡沫垫，并将其密封好。

2. 样本运输

① 运输文件准备：填写或准备《样本转移申请表》（详见附录 S1-1）、《样本转让协议》（详见附录 S1-2）和《样本信息单》等以及与运输相关的文件和证明如《运送货运单》和《动植物检验检疫证明》等。

② 运输方式选择：由样本库工作人员或有资质的生物物流公司来承担，一般 12h 内能送达的可选用公路或铁路运输，其他可选用航空运输。

③ 运输温度控制：干血片和石蜡包埋组织样本等选择室温（16～28℃）运输，运输时应使用隔热包装，减少温度波动的影响，并注意保持干燥或防脱水；新鲜组织和血浆等样本的运输，应保证有足够的干冰或冰袋制冷。

技能拓展

生物样本冷链是指在一定的温度范围内，通过一系列的物流、储运等环节，保证生物样本在质量上的稳定性和安全性。以下是一些生物样本冷链方面的基础知识：

① 生物样本的保鲜温度：不同类型的生物样本需要的保鲜温度不同，常见的生物样本保鲜温度要求如下：血液 2～8℃；尿液 2～8℃；唾液 -20℃；组织 -80℃；细胞 -196℃。

② 生物样本采集和处理：生物样本采集和处理需要严格按照标准操作规程，避免采集和处理过程中的污染和变质。

③ 冷链物流环节：生物样本的冷链物流环节包括了从采集、储运、运输到处理等环节，其中每个环节都需要严格把控温度和保鲜期，确保生物样本的质量和安全性。在运输过程中，应选择专用的冷藏运输工具，并且在运输过程中应避免震荡和振动。

④ 冷链设备和技术：生物样本冷链设备和技术主要包括冷藏箱、液氮罐、制冷机组、温度记录器等，其中温度记录器能够实时监测并记录温度数据，为保障生物样本冷链质量提供重要的数据支持。

⑤ 冷链管理：生物样本冷链管理是生物样本冷链物流的重要组成部分，包括了管理人员、操作规程、设备维护、温度监测等方面的管理，确保生物样本冷链物流的质量和安全性。

五、工作记录

》引导问题 如何记录样本的温度、起始时间、目的地和途中停留的情况？

1. 医检样本包装及运输后，填写并确认医检样本包装记录（表 1-16），以便于后续的跟踪和查询。

表 1-16　医检样本包装记录

年		样本名称	类型	包装规格	数量	样本包装员	复核员	备注
月	日							

2. 完善医检样本运输申请单（表 1-14），记录样本的运输承运商和相关联系人信息。

3. 如有需要，记录样本在运输过程中的温度监测数据。

六、任务评价

任务完成后，按表 1-17 进行样本包装与运输评价。

表 1-17　样本包装与运输评价表

班级：			姓名：		组别：		总分：	
序号	评价项目		评价内容		分值	评价主体		
						学生	教师	
1	职业素养		严格遵守医疗保密与隐私权		5			
			具备良好的沟通协调能力		5			
			具备风险防范意识		5			
			具备吃苦耐劳的精神		5			
2	任务单分析		自主学习样本运输的相关法规		10			
3	制订计划		运输要求		10			
4	任务实施		包装操作规范		20			
			运输条件适宜		10			
			文件齐全		20			
5	工作记录		正确记录样本相关信息		10			
合计					100			
教师评语：								
						年　　月　　日		

技能拓展

≫ **引导问题**　具有传染性或危险性的生物样本如何运输？

1. 高致病性动物病原微生物菌（毒）种样本包装

① 采样人员应穿戴个人防护装备，比如连体防护服、一次性防护口罩（N95）及面罩、双层乳胶手套等。

② 在二级生物安全实验室生物安全柜内分装样本。

③ 所有样本应放在带螺旋盖（内有垫圈）、耐冷冻的样本采集管内，确保拧紧。

④ 容器外注明样本编号、种类、采集日期等信息。

⑤ 将密闭后的样本装入密封袋，每袋限一份样本。

⑥ 按照 A 类感染性物质进行三层包装，应贴有"生物危险"标识（见图 1-7）。

图 1-7　生物危险标识

2. 高致病性动物病原微生物菌（毒）种或样本运输

① 运输高致病性病原微生物菌（毒）种或样本，应当经省级以上卫生行政部门批准。未经批准，不得运输。

② 填写并提交相关申请材料：比如《可感染人类的高致病性病原微生物菌（毒）种或样本运输申请表》、同意接收的证明文件、法人资格证明材料、容器或包装材料的批准文号等。

◀ 能力拓展

基因检测实验室管理

基因检测实验室是一种专门从事基因检测研究和服务的机构，致力于对个体的基因组进行分析和解读。实验室内拥有先进的设备和技术，能够对 DNA 样本进行精确的分析和测序，从而获得个体的基因信息。在基因检测实验室中，首先需要进行样本采集。采集的样本类型可以是血液、唾液、组织等，其中含有个体的 DNA。其次，实验室会使用各种分子生物学技术，如聚合酶链式反应（PCR）、电泳、基因测序等技术，对样本中的 DNA 进行处理和分析。通过这些技术，可以检测和分析个体基因组的特定区域，如在特定区域上的基因突变、多态性等。

基因检测实验室通常分为不同的部门或实验室，每个部门负责不同的基因检测项目。例如，遗传病检测部门负责检测个体是否携带某些遗传病的致病基因；药物代谢部门负责分析个体对特定药物的代谢能力；亲子鉴定部门负责确定亲子关系等。基因检测实验室的应用领域非常广泛，既可以为医疗领域提供帮助，例如通过基因检测来进行个性化治疗、预测疾病风险、辅助诊断等，又可以为家族研究、基础科学研究、法医学鉴定等领域提供支持和服务。

正确的实验室管理对确保基因检测的准确性和可靠性至关重要。以下是一些基因检测实验室管理的关键步骤：

1. 实验室管理

① 合理布局实验室（图 1-8），确保实验室人员和物品流动有序、安全和高效。

② 制定实验室规章制度（详见附录 S1-3），规范实验室管理流程。

③ 制定实验室安全操作规范，确保实验室的安全运行。

④ 制定员工职责和工作流程，确保实验室的顺畅运作。

⑤ 定期组织员工参加技能培训和安全培训，提高员工操作技能和安全意识。

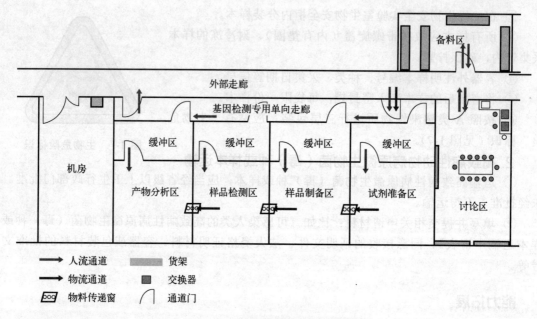

图 1-8　基因检测实验室平面图

2. 人员管理
① 拥有足够的员工，保证实验室的正常运转。
② 员工应经过专业培训获取相关资格证书（图 1-9），掌握基因操作技能和安全知识。
③ 设立岗位责任制，明确每个员工的职责和工作内容。

图 1-9　基因检测员培训相关资格证书

3. 设备管理
① 应保证设备运作正常，定期进行保养和维护工作，确保设备的准确性和可靠性。
② 设备应进行定期校准和质量控制，确保检测结果的正确性。
③ 设备使用后应进行详细的记录，以方便设备的管理和维护。

生物样本的
质量控制

4. 样本管理
① 建立样本登记、接收、处理、保存、销毁等管理制度，确保样本的准确性和安全性。
② 样本应按照规定程序进行处理和保存，确保样本的质量和准确性。
③ 样本处理过程中应注意防护，确保实验室安全运行。

5. 质量管理

① 建立质量管理体系，制定质量控制规范和标准操作流程，确保实验室的质量可控。

② 实验室应进行质量管理评估和质量管理审核，定期检查实验室的质量管理状况。

③ 实验室应对质量管理记录进行保存和管理，以方便对质量管理进行追溯和监督。

6. 安全管理

① 建立安全管理体系如实验室 6S 管理制度（图 1-10），确保实验室的安全运行。

② 制定应急预案和事故处理制度，为实验室的安全运行提供保障。

③ 实验室应进行定期的安全检查和安全培训，提高员工的安全意识和应急处理能力。

实验室6S管理
整理
SEIRI
要与不要　一留一弃
区分物品的用途，清除不要用的东西。
整顿
SEITON
科学布局　取用快捷
必须品分区放置，明确标识，方便取用。
清扫
SEISO
清除垃圾　美化环境
清除垃圾和脏污，并防止污染的发生。
清洁
SEIKETSU
形成制度　贯彻到底
维持前3S的成果，制度化，规范化。
素养
SEITSUKE
养成习惯　以人为本
养成良好习惯，提高整体素质。
安全
SAFETY
安全操作　生命第一
确保工作实验安全，关爱生命。

图 1-10　实验室 6S 管理制度

7. 数据管理

① 实验室应建立完善的数据管理体系，确保数据的准确性和可靠性。

② 实验室应建立数据采集、处理、存储、共享等流程和规范，确保数据的完整性和可追溯性。

③ 实验室应建立数据管理记录的保存和管理制度，以方便对数据进行追溯和监督。

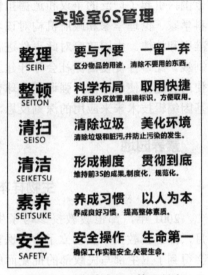

8. 诊断报告

① 实验室应制定诊断报告编制规范和标准，确保诊断报告的准确性和完整性。

② 实验室应定期对诊断报告进行质量检查，确保诊断报告的质量。

③ 实验室应建立诊断报告保存和管理制度，以方便对诊断报告进行追溯和监督。

9. 其他

① 实验室应保持环境整洁和卫生良好。

② 实验室应保护知识产权和商业机密。

③ 实验室应遵守国家相关法律法规和行业标准（图 1-11），确保实验室的合法性和规范性。

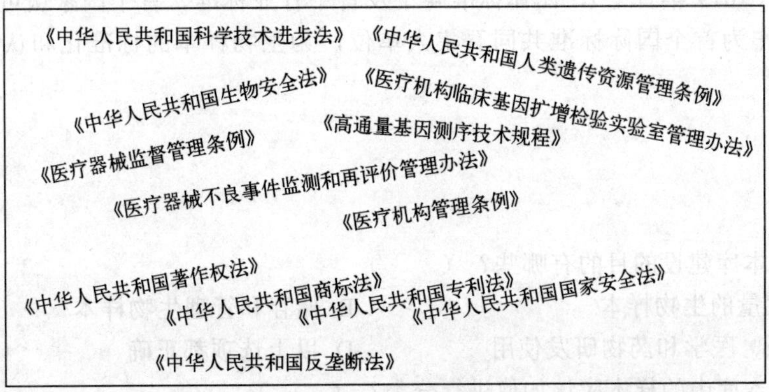

《中华人民共和国科学技术进步法》
《中华人民共和国人类遗传资源管理条例》
《中华人民共和国生物安全法》
《医疗机构临床基因扩增检验实验室管理办法》
《高通量基因测序技术规程》
《医疗器械监督管理条例》
《医疗器械不良事件监测和再评价管理办法》
《医疗机构管理条例》
《中华人民共和国著作权法》
《中华人民共和国商标法》
《中华人民共和国专利法》
《中华人民共和国国家安全法》
《中华人民共和国反垄断法》

图 1-11　基因检测实验室相关法律法规和行业标准

案例警示

基因编辑婴儿事件

2018年，中国某科学家宣布通过CRISPR-Cas9技术成功编辑人类胚胎基因，创造了世界上首例基因编辑婴儿，目的是使婴儿对人类免疫缺陷病毒（HIV）免疫。这一行为在全球范围内引起了广泛的争议和道德担忧，因为它绕过了严格的科学审查和伦理考量过程。许多科学家、伦理学家和政府机构对该名科学家的行为表示谴责，认为这违反了国际公认的伦理准则和法律。中国政府对此事件进行了调查，并对这名科学家进行了处罚，包括解职和法律制裁。此事件促使国际社会呼吁建立更严格的监管和规范制度，以确保基因编辑技术的安全使用和道德使用，同时强调了全球合作和统一伦理指南的重要性。这一事件也引发了人们对基因编辑技术未来应用的深刻反思，包括其在医学、农业和其他领域的潜力与风险。

素养园地

生物样本库领域的领跑者——郜恒骏

2001年，郜恒骏教授参与了生物芯片上海国家工程研究中心的创办工作。2009年6月，郜恒骏教授牵头创立了中国医药生物技术协会组织生物样本库分会（BBCMBA），该分会得到了卫生部与民政部的批复而成立，这一事件被业内视为里程碑。郜恒骏教授连续三届当选为BBCMBA的主任委员。2015年9月，郜恒骏教授又牵头创立了全国生物样本标准化技术委员会（SAC/TC559），该委员会得到了国家质检总局和国家标准化管理委员会的批复而成立。郜恒骏教授被选为该委员会的主任委员。在他的领导下，该委员会制定了生物样本的国家标准技术体系和国家标准，并推进了中国合格评定国家认可委员会（CNAS）生物样本认可准则的出台。

郜恒骏教授投身国家工程中心建设与运行"拓荒工程"22年，致力于国家重大战略资源生物样本库"标准工程"15年并一直专注打造临床"转化工程"CBDTM新模式等开创性工作，实现创新链与产业链精准对接，成功走通从"样品"到"产品"的快速转化研究与产业化通道，圆满完成国家工程中心公共平台重大建设任务并实现平台的共享应用，服务了20000多个政府项目，开创了国家生物样本库标准化先河，牵头组织制定并发布生物样本国家标准16项（2019年首个）、团体标准4个及首个行业标准、首个国家认可准则（得到国际互认），并作为首个国际标准共同召集人单位，为生物样本的标准化和认可做出了重要贡献。

练习题

一、选择题

1. 生物样本库建设的目的有哪些？（　　　）
   A. 收集大量的生物样本　　　　　　　　　B. 储存和管理生物样本
   C. 供科研、医学和药物研发使用　　　　　D. 以上选项都正确
2. 生物样本库中的样本应该如何进行分类？（　　　）
   A. 按照样本来源进行分类　　　　　　　　B. 按照样本类型进行分类

C. 按照样本处理方法进行分类　　　　　D. 按照样本保存方式进行分类

3. 样本储存方式包括以下哪些？（　　　）

A. 常温储存　　　　B. 低温冷冻　　　　C. 高温储存　　　　D. 干燥储存

4. 生物样本处理的目的是什么？（　　　）

A. 分离和提取样本中的目标分子　　　　B. 保存样本的完整性和稳定性

C. 减少样本的污染和降解　　　　　　　D. 所有选项都正确

5. 在生物样本处理过程中，为了减少样本的降解和污染，应该注意以下哪些方面？
（　　　）

A. 使用无菌器具和试剂　　　　　　　　B. 快速处理和储存样本

C. 避免反复冻融　　　　　　　　　　　D. 所有选项都正确

6. 在生物样本处理中，离心和沉淀的作用是什么？（　　　）

A. 分离细胞和固体颗粒　　　　　　　　B. 提取目标分子

C. 清除杂质和废弃物　　　　　　　　　D. 所有选项都正确

7. 生物样本运输的目的是什么？（　　　）

A. 将样本从采集地点运送到实验室或其他处理地点

B. 保持样本的完整性和稳定性

C. 避免样本的污染和降解

D. 所有选项都正确

8. 生物样本运输中需要考虑以下哪些因素？（　　　）

A. 运输温度控制　　　　　　　　　　　B. 运输时间限制

C. 适当的包装和标识　　　　　　　　　D. 所有选项都正确

9. 生物样本运输中的常用运输方式包括以下哪些？（　　　）

A. 冷藏运输　　　　　　　　　　　　　B. 冷冻干燥运输

C. 干冰运输　　　　　　　　　　　　　D. 所有选项都正确

10. 在生物样本运输过程中，适当的包装和标识的作用是什么？（　　　）

A. 保护样本免受外界环境的影响

B. 防止样本的泄漏和损坏

C. 标识样本的重要信息，如采集时间和标识码

D. 所有选项都正确

11. 生物样本库中存储的样本需要做哪些质量控制？（　　　）

A. 样本质量评估　　　　　　　　　　　B. 样本完整性检查

C. 样本标记和记录　　　　　　　　　　D. 样本存储环境控制

二、简答题

1. 简述生物样本库建设和管理的重要性。

2. 生物样本库建设和管理需要遵守哪些法律法规？

3. 生物样本库管理中需要做哪些工作？

4. 生物样本库如何进行样本的储存和管理？

5. 生物样本库如何保护样本的隐私和安全？

6. 什么是 DNA 甲基化？它在生物体内起什么作用？

7. 为什么循环 RNA 和循环微小 RNA 被认为是潜在的生物标志物？请举例说明。

项目二　核酸样本制备

> 学习目标

知识目标　1. 了解核酸大分子及基本单位的分子结构特征。
　　　　　2. 了解 DNA 和 RNA 的理化性质特点。
　　　　　3. 理解 DNA 和 RNA 分离方法的基本原理。
能力目标　1. 能够根据不同生物样本的特点选择合适的核酸分离方法。
　　　　　2. 能够熟练完成核酸提取中主要试剂的配制，并根据试剂
　　　　　　特性合理进行储存。
　　　　　3. 可从不同生物材料中制备出质量合格、可用于后续项目的
　　　　　　核酸样本。
素质目标　养成认真进行分子生物学实验的习惯与思维。

> 项目说明

　　本项目所述核酸样本制备，为从生物样本中提取包含一定遗传信息的核酸大分子（包括 DNA 和 RNA）制成相对稳定的核酸制品。这些核酸制品可用于通过测序技术等方法获取生物遗传信息，也可用于生物工程或分子生物学研究中的分子克隆等下游实验。因此，该技术在医学检验、疾病防控、生物科研、生物工程及环境生态监测等领域应用广泛。

　　核酸提取的方法有很多种，在实际工作中需要根据不同的样本来源、提取目的以及工作环境，选择最为合适、高效的提取方法。本项目结合实际工作情况，设置实施任务，以使学习者在实施过程中掌握多种常用核酸提取方法的基本原理及操作步骤。

> 必备知识

核酸的种类及
理化性质

一、核酸的种类及分子特性

　　核酸是由核苷酸聚合成的生物大分子化合物，是生命最基本的物质之一，几乎存在于所有已知的生物体内。核苷酸按照分子结构的不同，分为核糖核苷酸和脱氧核糖核苷酸，二者的区别在于前者的核糖在戊糖环第二个碳原子（C2）上有一个羟基（2′—OH），而后者的 C2 所连接的基团则被氢基取代（2′—H）（图 2-1）；核糖的 C5 连接一个磷酸基团，C1 连接含氮碱基。含氮碱基包括嘌呤碱和嘧啶碱，通过嘧啶碱的第一位氮原子（N1）或嘌呤碱的

第九位氮原子（N9）与核糖的 C1 形成 *N*-糖苷键相连。含氮碱基与核糖相连形成的分子被称为核苷，核苷与磷酸基团相连形成的分子被称为核苷酸。

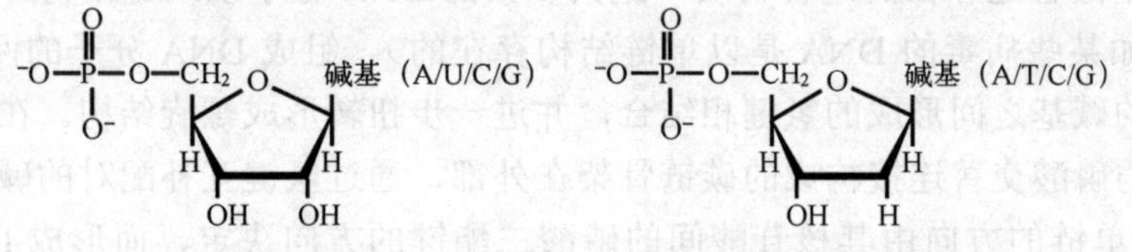

(a) 核糖核苷酸　　　　　　　　　　(b) 脱氧核糖核苷酸

图 2-1　核苷酸的分子结构

一个核苷酸核糖 C5 上的磷酸基团与另一个核苷酸核糖 C3 上的羟基基团可通过酯化反应形成磷酸二酯键。通过此种方式，多个核苷酸可聚合形成多核苷酸链，其中的相邻核苷酸之间通过 $5'→3'$ 方向的磷酸二酯键相连。将磷酸与五碳糖交替形成的结构称为多核苷酸链的碳链骨架，含氮碱基则伸出碳链骨架之外。

由核糖核苷酸聚合而成的多核苷酸链为 RNA（ribonucleic acid，核糖核酸），而由脱氧核糖核苷酸聚合而成的多核苷酸链为 DNA（deoxyribonucleic acid，脱氧核糖核酸）。无论是 RNA 还是 DNA，均由 4 种核苷酸聚合而成，分别含 4 种含氮碱基，包括 2 种嘌呤和 2 种嘧啶。其中腺嘌呤（adenine，A）、鸟嘌呤（guanine，G）和胞嘧啶（cytosine，C）在 DNA 和 RNA 中都存在；而最后一种嘧啶，存在于 DNA 中的为胸腺嘧啶（thymine，T），存在于 RNA 中的为尿嘧啶（uracil，U）。

因此，组成 RNA 的核苷酸包括：腺嘌呤核糖核苷酸、鸟嘌呤核糖核苷酸、胞嘧啶核糖核苷酸以及尿嘧啶核糖核苷酸。组成 DNA 的核苷酸包括：腺嘌呤脱氧核糖核苷酸、鸟嘌呤脱氧核糖核苷酸、胞嘧啶脱氧核糖核苷酸以及胸腺嘧啶脱氧核糖核苷酸。

碱基与碱基之间可互补配对并通过氢键相连，形成碱基对。一般而言，腺嘌呤与尿嘧啶或胸腺嘧啶通过 2 个氢键相连（A-T/A-U），鸟嘌呤则与胞嘧啶通过 3 个氢键相连（G-C）。碱基之间这种一一对应的关系被称为碱基互补配对原则。

二、DNA 及 RNA 的分子结构

（一）DNA 的分子结构

脱氧核苷酸通过 $3',5'$ 磷酸二酯键连接聚合构成 DNA 单链，核苷酸的 4 种碱基（A/T/C/G）在一条 DNA 单链上的排列顺序被称为 DNA 的碱基序列。从生物功能上来说，DNA 的碱基序列即为 DNA 所携带的遗传信息。根据 DNA 的分子结构，碱基在长链上的排列顺序及组合方式可以有很多种。虽然只有 4 种碱基分子，但其排列方式具有多样性，并构成了 DNA 分子的多样性。例如某 DNA 分子的一条 DNA 单链由 20 个核苷酸组成，那么它可能存在的 DNA 碱基序列就有 4^{20} 种。每个 DNA 分子的特定碱基序列，构成了 DNA 分子的特异性。

DNA 中 4 种核苷酸的连接及其排列顺序即为 DNA 的一级结构。而 DNA 的二级结构是指两条 DNA 单链反向平行盘绕所形成的双螺旋结构。

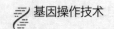

1953 年，Watson 和 Crick 提出了著名的 DNA 双螺旋结构模型，为人们理解 DNA 作为遗传物质是如何实现遗传信息的稳定传递以及遗传变异奠定了理论基础。根据这一模型理论，作为生物中最普遍存在的遗传物质，绝大多数的 DNA 分子以双链结构形式存在（只有少数生物中，如某些病毒的 DNA 是以单链结构存在的）。组成 DNA 分子的两条 DNA 单链通过互补配对的碱基之间形成的氢键相结合，并进一步扭转形成螺旋结构。在这一螺旋结构中，脱氧核糖与磷酸交替连接构成的碳链骨架在外部，通过氢键互补配对的碱基（碱基对）在内部。DNA 单链的方向由其核苷酸间的磷酸二酯键的方向决定，而形成 DNA 双链分子的两条 DNA 单链的走向相反，从一个方向看：一条单链走向为 5′→3′，另一条单链走向为 3′→5′。

DNA 双螺旋进一步扭曲盘绕所形成的更复杂的空间结构称为 DNA 的三级结构。其中，超螺旋结构是 DNA 三级结构的主要形式，细胞内的 DNA 通常以超螺旋结构形式存在。

（二）RNA 的分子结构

与 DNA 不同，RNA 通常以单链分子结构形式存在。而与 DNA 相似的是，RNA 单链上 4 种碱基（A/U/C/G）的排列顺序构成了 RNA 分子的特异性，RNA 的碱基序列即为 RNA 所携带的遗传信息。RNA 一般以 DNA 为模板，通过一个被称为转录的酶促反应而被合成。在转录过程中，核糖核苷酸通过与模板 DNA 链进行碱基互补配对的方式组合在一起，最终形成的多核苷酸链具有与模板 DNA 链互补的碱基序列。因此除了少数 RNA 病毒外，绝大部分 RNA 分子的遗传信息都来自 DNA。

单链 RNA 分子内部如果存在互补序列，可通过自身折叠，在互补序列间形成碱基配对区，进而形成各种复杂的二级结构和三级结构，并作为功能分子在细胞中发挥作用（如转运 RNA、核糖体 RNA）。

三、核酸的理化性质

1. 核酸的水解
（1）酸水解　核酸分子中，核苷酸之间的磷酸二酯键以及碱基与五碳糖之间的糖苷键都能被酸水解，且后者比前者对酸更不稳定。而嘌呤碱的糖苷键又比嘧啶碱的糖苷键更易被酸水解。对酸最不稳定的是嘌呤与脱氧核糖之间的糖苷键。

（2）碱水解　RNA 核糖上的 2′—OH 在碱的作用下形成极不稳定的磷酸三酯，进而水解成 2′—核苷酸和 3′—核苷酸，因此 RNA 对碱不稳定。而 DNA 的脱氧核糖上不存在 2′—OH（被 2′—H 所替代），因而 DNA 对碱有一定的抗性。

（3）酶水解　磷酸二酯酶（如蛇毒磷酸二酯酶、牛脾磷酸二酯酶等）能够非特异性地水解所有磷酸二酯键，进而使核酸水解。而核酸酶能够专一性水解特定种类甚至特定序列的核苷酸之间的磷酸二酯键。特异性水解 RNA 的为核糖核酸酶，特异性水解 DNA 的为脱氧核糖核酸酶。按照水解方式，核酸酶还可分为核酸内切酶和核酸外切酶：前者水解位点多在多核苷酸链的内部，后者则从多核苷酸链末端开始逐个将核苷酸水解下来。另外，还有的核酸酶只水解双链核酸（双链酶），有的只水解单链核酸（单链酶）。

2. 核酸的变性
核酸的变性指的是核酸双链区的氢键断裂，配对碱基分离，双链变为单链的过程。与核酸水解不同，核酸变性不涉及共价键的断裂，不引起核酸分子量的降低。

引起核酸变性的因素主要包括环境的温度和酸碱度。温度升高引起的变性称为热变性，酸碱度改变引起的变性称为酸碱变性。以聚丙烯酰胺凝胶电泳法进行 DNA 序列测定时，常用尿素作为 DNA 变性剂以使 DNA 保持单链状态。

DNA 的变性发生在一个很窄的温度范围内，在加热变性中 DNA 的双链结构失去一半时的温度称为该 DNA 分子的熔点或熔解温度（T_m，melting temperature）。通常 DNA 的 T_m 值在 82～95℃之间。变性 DNA 在合适的条件下又可以使两条彼此分开的互补链重新结合恢复为双链 DNA，这个过程称为复性。热变性的 DNA 通过缓慢冷却可以复性，这一过程称为退火。而如果快速降温，则无法实现复性，DNA 将保持变性状态。

3. 紫外吸收

嘌呤碱和嘧啶碱中的共轭双键赋予了碱基吸收紫外线的特性，使碱基及含有碱基的物质，包括核苷、核苷酸和核酸在 240～290nm 紫外线波段有强烈的吸收峰，其中最大吸收值在 260nm 波段处附近。通过测定样品在 260nm 的吸光度（A）可以判断样品中的核酸量。基于核酸的这一特性，利用紫外分光光度计测定样品的紫外吸收值是实验室最常用的核酸定量方法。由于碳水化合物和蛋白质分别在 230nm 和 280nm 紫外线波段处有最高吸收峰，因此紫外分光光度法还可以通过在检测核酸浓度的同时检测碳水化合物和蛋白质的含量来判断核酸样品的纯度。一般测定 A_{260}/A_{280} 比值大于 1.8（DNA）或 2.0（RNA），认为核酸样品无明显蛋白质污染，如比值下降则提示样品中含有蛋白杂质。较纯净的核酸 A_{260}/A_{230} 的比值一般在 1.8～2.2 之间，如比值下降则提示样品中存在碳水化合物、胍盐等杂质的污染。

对于纯的核酸样品，只要测定出其 A_{260} 即可计算出核酸的含量。一般认为 $A_{260}=1$ 时，相当于样品中含有 50μg/mL 的双链 DNA，或 40μg/mL 的单链 DNA/RNA。不纯的核酸无法用紫外吸收法准确测定其浓度。

由于相同质量浓度的单链 DNA 或 RNA 比双链 DNA 的吸光度更高，当样品中的双链 DNA 变性为单链 DNA 时，样品的 A_{260} 会升高，此现象被称为增色效应。

四、核酸的分离

在核酸样本制备中，首要须注意的问题是防止核酸的降解和变性，保存其在生物样本中的天然状态，才能用于后续实验和研究。因此，核酸提取操作应在温和的条件下进行，避免过酸、过碱和剧烈搅拌，并防止核酸酶作用。

1. DNA 的分离

细胞中的 DNA 常常与蛋白质结合在一起。尤其是真核生物细胞的染色体 DNA 与组蛋白紧密结合，以脱氧核糖核蛋白（DNP）形式存在。而 DNP 具有溶于高浓度盐溶液而不溶于低浓度盐溶液的特性，因此可在细胞破碎后利用浓盐溶液提取 DNP，分离弃去不溶沉淀后，将溶液稀释成低浓度盐溶液，使 DNP 沉淀析出。要使 DNP 中的 DNA 和蛋白质分离，可用苯酚（强蛋白变性剂）抽提的方式除去蛋白质。水饱和酚混合 DNP 溶液振荡后冷冻离心，溶液将分为上层水相，下层酚有机相。DNA 溶于水相溶液，而变性蛋白质大部分在两相之间的中间界面，小部分在下层有机相中。如此便实现了 DNA 与蛋白质的分离。还可加入氯仿-异戊醇与 DNP 溶液混合振荡，借助表面活性剂除去变性蛋白质。如在细胞悬液中加入 2 倍体积的 1%十二烷基硫酸钠（SDS）（一种阴离子去污剂）缓冲液，并加入终浓度为

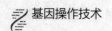

100μg/mL 的广谱蛋白酶（如蛋白酶 K），在 65℃下恒温孵育 4h 可使细胞膜裂解，蛋白质变性并降解。后续再用苯酚抽提可获得 DNA 水溶液。在 DNA 水溶液中加入 2 倍体积的乙醇，又可将 DNA 沉淀出来。再用乙醇或乙醚洗涤沉淀，可得到较纯的 DNA。如需除去 DNA 中混有的少量 RNA，可在 DNA 制品中加入 RNA 酶进行分解。

2. RNA 的分离

相比于双链结构的 DNA 分子，RNA 分子往往更不稳定。加之可水解 RNA 分子的 RNA 酶在实验环境（如实验人员的皮肤、唾液，实验耗材、试剂甚至水）中普遍存在，并能够长期保持稳定和活性，因此 RNA 的分离比 DNA 的分离要更加困难。制备 RNA 前，注意除去试剂中以及可能接触到 RNA 器皿上的 RNA 酶。用 0.1%焦碳酸二乙酯（DEPC）浸泡器皿可有效除去 RNA 酶，再通过高温加热可除尽残余的 DEPC。同样，用此方法还可制备无 RNA 酶的水，用于后续配制提取试剂。为防止样品细胞中的 RNA 酶在细胞结构破碎后被释放出来迅速降解 RNA，应在破碎细胞的同时加入强蛋白变性剂（如胍盐）使 RNA 酶迅速变性失活，而后可用苯酚和氯仿除去蛋白质进而实现 RNA 的抽提。

五、核酸的富集

传统核酸试剂提取法一般通过离心的方式使核酸与杂质分离，随后经过沉淀来使核酸产物浓缩富集。这种方式虽然可控性高，便于操作者根据样本的不同特点来对核酸的纯化与富集方法进行设计和优化，但其操作烦琐，对操作者的技术水平要求较高。为了提高核酸提取工作的效率，通过特定介质来吸附核酸进而使其浓缩的方法被开发并广泛应用（图 2-2）。目前，最常用的两种介质富集法为纯化柱吸附法和磁珠法。

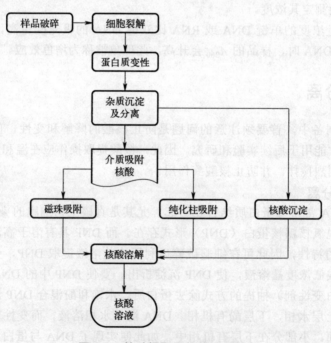

图 2-2 核酸提取及纯化流程图

1. 纯化柱吸附法

常用于富集核酸的纯化柱，是一种底部为硅羟基滤膜的离心管。硅羟基滤膜实际上是表面大量修饰硅羟基的玻璃纤维透过性膜。在高盐、低 pH 值条件下，硅羟基与核酸的磷酸基团在溶液中解离后带负电荷，而溶液中带正电荷的盐离子作为离子桥，连接带负电荷的硅羟基和带负电荷的核酸分子中的磷酸基团，使核酸被锚定在滤膜表面，可以有效避免核酸被生物大分子溶剂洗脱。但在低盐、高 pH 值的水性缓冲溶液的作用下，盐离子桥作用消失，核酸中的磷酸基团与滤膜硅羟基因静电排斥而分离，核酸被释放回收到水性缓冲溶液中。纯化柱结合离心法，可有效提高核酸富集效率的稳定性，将复杂的核酸沉淀转变为相对简单的过滤。

纯化柱吸附法被广泛应用于核酸提取试剂盒的开发中，因其具有操作便捷、核酸提取质量稳定、重复性极高且成本相对较低等优点，在小规模核酸提取工作中备受青睐。但因为纯化柱核酸提取仍然无法摆脱反复的离心操作，在用于大规模样本的核酸提取工作时，需要配合大量的操作人员及仪器设备，所以难以实现核酸提取的高通量和自动化。

2. 磁珠法

磁珠是一类特殊的纳微米材料，尺寸在零点几微米到几微米之间。具有超顺磁性，在磁场中可以向一侧迅速移动，聚集在一起，而去除磁场后又能够迅速恢复到分散状态。磁珠的内部通常有多层结构，由不同的材料组成，包括提供超顺磁性的磁性物质（通常是四氧化三铁或氧化铁），提供结构支撑作用的高分子材料（聚苯乙烯、聚氯乙烯等），以及可修饰活性基团的表面基质。不同用途的磁珠，表面基质所偶联的官能团不同，纯化核酸常用的官能团有羧基（—COOH）和硅羟基（Si—OH）。在高盐溶液环境中，核酸分子外面水化层被破坏，带负电的磷酸基团裸露出来，通过钠离子与磁珠表面羧基/羟基形成"盐桥"，或者也叫"电桥"，使得核酸分子被吸附到磁珠表面。然后在外加磁场的作用下，具备超顺磁性的磁珠定向移动聚集，无须离心即可迅速实现固液分离。通过对磁珠反复洗涤，去除含有杂质的上清液后，即可得到吸附于磁珠表面的纯化核酸。最后加入洗脱缓冲液，使核酸分子与磁珠分离，获得可用于后续实验操作的纯化核酸溶液。

磁珠法通过施加外加磁场来使磁珠聚集并与溶液分离，通过不施加磁场及振荡操作来混匀磁珠与溶液，摆脱了核酸提取对离心操作的依赖，这一特点使得核酸提取工作流程得以实现自动化和高通量。配合 96 孔的核酸自动提取仪，可以在以往一个样品的提取时间内，同时对 96 个样品进行提取处理，满足了高通量核酸提取工作的要求。因此，虽然磁珠成本相对较高，使得单个样本的磁珠提取法比其他方法的提取成本更高，但是对样品数量庞大的核酸提取工作而言，磁珠法自动化核酸提取通过节省仪器设备、操作空间、人力成本以及时间成本，反而变得相对低廉，因此磁珠法被广泛应用于日常需要进行大规模样本核酸提取的生物测序及医学检测企业中。

核酸提取的
方法及原理

任务一

动物基因组 DNA 样本提取（唾液样本）

》任务描述　唾液样本中含有大量口腔脱落上皮细胞，且该样本容易获取，是快速获得动物基因组 DNA 的理想样本。某基因检测公司推出一款个体识别基因检测产品，可通过高通量测序技术对人的多个个体识别特征基因位点进行检测，其检测结果可应用于各种司法领域，用于甄别微量人体样本的来源个体，也可作为人了解个体健康相关遗传信息的一种途径。现实验技术员需在本任务中通过磁珠法高效提取新鲜唾液样本中的基因组 DNA，用于后续个体识别基因的测序分析。

一、任务单分析

》引导问题　人唾液样本的特点有哪些？磁珠法提取核酸的原理是什么？用于测序的基因组 DNA 样本有哪些要求？

1. 领取唾液样本 DNA 提取处理任务单（表 2-1），根据引导问题进行文献查找和小组讨论，明确唾液基因组 DNA 提取的方法及原理，并列出工作要点，确定合格基因组 DNA 样本的评价标准。

表 2-1　唾液样本 DNA 提取处理任务单

	合同编号：×××			委托方单位：××			单位地址：×××	
	委托方联系人：×××			联系电话：×××			送样日期：××年××月××日	
样本详情	样品编号	样品类别	数量	包装形式	样品状态		样品体积/质量	
	JKR001	唾液	1 管	唾液采集管	新鲜		500μL	
	JKR002	唾液	1 管	唾液采集管	新鲜		600μL	
	JKR003	唾液	1 管	唾液采集管	新鲜		580μL	
	JKR004	唾液	1 管	唾液采集管	新鲜		700μL	
	JKR005	唾液	1 管	唾液采集管	新鲜		750μL	
受理信息	受理人：×××		联系电话：×××		受理编号：×××		受理日期：××年××月××日	
	包装情况：☑完好　□破损　□污染				运输方式：□室温　☑冷藏　□其他：			
	记录完整性：☑完整　□缺项：				提取目标：☑DNA　□RNA　□蛋白质　□其他：			
	提取产物去向：□寄还客户　☑用于测序建库　□其他：							
	提取方法：磁珠法试剂盒提取							
	备注：							

2. 自主查阅技术文件等相关资料，结合教学实际条件和情况，制订可行的 DNA 提取工作计划和工作方案。

二、制订计划

》引导问题　如何获得细胞量较高的唾液样本？任务过程中有哪些步骤需要在低温下进行？提取出的唾液基因组 DNA 如何进行质检和保存？

1. 学生对所查资料进行归纳总结，小组内进行沟通讨论，分析唾液基因组 DNA 提取的技术要求。

2. 小组讨论制订唾液基因组 DNA 提取任务实施方案，填写提取任务实施方案表 2-2，明确组内分工。

表 2-2　唾液基因组 DNA 提取任务实施方案表

工作任务名称		
技术要求细则		
仪器设备		
试剂耗材		
样本来源		
样本质量要求		
产物质量要求		
DNA 提取流程及分工	提取步骤	负责人
备注		

三、任务准备

》引导问题　每一个流程中所需要的设备、耗材和试剂都有哪些？试剂盒中的试剂应该如何保存？有哪些试剂需要自行配制？

1. 主要设备及耗材

磁力架、高速离心机、涡旋振荡仪、恒温混匀仪、纯水仪、冰盒、离心管、离心管架、记号笔、移液枪及配套枪头。

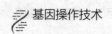

2. 试剂配制

本任务采用基因组 DNA 提取试剂盒（磁珠法）来提取样本 DNA，主要试剂的配制和使用方法应严格依据试剂盒配套说明书进行，使用前应确认试剂盒中的试剂是否齐全，保存状态是否正常（表 2-3）。

表 2-3 唾液基因组 DNA 提取的主要试剂

试剂名称	保存温度	成分/作用
Buffer LS	室温（15～25℃）	缓冲液，用于溶解固体样品、补足样品体积
Buffer LB	室温（15～25℃）	胍盐等试剂混合物，强蛋白变性剂，可溶解蛋白质，破坏细胞结构，释放核酸
Buffer W1	室温（15～25℃）	高浓度胍盐，使用前须加入无水乙醇（W1∶无水乙醇=2∶3），可使非特异性吸附的蛋白质变性并被洗涤去除
Buffer W2	室温（15～25℃）	无酶水，使用前须加入无水乙醇（W2∶无水乙醇=1∶4）。可洗去磁珠上残留的盐离子，残留的乙醇可通过风干去除
Buffer EB	室温（15～25℃）	洗脱缓冲液（pH 8.0），可将核酸从磁珠上洗脱沉淀下来
Proteinase K	2～8℃	蛋白酶 K，在 50～70℃下具有活性，可降解蛋白质，分离 DNA
Magnetic Beads H	2～8℃	硅羟基磁珠（Si—OH），使用前需在室温下平衡 30min
异丙醇	室温（15～25℃）	自行准备试剂，用于沉淀 DNA
无水乙醇	室温（15～25℃）	自行准备试剂，用于沉淀 DNA

四、任务实施

动物基因组DNA样本
提取（唾液样本）

》引导问题 磁珠法提取核酸的基本步骤有哪些？如何在同时处理多个样本的工作中，严格避免样本之间发生混淆？

1. 试剂准备

确认试剂盒使用前已完成相应试剂的配制和分装，根据试剂盒说明书，观察试剂（Buffer LB 和 Buffer W1）是否有沉淀产生，并对产生沉淀的试剂做相应处理（37℃水浴中重新溶解，摇匀后使用）。

将需要在室温下使用的磁珠（magnetic beads H）等试剂在使用前从冷藏室取出并放置于室温环境。

2. 样本采集与处理

样本提供者应保证在采集样本前 30min 内无进食、饮水或抽烟行为。

样本采集时，在口腔中蓄积唾液 1min 以上，其间用舌头反复刮擦上颚、口腔壁以使更多上皮细胞脱落到唾液中。将 1～2mL 的唾液收集到无菌的 5mL 离心管中备用。

新鲜唾液样本应尽快进行 DNA 提取操作。

3. DNA 提取

① 重悬混匀 5mL 离心管中的唾液样本，取出 200μL 样本转移至 1.5mL 离心管中。

② 在含 200μL 唾液样本的 1.5mL 离心管中加入 20μL 蛋白酶 K（Proteinase K），以降解唾液样本中的蛋白质。

③ 再在离心管中加入 300μL Buffer LB，充分振荡混匀后置于恒温混匀仪（温度 65℃，转速 800～1000r/min）上孵育 15min，以充分裂解蛋白质和细胞，使样本中的核酸被释放游离到液体中。

④ 加入 350μL 异丙醇，充分振荡混匀，抽提游离出来的核酸至有机相中，使其与蛋白质分离。

⑤ 在涡旋振荡仪上充分振荡混匀磁珠悬液，取 20μL 混匀后的磁珠悬液加入上述离心管中。

⑥ 在涡旋振荡仪上充分振荡混匀加入磁珠的离心管后，室温下静置 2min，其间再混匀 1～2 次，以使高盐环境下的 DNA 吸附在磁珠表面。

⑦ 将离心管放置于磁力架上静置 2min，使磁珠在磁力架的作用下聚集并贴附于管壁或管底，而后小心吸取上清液并弃去。

⑧ 将离心管从磁力架上取下，加入 500μL Buffer W1，在涡旋振荡仪上充分振荡混匀 1～2min，以洗涤去除磁珠上非特异性吸附或连接着核酸的蛋白质。再次将离心管放置于磁力架上，静置 1min 使磁珠完全贴附后小心吸取上清液并弃去。

⑨ 将离心管从磁力架上取下，加入 600μL Buffer W2，在涡旋振荡仪上充分振荡混匀 1～2min，以洗涤去除磁珠 DNA 上残留的盐离子。再次将离心管放置于磁力架上，静置 1min 使磁珠完全贴附后小心吸取上清液并弃去。

⑩ 重复步骤⑨一次，并尽可能吸走残液。

⑪ 将离心管放置于磁力架上，开盖，室温下干燥 5～10min，确保乙醇挥发干净。

⑫ 将离心管从磁力架上取下，加入 50～100μL Buffer EB，在涡旋振荡仪上充分振荡混匀后置于恒温混匀仪（温度 56℃，转速 800～1000r/min）上孵育 5min，以将核酸从磁珠上洗脱下来。

⑬ 将离心管放置于磁力架上静置 1min，待磁珠完全贴附于管壁或管底后，小心吸取 45～90μL 上清液，转移至新的 1.5mL 离心管中。此即为提取完成的基因组 DNA 溶液。

⑭ 在离心管上做好标记，将 DNA 溶液保存于-20℃下。

4. DNA 质检

通过紫外分光定量法和凝胶电泳检测法对提取得到的 DNA 总量、浓度、纯度及完整性进行检测。操作方法参照项目四。

五、工作记录

>> 引导问题　应从哪些方面对用于测序建库的 DNA 样本质量进行评估？

完成唾液基因组 DNA 提取后，应尽快完成 DNA 质检，并填写工作记录表（表 2-4）。

表 2-4　唾液基因组 DNA 质检工作记录表

样本编号	JKR001	JKR002	JKR003	JKR004	JKR005
唾液样本体积					
DNA 总量					
DNA 浓度					
DNA 纯度（OD_{260}/OD_{280}）					

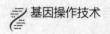
续表

样本编号	JKR001	JKR002	JKR003	JKR004	JKR005
DNA 纯度（OD$_{260}$/OD$_{230}$）					
DNA 完整性					
总评					

六、任务评价

任务完成后，按表 2-5 进行唾液基因组 DNA 样本制备任务评价。

表 2-5　唾液基因组 DNA 样本制备任务评价表

班级：		姓名：	组别：		总分：	
序号	评价项目	评价内容		分值	评价主体	
					学生	教师
1	职业素养	正确穿戴实验服及手套		5		
		良好的沟通协调能力		5		
		保持整洁有序的操作台面		5		
		具备责任心和谨慎态度		5		
2	任务单分析	自主查阅资料，学习 DNA 提取的原理及要求		10		
3	制订计划	技术要求细则		10		
		DNA 提取流程完整度		10		
4	任务实施	试剂配制准确度		10		
		分工有效合理		5		
		基因组 DNA 质量合格		30		
5	工作记录	填写完整工作记录		5		
合计				100		
教师评语：						
					年　　月　　日	

任务二

植物基因组 DNA 样本提取

>> **任务描述** 植物基因组 DNA 提取是植物基因工程或植物基因组研究中的一项重要实验操作。某农业育种研究所通过基因编辑技术和人工筛选获得了一批花青素和维生素 C 含量都高于普通品种 3 倍以上的番茄植株。为研究这批番茄植株的基因组中发生了哪些变化，从遗传分子水平揭示其性状变化的根源，研究所计划对这批改造后的番茄进行全基因组测序。为降低植物次生代谢物（主要是胞质内多酚类或色素类化合物）对核酸提取效率的干扰，要求实验技术员以番茄植株上的叶片组织为样本材料，通过十六烷基三甲基溴化铵（CTAB）提取法高效提取植物基因组 DNA。

一、任务单分析

>> **引导问题** 与动物唾液样本基因组 DNA 提取相比，植物样本基因组 DNA 提取工作有哪些不同？CTAB 提取法的原理是什么？在植物基因组提取上有哪些优势？

1. 领取植物样本 DNA 提取处理任务单（表 2-6），根据引导问题，进行文献查找和小组讨论，明确植物基因组 DNA 样本提取的方法及原理，并列出工作要点，确定合格基因组 DNA 样本的评价标准。

表 2-6 植物样本 DNA 提取处理任务单

合同编号：×××		委托方单位：××			单位地址：×××	
委托方联系人：×××		联系电话：×××			送样日期：××年××月××日	
样本详情	样品编号	样品类别	数量	包装形式	样品状态	样品体积/质量
	FQ001	植物样本	1 管	离心管	新鲜	3g
	FQ002	植物样本	1 管	离心管	新鲜	4g
	FQ003	植物样本	1 管	离心管	新鲜	2.5g
	FQ004	植物样本	1 管	离心管	新鲜	5.6g
	FQ005	植物样本	1 管	离心管	新鲜	4.5g
受理信息	受理人：×××	联系电话：×××		受理编号：×××		受理日期：××年××月××日
	包装情况：☑完好 □破损 □污染			运输方式：□室温 ☑冷藏 □其他：		
	记录完整性：☑完整 □缺项：			提取目标：☑DNA □RNA □蛋白质 □其他：		
	提取产物去向：□ 寄还客户 ☑ 用于测序建库 □ 其他：					
	提取方法：CTAB 提取法					
	备注：					

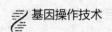

2. 自主查阅技术文件等相关资料，结合教学实际条件和情况，制订可行的 DNA 提取工作计划和工作方案。

二、制订计划

>> 引导问题   如何获取基因组 DNA 含量较高的植物样本？任务过程中有哪些步骤需要在低温下进行？提取出的基因组 DNA 如何进行质检和保存？

1. 学生对所查资料进行归纳总结，小组内进行沟通讨论，分析植物基因组 DNA 提取的技术要求。

2. 小组讨论制订植物基因组 DNA 提取任务实施方案，填写提取任务实施方案表（表 2-7），明确组内分工。

表 2-7   植物基因组 DNA 提取任务实施方案表

工作任务名称		
技术要求细则		
仪器设备		
试剂耗材		
样本来源		
样本质量要求		
产物质量要求		
DNA 提取流程及分工	提取步骤	负责人
备注		

三、任务准备

>> 引导问题   每一个步骤所需要的设备、耗材和试剂都有哪些？有哪些试剂可以提前配制，有哪些需要现配现用？配制好的试剂如何保存？

1. 主要设备及耗材

电子天平、药匙、量筒、烧杯、搅拌棒、水浴锅、研钵、高速冷冻离心机、高压灭菌锅、液氮罐、冰盒、记号笔、移液器及配套枪头、离心管。

2. 试剂配制

① 1mol/L Tris-HCl（pH 8.0）溶液（1000mL）：称取 121.1g Tris 固体，置于 1L 烧杯中。加入约 800mL 去离子水，充分搅拌溶解后，加入约 42mL 浓盐酸调节 pH 值至 8.0，最后定容至 1000mL，高温高压灭菌后，保存于室温下备用。

② 0.5mol/L EDTA（pH 8.0）溶液（1000mL）：称取 186.1g $Na_2EDTA \cdot 2H_2O$ 固体，置于 1L 烧杯中。加入约 800mL 去离子水，充分搅拌，加入约 20g NaOH 固体调节 pH 值至 8.0（注意：pH 值至 8.0 时，EDTA 才能完全溶解），最后定容至 1000mL，高温高压灭菌后，保存于室温下备用。

③ CTAB 提取缓冲液（1000mL）：称取 20g CTAB、29.25g NaCl 固体，溶于 750mL 去离子水中，再依次加入 1mol/L Tris-HCl（pH 8.0）100mL、0.5mol/L EDTA（pH 8.0）100mL、β-巯基乙醇 10mL，混匀，定容至 1000mL，高温高压灭菌后，保存于 4℃ 下备用。

④ 氯仿-异戊醇（24：1）提取液（100mL）：量取氯仿 96mL、异戊醇 4mL，混合后备用。

⑤ 75% 乙醇溶液（500mL）：量取无水乙醇 375mL、去离子水 125mL，混合后备用。

⑥ 10×TE 缓冲液（100mL）：量取 1mol/L Tris-HCl（pH 8.0）溶液 10mL、0.5mol/L EDTA（pH 8.0）溶液 2mL，用去离子水定容至 100mL，高温高压灭菌后，室温下保存备用。使用前，先用高压灭菌的去离子水稀释 10 倍，配制成工作液浓度。

⑦ RNA 酶（10mg/mL）：储存于 −20℃ 下。

⑧ 异丙醇溶液：储存于室温下，使用前预冷。

四、任务实施

植物基因组DNA
样本提取

>> **引导问题**　从植物样本中提取核酸，需要去除哪些杂质？如何减少提取操作对基因组的破坏？如何避免基因组在提取过程中被降解？

1. 试剂准备

① 将 CTAB 提取液置于 65℃ 水浴锅中，预热 30min。

② 将 75% 乙醇溶液、异丙醇置于 −20℃ 下，预冷 30min。

③ 配制含 RNA 酶（50μg/mL）的 TE 缓冲液：取 1mL 10×TE 溶液，加入 9mL 去离子水、50μL RNA 酶溶液（10mg/mL），混合后存于 4℃ 下备用。

2. 样本采集与处理

将 1g 左右新鲜幼嫩叶片剪成 1~2cm 片段，置于研钵中，倒入约 50mL 液氮，轻轻捣碎叶片，待液氮将要挥发完时，迅速将样本研磨成白绿色粉末，并转移至干净的 1.5mL 离心管中，马上加入 600μL 预热好的 CTAB 提取液。

3. DNA 提取

① 将加入了 CTAB 提取液的植物样本悬液所在的离心管置于 65℃ 水浴锅中水浴 30min，其间每 10min 将离心管轻柔颠倒混匀 1 次（避免剧烈振荡，否则将导致基因组 DNA 断裂）。

② 取出离心管，在通风橱中加入与管中液体等体积的氯仿/异戊醇（24：1）抽提液，轻轻颠倒混匀后，在冰上静置 10min。

③ 放入离心机中离心（4℃，10000r/min，10min）后，管中液体分层，上层为含有

DNA 的水相，下层为有机相，大部分变性蛋白质处于两相之间的界面上。

④ 用枪头小心吸出上层水相 DNA 溶液（约 500μL），避免吸取到蛋白质和下层有机相。将 DNA 溶液转移至新的 1.5mL 离心管中。

⑤ 加入与 DNA 溶液等体积的预冷异丙醇，上下颠倒轻柔混匀数次，在冰上静置 5min。放入离心机中离心（4℃，10000r/min，5min），可在管底看到固体沉淀。

⑥ 弃去上清液，加入 1mL 预冷的 75%乙醇溶液，上下颠倒轻柔混匀数次，漂洗沉淀表面和管壁，放入离心机中离心（4℃，10000r/min，5min）后，吸去上清液。

⑦ 重复步骤⑥一次。尽量将所有溶液吸尽。

⑧ 将离心管管盖打开，置于通风橱中风干 10min 以上，使残余乙醇溶液尽量挥发干净。

⑨ 加入含 RNA 酶（50μg/mL）的 TE 缓冲液 50～100μL 至离心管内，轻柔吹打重悬 DNA 沉淀。

⑩ 将离心管放于 37℃水浴锅中孵育 30min，其间可多次轻柔吹打固体沉淀，使 DNA 彻底溶解。

⑪ 将制备好的 DNA 溶液冻存于−20℃下。

4.DNA 质检

通过紫外分光定量法和凝胶电泳检测法对提取得到的 DNA 总量、浓度、纯度及完整性进行检测。操作方法参照项目四。

五、工作记录

>> 引导问题 应从哪些方面对用于测序建库的 DNA 样本质量进行评估？

完成植物基因组 DNA 提取后，应尽快完成 DNA 质检，填写工作记录表（表 2-8）。

表 2-8　植物基因组 DNA 质检工作记录表

样本编号	FQ001	FQ002	FQ003	FQ004	FQ005
样本质量					
DNA 总量					
DNA 浓度					
DNA 纯度（OD_{260}/OD_{280}）					
DNA 纯度（OD_{260}/OD_{230}）					
DNA 完整性					
总评					

六、任务评价

任务完成后，按表 2-9 进行植物基因组 DNA 样本制备任务评价。

表 2-9　植物基因组 DNA 样本制备任务评价表

班级：		姓名：		组别：		总分：	
序号	评价项目	评价内容			分值	评价主体	
						学生	教师
1	职业素养	正确穿戴实验服及手套			5		
		良好的沟通协调能力			5		
		保持整洁有序的操作台面			5		
		具备责任心和谨慎态度			5		
2	任务单分析	自主查阅资料，学习 DNA 提取的原理及要求			10		
3	制订计划	技术要求细则			10		
		DNA 提取流程完整度			10		
4	任务实施	试剂配制准确度			10		
		分工有效合理			5		
		基因组 DNA 质量合格			30		
5	工作记录	填写完整工作记录			5		
合计					100		
教师评语：							
						年　月　日	

任务三

微生物基因组 DNA 样本提取

>> **任务描述**　微生物基因组 DNA 样本提取是微生物基因检测、基因功能研究及基因组研究等工作所必需的实验操作。高效提取环境、人体、动物体等来源样本中的微生物基因组 DNA，是高通量测序技术分析样本微生物组成的前提。土壤中微生物种类、含量丰富，从中提取 DNA 可检测到不可培养的微生物，还可研究土壤微生物生态系统中的基因多样性及其随环境的变化。某药材种植研究所为研究适合于人参种植的土质，计划对几个人参种植基地的土壤微生物进行分析和比较。在本任务中，实验技术员需要采用 SDS 高盐法提取土壤样本中的微生物基因组 DNA。

一、任务单分析

>> 引导问题　土壤中的微生物含量如何？如何尽可能降低操作环境中的微生物污染样本的风险？如何通过实验设计来减少环境微生物对检测结果的影响？

1. 领取土壤样本微生物 DNA 提取处理任务单（表 2-10），根据引导问题，进行文献查找和小组讨论，明确微生物基因组 DNA 样本提取的方法及原理，并列出工作要点，确定合格基因组 DNA 样本的评价标准。

2. 自主查阅技术文件等相关资料，结合教学实际条件和情况，制订可行的 DNA 提取工作计划和工作方案。

表 2-10　土壤样本微生物 DNA 提取处理任务单

合同编号：×××		委托方单位：××		单位地址：×××	
委托方联系人：×××		联系电话：×××		送样日期：××年××月××日	

	样品编号	样品类别	数量	包装形式	样品状态	样品体积/质量
样本详情	TR001	土壤样本	1管	离心管	新鲜	50g
	TR002	土壤样本	1管	离心管	新鲜	72g
	TR003	土壤样本	1管	离心管	新鲜	65g
	TR004	土壤样本	1管	离心管	新鲜	38g
	TR005	土壤样本	1管	离心管	新鲜	48g

	受理人：×××	联系电话：×××	受理编号：×××	受理日期：××年××月××日
受理信息	包装情况：☑完好　□破损　□污染		运输方式：□室温　☑冷藏　□其他：	
	记录完整性：☑完整　□缺项：		提取目标：☑DNA　□RNA　□蛋白质　□其他：	
	提取产物去向：□寄还客户　☑用于测序建库　□其他：			

提取方法：SDS 高盐法

备注：

二、制订计划

>> 引导问题　根据任务中的研究目的，如何获得具有代表性的土壤样本？任务过程中有哪些步骤需要在低温下进行？提取出的基因组 DNA 如何进行质检和保存？

1. 学生对所查资料进行归纳总结，小组内进行沟通讨论，分析土壤微生物基因组 DNA 提取的技术要求。

2. 小组讨论制订土壤微生物基因组 DNA 提取任务实施方案，填写提取任务实施方案表（表 2-11），明确组内分工。

表 2-11 土壤微生物基因组 DNA 提取任务实施方案表

工作任务名称		
技术要求细则		
仪器设备		
试剂耗材		
样本来源		
样本质量要求		
产物质量要求		
DNA 提取流程及分工	提取步骤	负责人
备注		

三、任务准备

>> 引导问题 每一个步骤所需要的设备、耗材和试剂都有哪些？有哪些试剂可以提前配制，有哪些需要现配现用？配制好的试剂如何保存？

1. 主要设备及耗材

电子天平、药匙、量筒、烧杯、搅拌棒、水浴锅、研钵、高速冷冻离心机、高压灭菌锅、液氮罐、冰盒、记号笔、移液器及配套枪头、离心管。

2. 试剂配制

① 1mol/L Tris-HCl（pH 8.0）溶液（1000mL）：称取 121.1g Tris 固体，置于 1L 烧杯中。加入约 800mL 去离子水，充分搅拌溶解后，加入约 42mL 浓盐酸调节 pH 值至 8.0，最后定容至 1000mL，高温高压灭菌后，保存于室温下备用。

② 0.5mol/L EDTA（pH 8.0）溶液（1000mL）：称取 186.1g $Na_2EDTA \cdot 2H_2O$ 固体，置于 1L 烧杯中。加入约 800mL 去离子水，充分搅拌，加入约 20g NaOH 固体调节 pH 值至 8.0（注意：pH 值至 8.0 时，EDTA 才能完全溶解），最后定容至 1000mL，高温高压灭菌后，保存于室温下备用。

③ 1mol/L 磷酸氢二钠溶液（1000mL）：称取 Na_2HPO_4 固体 142g，加去离子水溶解，定容至 1000mL。

④ 1mol/L 磷酸二氢钠溶液（1000mL）：称取 NaH_2PO_4 固体 120g，加去离子水溶解，定容至 1000mL。

⑤ 土壤 DNA 提取液（1000mL）：称取 CTAB 固体 10g、NaCl 固体 88g，量取 1mol/L 磷酸氢二钠溶液 93.2mL、1mol/L 磷酸二氢钠溶液 6.8mL、1mol/L Tris-HCl（pH 8.0）溶液 100mL、0.5mol/L EDTA（pH 8.0）溶液 200mL，加入烧杯中，加去离子水溶解，定容至 1000mL。

⑥ 20% SDS 溶液（1000mL）：称取 200g SDS（十二烷基硫酸钠）固体，加入 900mL 去离子水搅拌溶解（可加热至 68℃助溶），定容至 1000mL（注意事项：SDS 固体粉末易飘散被人体吸入，称取时应戴口罩操作，动作轻缓）。

⑦ 氯仿-异戊醇（24∶1）提取液（100mL）：量取氯仿 96mL、异戊醇 4mL，混合后备用。

⑧ 75%乙醇溶液（500mL）：量取无水乙醇 375mL、去离子水 125mL，混合后备用。

⑨ 10×TE 缓冲液（100mL）：量取 1mol/L Tris-HCl（pH 8.0）溶液 10mL、0.5mol/L EDTA（pH 8.0）溶液 2mL，用去离子水定容至 100mL，高温高压灭菌后，室温下保存备用。使用前，先用高压灭菌的去离子水稀释 10 倍，配制成工作液浓度。

⑩ 异丙醇溶液：储存于室温下，使用前预冷。

⑪ RNA 酶（10mg/mL）：储存于−20℃下。

⑫ 蛋白酶 K（10mg/mL）：保存于−20℃下。

四、任务实施

微生物基因组
DNA样本提取

》引导问题 为避免微生物以外的生物样本对结果的影响，对于土壤样本中的大量杂物应该如何去除？

1.试剂准备

① 将 75%乙醇溶液、异丙醇于−20℃下预冷 30min。

② 配制含 RNA 酶（50μg/mL）的 TE 缓冲液：取 1mL 10×TE 溶液，加入 9mL 去离子水、50μL RNA 酶溶液（10mg/mL），混合后存于 4℃下备用。

2.样本处理

野外采集新鲜土壤样品，称重。过 10 目筛，去除土壤中的须根、枯枝等杂物。

3.DNA 提取

① 取 2g 土壤样本放入无菌的 10mL 离心管中后，加入 4.5mL 土壤 DNA 提取液，再加入 40μL 蛋白酶 K，涡旋混匀 1min，使土壤悬浮。

② 在 37℃水浴锅中孵育 30min，其间每隔 5min 取出离心管轻柔上下颠倒离心管混匀一次。

③ 加入 500μL 20% SDS 溶液，65℃下水浴 2h，期间每隔 15～20min 轻柔上下颠倒离心管混匀一次。

④ 取出离心管，在室温下离心（8000r/min，15min）后将 4mL 上清液转移至新的 10mL 离心管中。

⑤ 在通风橱内加入 4mL 的氯仿-异戊醇（24∶1）提取液，轻轻颠倒混匀后，放入离心机中离心（4℃，12000r/min，10min）后，管中液体分层，DNA 主要存在于上层有机相中。

⑥ 用枪头小心吸出上层 DNA 溶液，转移到新的 10mL 离心管中，加入与 DNA 溶液等

体积的预冷异丙醇，上下颠倒轻柔混匀数次，在冰上静置 5min。放入离心机中离心（4℃，12000r/min，5min）。

⑦ 弃去上清液，加入 1mL 预冷的 75%乙醇溶液，上下颠倒轻柔混匀数次，漂洗沉淀表面和管壁，放入离心机中离心（4℃，12000r/min，5min）后，吸去上清液。

⑧ 重复步骤⑦一次，尽量将所有溶液吸尽。

⑨ 将离心管管盖打开，置于通风橱中风干 10min 以上，使残余乙醇溶液尽量挥发干净。

⑩ 将含 RNA 酶（50μg/mL）的 TE 缓冲液 50～100μL 加入离心管内，轻柔吹打重悬 DNA 沉淀。

⑪ 将离心管放于 37℃ 水浴锅中孵育 30min，其间可多次轻柔吹打固体沉淀，使 DNA 彻底溶解。

⑫ 将制备好的 DNA 溶液冻存于−20℃下。

4.DNA 质检

通过紫外分光定量法和凝胶电泳检测法对提取得到的 DNA 总量、浓度、纯度及完整性进行检测。操作方法参照项目四。

五、工作记录

>> 引导问题　应从哪些方面对用于测序建库的 DNA 样本质量进行评估？

完成土壤微生物基因组 DNA 提取后，应尽快完成 DNA 质检，填写工作记录表（表 2-12）。

表 2-12　土壤微生物基因组 DNA 质检工作记录表

样本编号	TR001	TR002	TR003	TR004	TR005
原始土壤样本质量					
提取前土壤样本质量					
DNA 总量					
DNA 浓度					
DNA 纯度（OD_{260}/OD_{280}）					
DNA 纯度（OD_{260}/OD_{230}）					
DNA 完整性					
总评					

六、任务评价

任务完成后，按表 2-13 进行土壤微生物基因组 DNA 样本制备评价。

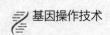基因操作技术

表 2-13 土壤微生物基因组 DNA 样本制备评价表

班级：		姓名：		组别：	总分：	
序号	评价项目	评价内容		分值	评价主体	
					学生	教师
1	职业素养	正确穿戴实验服及手套		5		
		良好的沟通协调能力		5		
		保持整洁有序的操作台面		5		
		具备责任心和谨慎态度		5		
2	任务单分析	自主查阅资料，学习 DNA 提取的原理及要求		10		
3	制订计划	技术要求细则		10		
		DNA 提取流程完整度		10		
4	任务实施	试剂配制准确度		10		
		分工有效合理		5		
		基因组 DNA 质量合格		30		
5	工作记录	填写完整工作记录		5		
合计				100		
教师评语：						
					年 月 日	

任务四

RNA 样本提取

≫任务描述 　细胞或组织中的活性 RNA 提取是研究生物基因功能或获取生物转录组数据所必需的实验操作。活性 RNA 提取的方法主要有苯酚法、去污剂法和盐酸胍盐法，提取出的 RNA 具有生物活性。工业上常用稀碱法和浓盐法提取变性 RNA，用于制备核苷酸。某高校实验室用大肠杆菌构建疫苗表达工程菌，现需要对大肠杆菌中的目的基因表达水平进行检测。在本任务中，实验技术员需要从大肠杆菌中提取总 RNA 用于检测基因的转录水平。由于任务以获得用于生物功能研究的 RNA 分子为目的，因此提取目标为活性 RNA。此外，相比于基因组 DNA，RNA 更易于被环境中存在的 RNA 酶降解，因此，RNA 提取对实验员的操作水准要求更高。为提高 RNA 提取成功率，本任务选择新鲜大肠杆菌培养物作为样本材料。

一、任务单分析

》引导问题 RNA 提取的方法和原理有哪些？RNA 的提取过程与 DNA 的提取过程有哪些异同？

1. 领取细菌 RNA 样本提取处理任务单（表 2-14），根据引导问题，进行文献查找和小组讨论，明确细菌 RNA 样本提取的方法及原理，并列出工作要点，确定用于检测基因表达量的合格 RNA 样本的评价标准。

2. 自主查阅技术文件等相关资料，结合教学实际条件和情况，制订可行的 RNA 提取工作计划和工作方案。

表 2-14 细菌 RNA 样本提取处理任务单

合同编号：×××			委托方单位：××			单位地址：×××	
委托方联系人：×××			联系电话：×××			送样日期：××年××月××日	
样本详情	样品编号	样品类别	数量	包装形式	样品状态	样品体积/质量	
	Eco001	细菌样本	1 管	离心管	新鲜	1mL	
	Eco002	细菌样本	1 管	离心管	新鲜	1mL	
	Eco003	细菌样本	1 管	离心管	新鲜	1mL	
	Eco004	细菌样本	1 管	离心管	新鲜	1mL	
	Eco005	细菌样本	1 管	离心管	新鲜	1mL	
受理信息	受理人：×××		联系电话：×××		受理编号：×××		受理日期：××年××月××日
	包装情况：☑完好 □破损 □污染				运输方式：□室温 ☑冷藏 □其他：		
	记录完整性：☑完整 □缺项：				提取目标：□DNA ☑RNA □蛋白质 □其他：		
	提取产物去向：□寄还客户 ☑用于测序建库 □其他：						
	备注：						

二、制订计划

》引导问题 根据 RNA 的性质特点，对用于 RNA 提取的细菌样本有什么要求？任务过程中有哪些步骤需要在低温下进行？提取出的 RNA 如何进行质检和保存？

1. 学生对所查资料进行归纳总结，小组内进行沟通讨论，分析大肠杆菌 RNA 提取的技术要求。

2. 小组讨论制订 RNA 提取任务实施方案，填写提取任务实施方案表（表 2-15），明确组内分工。

表 2-15　RNA 提取任务实施方案表

工作任务名称		
技术要求细则		
仪器设备		
试剂耗材		
样本来源		
样本质量要求		
产物质量要求		
RNA 提取流程 及分工	提取步骤	负责人
备注		

三、任务准备

≫引导问题　每一个步骤所需要的设备、耗材和试剂都有哪些？哪些试剂耗材需要彻底去除 RNA 酶？如何去除？有哪些试剂可以提前配制，有哪些需要现配现用？配制好的试剂如何保存？

1. 主要设备及耗材

电子天平、涡旋振荡仪、低温高速冷冻离心机、高压灭菌锅、冰盒、离心管、离心管架、移液枪及配套枪头、量筒、烧杯、玻璃培养皿、玻璃试管、无 RNA 酶离心管、无 RNA 酶枪头。

2. 试剂配制

① LB 液体培养基（1000mL）：称取 5g yeast extract（酵母提取物）、10g 胰化蛋白胨和 10g 氯化钠固体，溶解于 900mL 水中后，用 NaOH 调 pH 值至 7.0，再以水定容至 1000mL。121℃下高压灭菌 20min 后，置于 4℃冰箱中保存备用。

② Trizol 溶液：一种酸性溶液，含有硫氰酸胍、苯酚和氯仿。保存于 2～8℃下。

③ DEPC（焦碳酸二乙酯）水（1000mL）：用玻璃量筒量取 1mL DEPC，加入 1000mL 的去离子水中，摇床混匀过夜后，121℃下高压灭菌 20min，适量分装储存（注意：DEPC

为高效烷化剂，对眼睛和气道黏膜有强刺激性作用，应在通风橱中取用并戴口罩操作。DEPC 可能溶解某些塑料制品，量取时需使用玻璃器具）。

④ 75%乙醇（以 DEPC 水配制）溶液（500mL）：量取无水乙醇 375mL、DEPC 水 125mL，混合后备用。

⑤ 氯仿（三氯甲烷）：室温下储存备用。

⑥ 异丙醇：室温下储存备用。

四、任务实施

>> 引导问题 　在 RNA 提取的操作过程中如何降低 RNA 降解的风险？

RNA样本提取

1. 样本准备

在实验前 1 天，在 1 支无菌试管中装入 5mL LB 液体培养基，从冻存管中挑取少量大肠杆菌接种至试管内培养基上，并在 37℃摇床上培养过夜。

在实验前用无 RNA 酶离心管收集 2mL 菌液于室温下离心（10000r/min，1min），弃去培养基上清液，获得新鲜的大肠杆菌细胞。

2.RNA 提取

① 在装有大肠杆菌细胞的离心管中加入 1mL Trizol 试剂，并用枪头反复吹打使细胞溶解，在室温下静置 5min，以使核酸蛋白复合物完全分离。

② 在通风橱中往离心管中加入 200μL 的氯仿，盖上管盖后，在涡旋振荡仪上剧烈振荡混匀 15s，而后在室温下静置 3min。

③ 将离心管放入离心机中离心（4℃，12000r/min，15min）。管中液体将分为 3 层：下层有机相，中间层变性蛋白，上层水相。RNA 主要在水相中。用无 RNA 酶枪头小心吸取上层水相（约 500μL），转移到新的无 RNA 酶离心管中，原离心管弃去（注意：从此步骤开始，操作均须使用无 RNA 酶的枪头和离心管）。

④ 在得到的水相溶液中加入等体积异丙醇，轻柔地上下颠倒混匀后，于−20℃下静置 20min。

⑤ 将离心管放入离心机中离心（4℃，12000r/min，10min）后，可见管侧或管底的胶状沉淀，小心吸取并弃去上清液。

⑥ 加入 1mL 75%乙醇（以 DEPC 水配制）溶液，上下颠倒或敲打管底使沉淀漂浮，洗涤沉淀表面后，离心（4℃，12000r/min，5min）。用枪头小心地吸去上清液。

⑦ 将离心管管盖打开，在室温下静置 5～10min 使乙醇挥发。

⑧ 加入 50～100μL 的 DEPC 水，用枪头吹打重悬沉淀，使 RNA 充分溶解。得到的 RNA 溶液置于−70℃冰箱中冻存。

3.RNA 质检

通过紫外分光定量法和凝胶电泳检测法对提取得到的 RNA 总量、浓度、纯度及完整性进行检测。操作方法参照项目四。

五、工作记录

>> 引导问题 　RNA 与 DNA 的质量评估有哪些异同？

完成 RNA 提取后，应尽快完成 RNA 质检，填写工作记录表（表 2-16）。

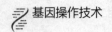 基因操作技术

表 2-16　细菌 RNA 样本质检工作记录表

样本编号	Eco001	Eco002	Eco003	Eco004	Eco005
菌液体积					
RNA 总量					
RNA 浓度					
RNA 纯度（OD_{260}/OD_{280}）					
RNA 纯度（OD_{260}/OD_{230}）					
RNA 完整性					
总评					

六、任务评价

任务完成后，按表 2-17 进行细菌 RNA 样本制备任务评价。

表 2-17　细菌 RNA 样本制备任务评价表

班级：		姓名：		组别：		总分：	
序号	评价项目		评价内容	分值		评价主体	
						学生	教师
1	职业素养		正确穿戴实验服及手套	5			
			良好的沟通协调能力	5			
			保持整洁有序的操作台面	5			
			具备责任心和谨慎态度	5			
2	任务单分析		自主查阅资料，学习 RNA 提取的原理及要求	10			
3	制订计划		技术要求细则	10			
			RNA 提取流程完整度	10			
4	任务实施		试剂配制准确度	10			
			分工有效合理	5			
			基因组 RNA 质量合格	30			
5	工作记录		填写完整工作记录	5			
	合计			100			
教师评语：							
						年　月　日	

062

◁ 能力拓展

血液基因组 DNA 样本提取

≫ 任务描述　某动物研究所需要对野外鸟类某病毒携带情况进行研究，计划采集鸟的血液样本并提取样本中的 DNA，用核酸探针检测病毒感染情况。在本任务中，实验技术员需要用 DNA 提取试剂盒（纯化柱吸附法）提取禽类血液样本，获得高质量基因组 DNA。除了科研工作外，血液样本也是目前临床基因检测的主要检测对象，而血液样本的基因组提取是影响检测数据质量的关键过程。目前，市面上已有多种方便使用且性价比高的纯化柱法 DNA 提取试剂盒。不同 DNA 提取试剂盒试剂配方相近，使用方法类似，但细节各有差异，要求操作者在使用前认真阅读、理解说明书，并严格按照试剂盒说明书进行实验，在理解操作流程及原理的基础上对实验中出现的异常或问题进行分析或提前排除。

一、任务单分析

≫ 引导问题　用于提取 DNA 的血液样本应具备哪些要求？使用动物血液样本进行实验操作时应注意哪些风险？

1. 领取血液样本 DNA 提取处理任务单（表 2-18），根据引导问题，进行文献查找和小组讨论，明确使用 DNA 提取试剂盒（纯化柱吸附法）提取血液基因组 DNA 的方法及原理，并列出工作要点，确定合格基因组 DNA 样本的评价标准。

2. 自主查阅技术文件等相关资料，结合教学实际条件和情况，制订可行的 DNA 提取工作计划和工作方案。

表 2-18　血液样本 DNA 提取处理任务单

合同编号：××		委托方单位：××		单位地址：×××	
委托方联系人：×××		联系电话：×××		送样日期：××年××月××日	

	样品编号	样品类别	数量	包装形式	样品状态	样品体积/质量
样本详情	BL001	血液样本	1管	抗凝管	新鲜	2mL
	BL002	血液样本	1管	抗凝管	新鲜	2mL
	BL003	血液样本	1管	抗凝管	新鲜	2mL
	BL004	血液样本	1管	抗凝管	新鲜	2mL
	BL005	血液样本	1管	抗凝管	新鲜	2mL

受理信息	受理人：×××	联系电话：×××	受理编号：×××	受理日期：××年××月××日
	包装情况：☑完好 □破损 □污染		运输方式：□室温 ☑冷藏 □其他：	
	记录完整性：☑完整 □缺项：		提取目标：☑DNA □RNA □蛋白质 □其他：	
	提取产物去向：☑寄还客户 □用于测序建库 □其他：			

提取方法：DNA 提取试剂盒（纯化柱吸附法）
备注：

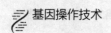 基因操作技术

二、制订计划

>> **引导问题**　从血液样本中提取 DNA 需要对样本做哪些预处理？任务过程中有哪些步骤需要在低温下进行？提取出的基因组 DNA 如何进行质检和保存？

1. 学生对所查资料进行归纳总结，小组内进行沟通讨论，分析血液基因组 DNA 提取的技术要求。

2. 小组讨论制订血液基因组 DNA 提取任务实施方案，填写提取任务实施方案表（表 2-19），明确组内分工。

表 2-19　血液基因组 DNA 提取任务实施方案表

工作任务名称		
技术要求细则		
仪器设备		
试剂耗材		
样本来源		
样本质量要求		
产物质量要求		
DNA 提取流程 及分工	提取步骤	负责人
备注		

三、任务准备

>> **引导问题**　每一个流程中所需要的设备、耗材和试剂都有哪些？应该如何保存？有哪些可以提前配制，有哪些需要现配现用？

1. 主要设备及耗材

电子天平、涡旋振荡仪、离心机、水浴锅、高压灭菌锅、离心管、离心管架、移液枪及配套枪头、量筒、烧杯、抗凝血采血管。

2. 试剂配制

本任务采用基因组 DNA 提取试剂盒（纯化柱吸附法）来提取样本 DNA，主要试剂的

064

配制和使用方法应严格依据试剂盒配套说明书进行。表 2-20 以一种常用的血液样本基因组 DNA 提取试剂盒为例介绍主要试剂。

表 2-20　血液样本基因组 DNA 提取主要试剂

试剂	保存温度	作用
红细胞裂解液	室温（15～25℃）	裂解血液中的无核红细胞，提取样本为哺乳动物血液样本时使用
纯化柱平衡缓冲液	室温（15～25℃）	进一步裂解细胞并提供上柱环境
DNA 洗涤缓冲液 I	室温（15～25℃）	去除 DNA 中残留的蛋白等杂质
DNA 洗涤缓冲液 II	室温（15～25℃）	去除 DNA 中残留的盐离子
DNA 洗脱缓冲液	室温（15～25℃）	洗脱吸附柱上的基因组 DNA
蛋白酶 K	2～8℃	降解蛋白，辅助裂解细胞，分离 DNA
DNA 吸附柱	室温（15～25℃）	内有硅胶膜，可吸附、富集基因组 DNA
滤液收集管	室温（15～25℃）	用于离心过程中收集废弃的滤液
无水乙醇	室温（15～25℃）	自行准备试剂，用于沉淀 DNA

另需 PBS 缓冲液（1000mL）：配制方法见项目一。

四、任务实施

血液基因组
DNA样本提取

>> 引导问题　使用 DNA 提取试剂盒（纯化柱吸附法）提取血液样本基因组前，应对试剂盒做哪些检查？

1. 试剂准备

① 初次开启使用的试剂盒，DNA 洗涤缓冲液中需根据试剂瓶标签提示加入正确体积的无水乙醇，并做好标记（表示已加入无水乙醇），混匀后方可使用。非初次开启使用的试剂盒，使用前也应确认两种 DNA 洗涤缓冲液中是否已经加入无水乙醇。

② 试剂盒使用前，应观察红细胞裂解液和 DNA 洗涤缓冲液中是否有沉淀析出。如发现有固体沉淀析出，将试剂瓶置于 37℃ 水浴中并摇晃，可使沉淀重新溶解。混匀后方可使用。

③ 实验开始前将 DNA 洗脱缓冲液置于 56℃ 水浴中预热 30min 以上。

2. 样本采集

用抗凝血采血管（或以加入肝素的无菌离心管作为采集管，每 0.1～0.2mg 肝素可抗凝1mL 血液）提前 1～2d 从鸡、鸭等禽类动物身上取新鲜血液样本，冻存于 4℃ 冰箱中备用。

3.DNA 提取

① 先取 20μL 血液样本加至 1.5mL 离心管内，而后加入 180μL PBS 缓冲液吹打重悬。

② 加入 20μL 蛋白酶 K、200μL 红细胞裂解液，振荡混匀，而后将离心管置于 56℃ 水浴中 10min，充分裂解血液中的无核红细胞。

③ 取出离心管，加入 200μL 无水乙醇，振荡混匀。

④ 将 DNA 吸附柱放入滤液收集管内，将③中得到的混合液转移至吸附柱内的滤膜

上，室温下离心（12000r/min，1min）使液体通过吸附膜后被收集到滤液收集管中。此时样本中的基因组 DNA 被吸附到吸附膜上。

⑤ 倒去滤液收集管中的废液后将 DNA 吸附柱重新套回滤液收集管内，并在吸附柱内加入 500μL 的 DNA 洗涤缓冲液 I，而后室温下离心（12000r/min，30s），去除吸附膜上的蛋白杂质。

⑥ 倒去滤液收集管中的废液后将 DNA 吸附柱重新套回滤液收集管内，并在吸附柱内加入 700μL DNA 洗涤缓冲液 II，而后室温下离心（12000r/min，30s），去除吸附膜上的盐类杂质。

⑦ 重复步骤⑥一次。

⑧ 倒去滤液收集管中的废液后将 DNA 吸附柱重新套回滤液收集管内，直接空柱室温离心（12000r/min，2min），去除多余的试剂溶液。

⑨ 倒去滤液收集管中的废液后将 DNA 吸附柱重新套回滤液收集管内，打开吸附柱盖子，在通风橱内放置 2～5min，使吸附膜上残余的乙醇尽可能挥发。

⑩ 将滤液收集管丢弃，将 DNA 吸附柱放入新的 1.5mL 离心管中，在吸附柱内加入 100μL 预热的 DNA 洗脱缓冲液（确保液体滴入吸附膜中央），室温下静置 2～5min，使吸附膜上的基因组 DNA 从膜上分离，溶解到 DNA 洗脱缓冲液中。

⑪ 室温下离心（12000r/min，1min），使溶解了 DNA 的 DNA 洗脱缓冲液被收集到干净的离心管中。丢弃 DNA 吸附柱。将含 DNA 溶液的离心管做好标记后置于 -20℃ 下保存。

4.DNA 质检

通过紫外分光定量法和凝胶电泳检测法对提取得到的 DNA 总量、浓度、纯度及完整性进行检测。操作方法参照项目四。

五、工作记录

>> 引导问题　应从哪些方面对用于测序建库的 DNA 样本质量进行评估？

完成动物血液基因组 DNA 提取后，应尽快完成 DNA 质检，填写工作记录表（表 2-21）。

表 2-21　动物血液基因组 DNA 质检工作记录表

样本编号	BL001	BL002	BL003	BL004	BL005
样本体积					
DNA 总量					
DNA 浓度					
DNA 纯度（OD_{260}/OD_{280}）					
DNA 纯度（OD_{260}/OD_{230}）					
DNA 完整性					
总评					

六、任务评价

任务完成后，按表 2-22 进行动物血液基因组 DNA 样本制备任务评价。

表 2-22　动物血液基因组 DNA 样本制备任务评价表

班级：		姓名：	组别：		总分：	
序号	评价项目	评价内容		分值	评价主体	
					学生	教师
1	职业素养	正确穿戴实验服及手套		5		
		良好的沟通协调能力		5		
		保持整洁有序的操作台面		5		
		具备责任心和谨慎态度		5		
2	任务单分析	自主查阅资料，学习 DNA 提取的原理及要求		10		
3	制订计划	技术要求细则		10		
		DNA 提取流程完整度		10		
4	任务实施	试剂配制准确度		10		
		分工有效合理		5		
		基因组 DNA 质量合格		30		
5	工作记录	填写完整工作记录		5		
合计				100		
教师评语：						
					年　　月　　日	

◁ **案例警示**

医学诊断案例

　　一名肺癌患者在通过抽取胸腔积液进行肺癌基因检测的过程中，由于实验人员操作不当或技术原因样本核酸提取失败，无法获得患者关键的基因突变信息。这一失败严重影响了医生对患者病情的准确评估和个性化治疗方案的制定，可能导致误诊和治疗延误，对患者的治疗效果和预后产生不利影响。此外，核酸提取失败也影响了医生对患者病情的跟踪和治疗方案的调整，给患者和家属带来了额外的心理负担。此案例凸显了核酸提取在医学诊断中的重要性，以及实验室质量管理的必要性。它也提醒医疗专业人员必须严格遵守操作规程，确保检测结果的准确性和可靠性，以避免给患者带来不必要的风险和焦虑。

"DNA 之父"——詹姆斯 · 杜威 · 沃森

詹姆斯 · 杜威 · 沃森（James Dewey Watson），美国分子生物学家、美国国家科学院院士，1928 年 4 月 6 日出生于美国伊利诺伊州芝加哥，20 世纪分子生物学的带头人之一，1953 年和弗朗西斯 · 克里克（Francis Crick）发现了 DNA 双螺旋结构（包括中心法则），被誉为"DNA 之父"。1962 年与莫里斯 · 威尔金斯（Maurice Wilkins）、弗朗西斯 · 克里克三人获得诺贝尔生理学或医学奖。1968 年至 2007 年间，沃森带领冷泉港实验室成为世界上最好的实验室之一。2012 年沃森被美国《时代》周刊杂志评选为美国历史上最具影响力的二十大人物之一。

1953 年 3 月，沃森和克里克推断出 DNA 的双螺旋结构。并在科学杂志《自然》上发表了题为《核酸的分子结构：一种脱氧核糖核酸的结构模型》的论文，一时轰动了学术界。1953 年的冷泉港研讨会是许多人第一次看到 DNA 双螺旋模型。沃森的成就被展示在纽约市美国自然历史博物馆的纪念碑上。DNA 的双螺旋结构的发表是生物科学的转折点，这项发现与达尔文的进化论一起被称为是最伟大的发现。沃森的研究从根本上改变了人们对生命的理解，生物学的新时代由此开始。

1956 年，沃森接受了哈佛大学生物系的职位。他在哈佛大学的工作重点是研究 RNA 及其在遗传信息转移中的作用。他在哈佛的 20 年中最显著的成就是他写的关于科学的著作。沃森的第一本教科书《基因的分子生物学》为教科书设定了新的标准。随后他撰写了《细胞分子生物学》《重组 DNA》等著名教科书。

1968 年，CSHL 在沃森的指导下大大扩展了其研究和科学教育计划。沃森被誉为"将小型机构转变为世界上最大的教育和研究机构之一的人"。在他的指导下，科学家发起了一项研究人类致癌原因的计划，为理解癌症的遗传基础做出了重大贡献。在回顾沃森在该领域取得的成就时，实验室总裁布鲁斯 · 斯蒂尔曼（Bruce Stillman）说："沃森创造了科学界无与伦比的研究环境。"

练习题

一、选择题

1.DNA 与 RNA 的相同点不包括（   ）。

A. 属于核酸大分子　　　　　　　　　　B. 有 4 种碱基

C. 核苷酸之间形成磷酸二酯键　　　　　D. 合成方向都为 3′到 5′端

2.RNA 不含以下哪种碱基（   ）。

A. 腺嘌呤　　　　　B. 鸟嘌呤　　　　　C. 胞嘧啶　　　　　D. 胸腺嘧啶

3. 磷酸二酯键由两个核苷酸的（   ）和（   ）缩合而成。

A.3′磷酸基团、5′羟基基团　　　　　　B.5′磷酸基团、3′羟基基团

C.3′磷酸基团、5′碱基基团　　　　　　D.5′磷酸基团、3′碱基基团

4. 用紫外分光光度计检测所提取的 DNA 样本时，通过以下哪个比值参数可评价 DNA 被有机试剂污染的情况（   ）。

A.A_{280}/A_{230}　　　　B.A_{230}/A_{260}　　　　C.A_{260}/A_{280}　　　　D.A_{260}/A_{230}

5. 以高盐法提取生物样品 DNA 的过程中，加入盐溶液及氯仿后离心，离心管内液体分三层，DNA 主要存在于（　　）。

A. 上层有机相　　　　B. 上层水相　　　　　C. 下层有机相　　　　D. 下层水相

二、简答题

1. DNA 的一级、二级和三级结构分别是什么？

2. 如何利用核酸的紫外线吸收特性测定核酸的浓度与纯度？

3. 什么是增色效应？

4. 如何在 DNA 分离中去除蛋白杂质？

5. 如何在 RNA 提取过程中防止 RNA 的降解？

6. 纯化柱和磁珠如何吸附核酸？

项目三　核酸文库制备

> **项目说明**

　　本项目所述的核酸文库制备是高通量测序技术的前处理工作环节。核酸文库是高通量测序平台的实际检测对象，为了进行测序，从生物样本中获取的 DNA 或 RNA 需要经过一系列步骤制备成核酸文库。制备出质量合格的核酸文库是确保测序数据能真实反映生物样本遗传信息的关键。不同的测序平台具有各自独特的测序流程，因此核酸文库的构建步骤大致相似，但也有一些不同。本项目主要以国内常用测序平台的核酸文库制备方法为例，旨在使学习者掌握不同类型文库的制备方法和基本原理。通过学习本项目，学习者将能够了解核酸文库制备的关键步骤，掌握核酸文库制备的基本原理，并能根据不同的测序平台选择合适的文库制备方法。

> **必备知识**

一、PCR 技术原理

　　聚合酶链式反应技术，简称 PCR（polymerase chain reaction）技术，是以 DNA 半保留复制机制为基础，通过体外酶促合成反应实现扩增特定核酸片段的一种方法，这种技术能够将微量核酸片段大幅度地复制扩大，其原理是多种测序建库方法的发展基础。

生物体内的 DNA 半保留复制过程，主要包括以下 3 个步骤：

（1）单链模板的形成　原始的双链 DNA 在解旋酶、拓扑异构酶等多种酶的作用下解旋并形成单链，作为新链合成的模板。

（2）引物的合成　引发酶合成 RNA 引物，为 DNA 新链合成提供初始的 3′末端。

（3）新链的合成　在 DNA 聚合酶的催化下，第一个游离的脱氧核糖核苷酸按照碱基互补配对原则与模板链匹配，添加至引物的 3′末端上，后续脱氧核糖核苷酸亦同样按照与模板碱基互补配对的方式被逐个添加至新链的 3′末端，直至整个基因组复制完成。

PCR 作为体外的 DNA 扩增技术，是通过调控温度的变化使 DNA 双链变性和复性的，通过加入人工合成的寡核苷酸引物确定扩增核酸区域。其主要步骤包括：

（1）变性　将反应体系加热至 94～96℃，使其中的 DNA 双链解链成单链，为引物结合提供空间。

（2）复性　将反应体系温度降至 50～65℃，体系中的引物与单链 DNA 模板互补序列配对结合。

（3）延伸　将反应体系温度调至 68～72℃，体系中的热稳定的 DNA 聚合酶在此最适温度条件下，催化体系中的游离脱氧核糖核苷酸，按照碱基互补配对原则与单链 DNA 模板进行匹配，添加至引物或正在合成的新链的 3′末端上，完成 DNA 片段的一次复制。

以上 3 个步骤，完成一次即为对 DNA 模板的一次复制，称为一个循环；而通过不断的循环变性、复性、延伸的步骤，可以使目标 DNA 片段得到指数级的扩增。

常规的 PCR 主要通过设计一对匹配目的扩增 DNA 片段上下游边界的引物，在体外对目的 DNA 片段进行扩增，获得的 DNA 片段可用于分子克隆实验、分子标志物检测等下游实验。反应体系要素包括以下几个：

（1）模板　即含有目的扩增片段的初始 DNA，例如需要扩增人的一个成纤维细胞生长因子基因 *FGFR3*，则需要提前获得人的基因组 DNA 作为 PCR 的扩增模板。

（2）底物　即 4 种游离的脱氧核糖核苷酸——dATP、dTTP、dCTP、dGTP，一般简称为 dNTP。它们是合成新 DNA 链的原材料。

（3）引物　由于 DNA 聚合酶只能催化游离脱氧核糖核苷酸添加到已有的核酸链 3′端自由羟基（3′—OH）上，因此体外复制 DNA 时，需要人工合成具有特定序列的寡核苷酸作为引物，其长度一般为 19～25bp。一对上下游引物的序列确定了 DNA 扩增片段的上下游边界，因此在合成引物之前，必须首先已知目的扩增片段的序列或至少是扩增边界区域的序列，方可设计引物的序列。

（4）DNA 聚合酶　由于 DNA 具有高温（95℃左右）变性、低温（65℃以下）复性的特点，为了保持新链合成过程中 DNA 模板处于单链状态，需要使用催化温度较高的 DNA 聚合酶。一般生物中的 DNA 聚合酶的催化温度较低，且不耐热，高温易失活变性，因此 PCR 反应需要使用分离自水生栖热菌中的热稳定性 DNA 聚合酶，该酶可在 72℃左右高效催化 DNA 链合成，且能够耐受 90℃以上的高温。

除了以上反应要素外，还需要缓冲溶液来提供合适的反应环境，包括稳定的 pH 值（pH 8.3）、提高酶活性的离子（Mg^{2+}）等。

PCR 反应体系整体在反应前配制完成，而后通过控制反应温度的变化实现不同的反应过程：

（1）预变性　第一次将反应体系加热至模板的变性温度，通过适当延长变性时间，使模板彻底变性，同时激活热稳定性的 DNA 聚合酶。如 95℃，5～10min。

（2）变性　变性是 PCR 循环的第一步。在循环过程中变性时间不需要太长，30s 内即可完成目的片段的变性。如 95℃，20s。

（3）退火　退火时间一般在 30s 内，退火温度主要取决于引物的 T_m 值。T_m 值是描述特定序列 DNA 变性温度的数值，即 50% 的 DNA 双链变性的温度。T_m 值的大小与 DNA 序列中的碱基含量比有关，G-C 含量越高，T_m 值越大。对于小于 25bp 的寡核苷酸引物，其 T_m 值可用经验公式 T_m（引物）= GC%/ 2.44 + 69.3（GC% 为 GC 的数量在碱基总数中的占比）进行估算。而 PCR 的退火温度一般设置成低于引物 T_m 值 3～5℃。如退火温度过低，容易产生非特异性产物；而退火温度过高，则会严重降低扩增效率。

（4）延伸　延伸的最适温度一般为 72℃，即耐热性 DNA 聚合酶的最适催化温度。而延伸时间则要根据酶的催化合成速度以及目的产物的长度来计算。如所使用的 DNA 聚合酶的催化合成速度为 1000bp/min，而目的产物长度为 5000bp，则延伸时间设置为 5min 以上即可满足合成时间需要。此为 PCR 循环的最后一步。

（5）终末延伸和终止　在最后一轮反应循环结束后，使反应体系继续保持 72℃ 5～10min，使得尚未来得及完全延伸的片段得以完成全部延伸，此即为终末延伸。终末延伸结束后，将反应体系温度降至 4℃，可终止反应。

上述步骤（2）-（3）-（4）为一个 PCR 循环，通过多次重复 PCR 循环，可实现产物的指数性扩增。但值得注意的是，随着 PCR 循环次数的增多，PCR 产物积累错配的风险将会逐渐增加。因此为了保证 PCR 过程的保真性，需要控制循环次数。

常规 PCR 技术作为一种实现 DNA 体外扩增的常用技术，不仅在分子克隆、基因工程中广泛应用，在其技术原理的基础上发展出来的逆转录 PCR、多重 PCR（见下文）等技术更是测序技术中文库制备的重要技术手段。因此，在学习测序技术前，应熟练掌握常规 PCR 技术的基本原理及步骤。

二、高通量测序技术及其常用平台

高通量测序
技术的发展

测序技术最早起源于 1975～1977 年，主要包括由 Sanger 和 Coulson 发明的双脱氧终止法以及 Maxam 和 Gilbert 发明的化学降解法，这些方法统称为第一代测序技术。1977 年，Sanger 利用双脱氧终止法测定了第一个生物基因组序列，即噬菌体 φX174 的基因组，全长共 5375 个碱基。由此开始，生命科学的研究进入了基因组学的时代。双脱氧终止法也成了第一代测序技术中最具代表性的方法，并被称为"Sanger 测序法"。其核心原理是，在 DNA 复制过程中加入一定比例的双脱氧核苷酸 ddNTP（ddATP/ddTTP/ddGTP/ddCTP），其与普通的 DNA 复制底物 dNTP 的区别只在于核糖 5 碳环的 3′端连接的是一个氢基而不是羟基，导致它不能与其他核苷酸的磷酸基团形成磷酸二酯键，因此能够使 DNA 链的合成终止于其插入的位点。再通过凝胶电泳显影确定合成链的大小，可判断特定的 ddNTP 加入合成链中的位置，从而获得该位置的碱基种类信息。例如在一条 50bp 的 DNA 的复制体系中加入一定量的 ddATP，最终获得了 20bp、28bp、35bp、46bp 的合成链，则可知该 DNA 中的第 20 位、28 位、35 位、46 位碱基为 A。该技术由于测序精确度高，直到现在仍然被广泛使用，也被用于验证新一代设备测序的准确性。然而，由于其采用单通道对逐个样本进行测序，且每次只能测得 700～1000bp 的序列，速度慢、通量低，逐渐无法满足现代科学对生物基因序列的获取需求。

高通量测序技术又被称为第二代测序技术，是一种快速、自动化且高效的核酸（DNA或RNA）测序方法，可以同时测序大量的DNA或RNA分子，以获取基因组、转录组或其他相关生物信息。与第一代单通道测序方法相比，高通量测序技术采用并行测序的方法，通过对DNA或RNA样本进行扩增和固定，同时进行数百万或数十亿个小片段的测序，具有更高的测序通量、更快的速度和更低的成本，大大提高了测序的速度和效率。

目前常用的高通量测序技术平台主要包括因美纳（Illumina）、MGI、赛默飞世尔科技公司（Thermo Fisher Scientific）等公司平台。这些技术平台使用的原理和方法不同，但都能够实现大规模的DNA或RNA测序，并能够广泛应用于基因组学研究、转录组学研究、全外显子组学研究、表观遗传学研究以及临床诊断等领域。

Illumina测序平台采用的是基于荧光修饰碱基可逆阻断的边合成边测序技术，在文库构建后使文库DNA模板与测序芯片表面所连接的寡核苷酸（Oligo）结合，而后利用桥式PCR放大模板量再进行测序。

MGI测序平台采用的是联合探针锚定聚合测序法，在文库构建后通过使文库DNA模板环化，再利用单链滚轮扩增技术来放大模板量。

而Thermo Fisher Scientific公司旗下Life公司测序平台采用的是半导体测序技术，通过dNTP在聚合反应中释放出来的H^+来识别碱基。其文库构建完成后，通过乳浊液PCR技术使每个文库DNA片段分别与一个纳米球连接（通过纳米球表面的Oligo）并在纳米球表面PCR扩增，达到放大模板量的目的。

以上所描述的几种主流测序方法，都涉及了模板量的放大。这是由于当测序对象为微量样本时，直接测序所产生的测序信号强度过低，将无法识别，因此需要在测序前对样本进行适量扩增，实现放大测序信号的目的。

由此可见，不同测序平台所使用的测序技术、模板放大技术之间有着较大的差异，而不同研究、不同样本的测序前处理要求也各有不同，因此在文库制备前，应了解所使用的测序平台及项目自身的特点，选择能够满足于平台后续实验要求的建库方法及材料。

三、核酸文库制备的基本流程

从生物样本中提取获得的DNA或RNA，制备成适配于测序仪器检测流程的核酸片段，这一过程称为文库构建或建库，获得的终产物即为核酸文库。文库构建一般分为以下几个步骤：

1. 样本核酸质量检测

为确认从生物样本中所提取的核酸是否能够满足文库制备需求，保证测序文库质量，在建库前应对样本核酸进行总量、浓度、纯度及完整性的检测。样本纯度一般采用紫外分光光度法来检测，操作方法及评价标准详见项目四。

不同的测序目的和不同的测序平台，其样本要求的总量、浓度有一定的差异。对于常用的高通量测序平台，一般用于全基因组测序、全外显子组测序的基因组DNA样本和用于转录组测序的总RNA样本，浓度应在20ng/μL以上，样品总量应在1μg以上，方可保证样本能够产出足够的数据量以提供足以满足检测目的的遗传信息。

除了核酸总量、浓度和纯度以外，核酸片段的完整性也是评估样本是否能构建高质量核酸文库的一个重要参数。通过聚丙烯酰胺凝胶电泳（PAGE）或凝胶电泳法可评估核酸片段的完整性。一般而言，基因组 DNA 样本应保证主带清晰、完整、无明显降解，总 RNA 样本应保证 18S、28S 条带明亮、清晰、完整、无明显降解。

2. 建库前处理

根据样本类型和检测目的的不同，建库前处理可包括 DNA 片段化、RNA 反转录为 cDNA、蛋白免疫沉淀 DNA、重亚硫酸盐处理、全基因组扩增、扩增子等操作中的一个或多个。

核酸文库制备的
基本流程

（1）RNA 富集及反转录　由于一般高通量测序仪的直接检测对象为 DNA，因此当从生物样本中提取的样本为总 RNA 时，应先通过 mRNA 捕获磁珠法等方式分离总 RNA 中的 mRNA，再通过反转录反应将 mRNA 反转录为 cDNA，而后进行后续的建库操作。

① RNA 的富集。不论是真核生物还是原核生物，其 RNA 中最多的是 rRNA，占比高达 80%。如果直接对样本的总 RNA 进行测序，测序数据中绝大部分将为 rRNA 的相关数据，因此必须通过 RNA 富集的方法去除 rRNA 的干扰。RNA 富集的方法有基于 Oligo（dT）的 mRNA 富集法和 rRNA 去除法。

真核生物 mRNA 在 3′端具有明显的 poly（A）的结构特点，利用 Oligo（dT）磁珠可以富集样本转录出来的所有 mRNA，从而进行转录本的分析，此方法适用于高质量的 RNA 样本。

而 rRNA 去除法对样本质量的要求要低于 mRNA 富集法，同时适用于低质量（如 FFPE 样本）和高质量 RNA 样本，也适用于原核生物类型样本，商业常用核糖核酸酶 H（RNase H）消化的方法去除 rRNA。具体步骤为：首先，合成能够与 rRNA 结合的特异性寡核苷酸探针；其次，使用能够特异性降解 RNA-DNA 杂合链中 RNA 的 RNase H 去除和探针结合的 rRNA；最后，使用可以消化单链或双链的 DNA 的脱氧核糖核酸酶Ⅰ（DNase Ⅰ）消化掉 DNA 探针，从而最终达到去除 rRNA 的目的。

② RNA 反转录。富集得到的 RNA 大片段通常使用二价阳离子在高温的作用下打断为小片段（RNA 片段化）后，再通过反转录合成 cDNA。

将获取的目的 RNA 反转录成 cDNA 第一条链。因为 RNA 极易被环境中存在的 RNase 降解，在反转录过程中使用 RNA 酶抑制剂（rNase inhibitor）可以抑制这些酶的活性，保护 RNA 不被 RNase 降解。与此同时，使用逆转录酶将模板 RNA 反转录成 cDNA。逆转录酶具有依赖 RNA 的 DNA 聚合酶活性，能够以 RNA 为模板，按 5′→3′方向合成一条与 RNA 模板互补的 DNA 单链，也就是 cDNA 第一链。

反转录合成的单链 cDNA 极不稳定，需立即在 DNA 聚合酶Ⅰ的作用下合成 cDNA 第二链。在第二链合成时，RNase H 可以除去 RNA-DNA 杂合链中的 RNA 链，配合 DNA 聚合酶Ⅰ催化合成 cDNA 第二链。DNA 聚合酶Ⅰ具有 5′→3′ DNA 聚合酶活性，可在模板和引物的作用下，沿 5′→3′方向合成与 cDNA 一链互补的序列。

（2）DNA 片段化　由于测序仪检测的核酸片段有长度限制，因此当从生物样本中提取完整的生物基因组 DNA 以进行全基因组或全外显子组测序时，应先将基因组 DNA 随机打断成一定长度范围的 DNA 片段（具体长度应符合相应测序仪的要求），再进行后续建库操作，这一过程称为 DNA 片段化。DNA 片段化方法包括物理打断、化学打断以及酶消化打断三种方式。物理打断主要是通过超声波或气流喷射的方式，使 DNA 在机械力作用下发生断裂。化学打断主要是通过碱或二价金属阳离子（镁离子或锌离子）的作用破坏 DNA 中的磷酸二酯键从而使 DNA 断裂。而酶消化打断则通过核酸酶、转座酶或限制性内切酶的作用使 DNA 被消化成短片段。

（3）多重 PCR 扩增　如需利用高通量测序靶向检测基因组上的多个已知位点的序列，则可先通过多重 PCR 法将样本基因组上的靶标序列扩增出来再进行检测，以减少检测成本。多重 PCR（multiplex polymerase chain reaction，mPCR）也称复合 PCR，在 1988 年被首次提出。其基本原理与常规 PCR 相同，区别在于 mPCR 的反应体系中加入了两对及以上的引物，以同时扩增出多个核酸片段。

值得注意的是，mPCR 并不是简单地将多对特异性引物混合成一个反应体系。其技术难点在于检测靶点之间的扩增条件往往不一致，必须优化反应体系和反应条件，方可提高 mPCR 的可扩增片段数量。一般通过以下几个方面进行优化：

① 引物。mPCR 要求加入多对引物，引物既不能互相结合，也不能与模板 DNA 上的目标片段以外的区域结合。另外传统的 mPCR 实验中，为了使结果便于凝胶检测，还需设计不同大小的扩增子片段。更麻烦的是，mPCR 中的不同扩增片段还会互相竞争资源，其结果是高丰度模板易于被检测到，而低丰度的模板会彻底沦为背景。因而引物设计除了遵循一般的规则之外，还需要注意以下几点：

a. 引物特异性。各引物与其他扩增片段不能存在较大的互补性，扩增片段之间也不可能有较大同源性。

b. 引物长度。一般为 18～24bp，GC 含量为 40%～60%，各引物之间不能互补，尤其避免 3′端互补。较长的引物更容易形成二聚体。

c. 引物结构设计。通过一些独特的结构设计，避免非特异性扩增或引物二聚体的产生。

② 反应体系。mPCR 的反应体系中各组分需满足每对引物对应的靶点的扩增量的要求，相比于传统 PCR，需要根据实际情况进行优化的地方更多。

mPCR 体系中，引物用量与扩增的目的片段长度有着正比的内在关系，即扩增片段越长，所需引物相对越多，另外引物间的相互影响会导致扩增效果不佳。因此一般每种引物浓度在 0.2μmol/L 左右，如果扩增效果不佳可增加弱引物的量并减少强引物的量，不同基因引物相对浓度有较大差异（0.05～0.4μmol/L）。理论上，引物与靶序列的摩尔比为 103∶1。

引物浓度过高易导致非特异性扩增、引物二聚体等问题。模板 DNA 有高级结构，其浓度过高亦会影响引物的退火。根据不同生物样本的 DNA 特点，一般建议使用酵母基因组 DNA 1g/mL、哺乳动物基因组 DNA 100ng/mL、质粒 DNA 1～5ng/mL、细菌基因组 DNA 0.1pg/mL 作为模板浓度。

由于反应底物 dNTP 能够结合镁离子，而 DNA 聚合酶发挥活性需要游离的镁离子，所以二者之间的浓度需要平衡。一般情况下 200μmol/L 的 dNTP 和 1.5～2mmol/L 的镁离子浓度会得到较好的扩增结果。

高盐浓度会使长片段的扩增产物难以变性解链。因而长片段产物在低盐浓度下扩增效果较好，而短片段产物在高盐浓度下扩增效果较好。据此考虑提高 PCR 缓冲液浓度，或者提高钾离子浓度至 70～100mmol/L。

聚合酶浓度过低会造成扩增产量的降低，过高则导致不同基因扩增不平衡以及背景的轻微增高，DNA 聚合酶的最适浓度为每 25μL 反应体积中 2U，实际应根据扩增效果进行轻微调整。如使用 Taq DNA 聚合酶，还可以在反应体系中适当增加浓度为 5% 的二甲基亚砜（DMSO）或者 5% 的甘油等辅助剂，有助于提高扩增效率及特异性。

③ 反应条件。mPCR 反应过程中存在两个问题：目的片段长度不尽相同，而较小片段总是优先扩增；各对引物最佳 PCR 条件不相同，较长的片段需要较长的延伸时间。因此为了保证最终扩增产量的一致性，在优化反应条件的时候，尽可能选择有利于较大片段或其他较难扩增片段的扩增条件。

退火温度影响产物的特异性，提升退火温度会使产物更加特异，但过高会导致目的基因无法扩增。因此设计引物时需先计算单个引物的 T_m 值，在此基础上推算退火温度（$T_m - 5℃$），实验采取所有引物最低的退火温度或梯度降温至最低退火温度。

延伸温度过高会减少某些基因的扩增，即使延长时间也无法消除这种影响。mPCR 中一般初始设置 65～72℃的延伸温度，后续再根据实验结果进行适当调整。

mPCR 中，由于同时扩增多个基因，需要更多的时间来完成所有产物的合成。所以 mPCR 应增加延伸时间以增加较长 PCR 产物的量。实际需根据目的片段的大小以及 DNA 聚合酶的扩增效率确定延伸时间。

循环数过低亦会影响目的产物的产量，而过高则会产生严重的扩增偏向性。一般设置 25 个循环数左右。

总体而言，mPCR 因能够同时扩增多个靶标，因而具有高效性、系统性和经济便捷性的优点。但由于不同靶标的扩增效率、最适扩增条件的不同，必须在实际工作中根据实际情况对 mPCR 的各项参数进行不断优化，才能达到最佳扩增效果。

3. 建库过程

在经过建库前处理后，DNA 片段两端还需要连接上适配于测序平台的接头，此为建库的核心过程。完成接头连接的 DNA 片段集合称为文库。建库的方法有很多种，可根据实际需要进行选择。

（1）A-T 连接建库法　在建库前处理后，对 DNA 片段需进行以下步骤处理：末端补平→3′端加 A 及 5′端磷酸化→接头连接→PCR 扩增→产物纯化（图 3-1）。

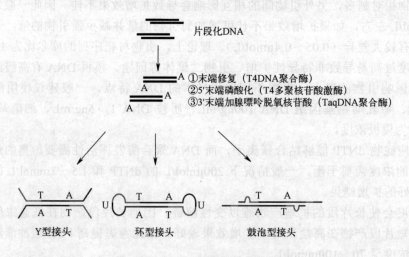

图 3-1　A-T 连接建库法操作过程

① 末端补平。打断后的 DNA 会产生 5′/3′黏性末端以及平末端，而所有的黏性末端都需要转为平末端，包括 3′突出末端切平和 5′突出末端补平。T4 DNA 聚合酶具有 5′→3′DNA

聚合酶活性，可沿 5′→3′方向催化合成 DNA，补平 5′突出末端；同时该酶也具有 3′→5′外切酶活性，能够用于 3′突出末端的切平，从而将含黏性末端的 DNA 片段转变为平末端 DNA。

② 3′端加 A 及 5′端磷酸化。在使用 A-T 连接的方式进行接头连接时，DNA 片段还需要 5′端磷酸化和在 3′端加"A"，才能与带"T"黏性末端的接头互补配对。

由于人工合成的 PCR 引物、接头等 5′端通常都是羟基基团而不是磷酸基团，因此需要 T4 多聚核苷酸激酶（T4 Polynucleotide Kinase，T4 PNK）在 ATP 存在时催化 ATP 的 γ-磷酸基团转移到寡核苷酸链的 5′端羟基末端上，为下一步连接接头做准备。

Taq DNA 聚合酶具有 5′→3′聚合酶活性，可以沿 5′→3′方向合成 DNA，同时它具有的脱氧核苷酸转移酶活性可以在 PCR 产物的 3′末端添加一个核苷酸"A"。

③ 接头连接。接头是文库中的重要组成部分，不同的测序平台所使用的接头各不相同。如常用的有 Y 型接头、环型接头、鼓泡型接头。接头中含有用于区分混合上机测序的不同样本的 Index 或 Barcode 序列、扩增引物结合区域序列、测序引物结合区域序列、用于附着测序芯片的序列以及用于形成特殊结构的序列等。接头连接一般用 T4 DNA 连接酶，它可以修复双链 DNA 上的单链切口，使两个相邻的核苷酸重新连接起来，在接头连接中可将带有"T"黏性末端的接头和带"A"黏性末端的 DNA 片段连接起来形成一个完整的双链。

④ PCR 扩增及产物纯化。此步骤目的主要在于扩增出足够的带有接头的文库片段并加以纯化，以满足测序要求。

（2）平末端连接建库法　根据接头的结构特点，有时需要用到平末端连接法来构建文库。总体过程与 A-T 连接建库法相似，片段化后的 DNA 先经过末端补平及修饰，但不需要在 3′端加 A，仅通过连接酶使片段平末端与接头连接。

（3）Tn5 转座酶介导法　Tn5 转座酶介导法利用 Tn5 转座子能够整合至基因组序列中大量位点的特征，将接头连接和 DNA 片段化两个过程结合在一起。转座子包括两端的反向重复序列和中间的转座基因。用接头序列和特殊的酶切位点序列替代中间的转座基因形成的重组 Tn5 转座子，可在 Tn5 转座酶的催化下将接头序列和酶切位点插入并连接至基因组内，而后再通过酶切消化，将基因组消化成带有接头的 DNA 片段，即文库片段。

（4）PCR 法　通过 PCR 法合成带有接头的文库片段，主要应用于靶向测序检测工作中。如前文所述，在靶向测序中由于已知待检测基因位点的上下游序列，故可通过 mPCR 法先扩增出待检测片段，以降低测序成本。此时在 mPCR 的引物中引入可被第二轮 PCR 引物所匹配的序列，并在第二轮 PCR 引物中引入接头序列，即可通过 mPCR 加第二轮 PCR 获得带有接头序列的文库片段（图 3-2）。

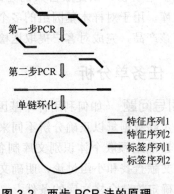

图 3-2　两步 PCR 法的原理

文库构建的目的是将目标 RNA 或 DNA 制备成可以和测序仪器兼容，可以被测序仪器所识别的形式。由于不同的测序平台的测序原理各有特点，因此核酸文库的构建方法也有相应的差别，最主要的差别就体现在接头的设计中。因此，对于拟将进行高通量测序的核酸样本，应根据其将要使用的测序平台，选择相应的接头序列及合适的接头连接方法来进行相应的文库构建。以最常用的 MGI 和 Illumina 测序平台的文库构建为例，MGI 平台目前通常采用的是 DNBSEQ（DNA nanoball sequencing）文库制备技术，其全基因组文库是通过将 DNA 样品以酶切或物理打断的方式生成特定大小的 DNA 片段，并与包含样品标签序列和引物匹配序列等特征序列的接头进行连接，构建出文库。文库后续通过单链环化反应，再利用特定引物对文库进行滚环扩增，使 DNA 序列重复复制并形成 DNA 纳米球（DNA nanoball, DNB）。每个 DNB 包含大量同一 DNA 片段的重复复制，在测序反应中产生扩增放大的荧光信号。因此在 DNBSEQ 平台上测序的文库其接头应包含能够实现单链环化和滚环扩增的序列。而 Illumina 测序平台采用基于芯片的桥式 PCR 技术来放大荧光信号，其测序芯片的 Flow Cell 固相表面已固定附着了特定序列的 Oligo，将 DNA 片段化后两端连接特定接头，可使 DNA 随机附着于芯片的 Flow Cell 中，并且在其中的固相表面进行桥式 PCR 扩增，这样就形成了数千份相同的单分子簇，被用作测序模板。因此在 Illumina 测序平台上进行测序的文库，其接头应包含能够与测序芯片上的 Oligo 相匹配的序列。

‹ **项目实施**

个体识别文库制备
原理及流程

任务一

DNA 文库制备（个体识别文库制备）

>> **任务描述**　某基因检测公司推出一款个体识别基因检测产品，可通过高通量测序技术检测人的多个个体识别特征基因位点，其检测结果可应用于各种司法领域，用以甄别微量人体样本的来源个体。该产品适配于 DNBSEQ-E25 测序平台，设计了 25 个表型相关 SNP 位点的扩增引物，以提取自人的唾液或组织的基因组 DNA 为模板，通过两步 PCR 法制备测序文库，用于对样本基因组的多个个体识别位点基因序列进行测定和分析。现建库技术员需使用该产品，完成对客户提取送检的样本基因组 DNA 进行文库构建的任务。

一、任务单分析

>> **引导问题**　如何利用样本基因组 DNA，构建出适配于 DNBSEQ-E25 测序平台，且能够提供足够数据量以正确分辨不同来源样本的个体识别基因差异的文库？

1. 学生领取个体识别文库制备任务单（表 3-1），根据所使用的测序平台及产品特征，进行文献查找和小组讨论，明确文库构建应使用的接头和接头连接方法原理，并列出工作要点，确定构建合格文库的条件。

表 3-1　个体识别文库制备任务单

<table>
<tr><td colspan="2" rowspan="2"></td><td colspan="2">合同编号：×××</td><td colspan="2">委托方单位：××</td><td colspan="2">单位地址：×××</td></tr>
<tr><td colspan="2">委托方联系人：×××</td><td colspan="2">联系电话：×××</td><td colspan="2">送样日期：××年××月××日</td></tr>
<tr><td rowspan="6">样本详情</td><td>样品编号</td><td>样品类型</td><td>自测浓度</td><td>样品体积</td><td>样品来源</td><td colspan="2">其他特殊说明</td></tr>
<tr><td>GT001</td><td>基因组 DNA</td><td>54.5ng/μL</td><td>200μL</td><td>唾液</td><td colspan="2">无</td></tr>
<tr><td>GT002</td><td>基因组 DNA</td><td>32.6ng/μL</td><td>200μL</td><td>唾液</td><td colspan="2">无</td></tr>
<tr><td>GT003</td><td>基因组 DNA</td><td>25.8ng/μL</td><td>200μL</td><td>唾液</td><td colspan="2">无</td></tr>
<tr><td>GT004</td><td>基因组 DNA</td><td>78.9ng/μL</td><td>200μL</td><td>唾液</td><td colspan="2">无</td></tr>
<tr><td>GT005</td><td>基因组 DNA</td><td>65.4ng/μL</td><td>200μL</td><td>唾液</td><td colspan="2">无</td></tr>
<tr><td rowspan="5">受理信息</td><td colspan="3">受理人：×××</td><td colspan="2">受理编号：×××</td><td>受理日期：××年××月××日</td></tr>
<tr><td colspan="6">包装情况：☑完好　□破损　□污染</td></tr>
<tr><td colspan="6">运输方式：□室温　☑冷藏　□其他</td></tr>
<tr><td colspan="6">记录完整性：☑完整　□缺项：</td></tr>
<tr><td colspan="6">备注：</td></tr>
</table>

2. 自主查阅技术文件等相关资料，结合教学实际条件和情况，制订可行的文库构建工作计划和工作方案。

二、制订计划

>> 引导问题　本任务采用两步 PCR 法制备测序文库，两步 PCR 法中的第一步 PCR 与第二步 PCR 有什么区别？引物有何不同？应如何安排？如何确定文库构建是否符合后续工作要求？

1. 学生对所查资料进行归纳总结，小组内进行沟通讨论，分析建库技术要求。

2. 小组讨论制订建库任务实施方案，填写个体识别文库制备任务实施方案表（表 3-2），明确组内分工。

表 3-2　个体识别文库制备任务实施方案表

<table>
<tr><td>工作任务名称</td><td colspan="2"></td></tr>
<tr><td>仪器设备</td><td colspan="2"></td></tr>
<tr><td>试剂耗材</td><td colspan="2"></td></tr>
<tr><td>样本来源</td><td colspan="2"></td></tr>
<tr><td>样本质量要求</td><td colspan="2"></td></tr>
<tr><td>文库质量要求</td><td colspan="2"></td></tr>
<tr><td rowspan="5">建库流程及分工</td><td>操作步骤</td><td>分工</td></tr>
<tr><td></td><td></td></tr>
<tr><td></td><td></td></tr>
<tr><td></td><td></td></tr>
<tr><td></td><td></td></tr>
<tr><td>备注</td><td colspan="2"></td></tr>
</table>

三、任务准备

>> **引导问题** 每一个流程中所需要的设备、耗材和试剂都有哪些？配制好的试剂应该如何保存？有哪些试剂可以提前配制，有哪些需要现配现用？

1. 主要设备及耗材

涡旋振荡仪、制冰机、小型桌面离心机（配备 1.5mL 离心管及 0.2mL PCR 管适配转子）、移液枪及配套吸头、PCR 仪、1.5mL 管磁力架、1.5mL 离心管、0.2mL PCR 管。

2. 试剂配制

本任务采用个体识别文库试剂盒制备 DNA 测序样本文库，试剂盒包含针对个体识别的 25 个表型相关 SNP 的扩增引物，以及适配于 DNBSEQ-E25 的文库接头。

主要试剂的配制和使用方法依据试剂盒配套说明书进行，在实验操作前应确认试剂盒内各试剂的保存状态。个体识别文库制备主要试剂及用途如表 3-3 所示。

表 3-3 个体识别文库制备主要试剂及用途

试剂	用途
PCR Primer Pool	个体识别位点多重特异性扩增混合引物，用于在文库构建的第一轮 PCR 中扩增检测目标片段
PCR Block	PCR 增强剂，用于防止非特异性条带的扩增
PCR Enzyme Mix	用于 PCR 反应的 DNA 聚合酶、dNTPs、镁离子、缓冲液的预混体系
PCR Dual Barcode Primer Mix	带有不同标签序列（Barcode）且与 PCR Primer Pool 中的引物序列有互补配对序列的引物对，一共有 96 组。用于在文库构建的第二轮 PCR 中在 DNA 片段两端引入 Barcode，以在测序后拆分来源于不同样本的数据
DNA Clean Beads	DNA 纯化磁珠，是纳米级的微珠，由内层聚苯乙烯、中层磁性 Fe_3O_4、外层可吸附核酸的修饰官能团（羧基）构成
TE Buffer	TE 缓冲溶液，以 Tris-HCl 和 EDTA 配制而成，可长期稳定保存 DNA 的溶液

另外还需配制 80%乙醇（500mL）：量取无水乙醇 400mL、去离子水 100mL，混合后备用。

四、任务实施

>> **引导问题** 本任务包括几个环节？每个环节大约耗时多长？哪个环节结束后可将产物暂时冻存？如何合理安排实验的时间和分工？

（一）基因组 DNA 的质量确认及稀释

（1）DNA 质量确认 对所使用的 DNA 基因组质量应提前进行确认，为提高文库质量，应使用完整度较好（凝胶电泳显示 DNA 样本主带清晰，无明显降解或仅有轻微降解）、浓度较高（DNA 定量浓度＞0.25ng/μL）的基因组 DNA。

基因组 DNA 样本应冻存于−25～−15℃下，使用前取出置于室温下融化。

（2）DNA 样本稀释　一般提取得到的基因组 DNA 的浓度较高，需要用 TE 溶液提前稀释至合适浓度。稀释后根据以下公式计算体积：

$$C_1 V_1 = C_2 V_2$$

式中，C_1 为稀释前浓度；V_1 为取样体积；C_2 为稀释后浓度；V_2 为稀释后体积。

假设我们取 2μL 样品溶液稀释至 1ng/μL，则稀释后体积的计算公式为：

$$V_2 = C_1 V_1 / C_2 = C_1 \times 2 \div 1$$

那么用于稀释的 TE 溶液体积的计算公式为：

$$V_2 - V_1 = 2C_1 - 2$$

计算后，取相应体积的 TE 溶液，与 2μL 样品溶液混匀，即得到 1ng/μL 的基因组 DNA 溶液。

第一轮PCR反应
及产物纯化

（二）文库构建流程

1. 第一轮 PCR 反应及产物纯化

① 将 0.2mL PCR 管及试剂放在冰上，配制第一轮 PCR 反应体系，配制试剂及用量见表 3-4（注意：PCR Primer Pool 为 PCR 引物混合液，取用前必须充分混匀，即涡旋振荡 5～6 次，每次 3～5s）。

② 取出冻存的基因组 DNA 样本，融化后取 1ng 基因组 DNA 作为 PCR 反应模板加入反应体系中。首先根据所用基因组 DNA 样本浓度，计算 1ng DNA 量所对应的体积。假设基因组 DNA 样本浓度为 0.4ng/μL，则取 2.5μL 的样本溶液作为模板加入上述 PCR 体系中，即可满足模板 DNA 量达到 1ng。

表 3-4　第一轮 PCR 反应体系试剂及用量

试剂	一个反应体系用量/μL
PCR Enzyme Mix	12.5
PCR Primer Pool	6
DNA 模板	根据浓度计算后加入（≤6.5μL）

③ 将加入了 DNA 模板并混匀的 PCR 体系放入 PCR 仪中进行 PCR 反应。反应总时间大约为 1h。反应程序见表 3-5。

表 3-5　第一轮 PCR 反应程序

反应温度	反应时间	循环数/次
105℃热盖	启动（On）	1
98℃	5min	

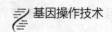

续表

反应温度	反应时间	循环数/次
98℃	15s	
64℃	1min	
60℃	1min	14
72℃	30s	
72℃	2min	
4℃	维持（Hold）	1

在反应结束前 30min 把 DNA 纯化磁珠（DNA Clean Beads）置于室温下平衡。

④ 反应完成后，取出 PCR 管，在小型桌面离心机上瞬时离心，将管内反应液收集至底部后，取 20μL 反应液并转移至新的 0.2mL PCR 管中。

⑤ 将磁珠充分振荡混匀后，取出 24μL 磁珠悬液加入上述含 20μL 反应液的 PCR 管中后，用移液枪快速吹打混合液 8～10 次以使磁珠和反应液充分混匀。吹打过程应尽量避免产生气泡。

⑥ 室温下孵育 5min，使体系中的 DNA 被吸附到磁珠上。

⑦ 将 PCR 管放于磁力架上静置 2～5min，以使磁珠在磁力架的作用下聚集到管底或管壁上。待液体完全澄清后，用移液器小心地吸弃上清液。

⑧ 保持 PCR 管置于磁力架上，加入新鲜配制的 80% 乙醇溶液 100μL，漂洗管壁及磁珠，并用移液器轻轻吹打 5～8 次后，吸弃上清液。

⑨ 重复步骤⑧一次，再次对磁珠进行洗涤，洗涤后尽量将管内液体吸干。如管内仍残留液体，可在小型桌面离心机上瞬时离心后，再用 10μL 枪头吸取残液。

⑩ 将 PCR 管置于磁力架上，打开管盖，室温下干燥至磁珠沉淀表面呈哑光质地即可。若干燥时间过长，磁珠沉淀表面开裂，将会造成 PCR 产物的损失。

⑪ 将 PCR 管从磁力架上取下，加入 5.5μL 的 TE 溶液，洗脱磁珠上的 DNA 分子。加入时应保证微量的 TE 溶液直接落到磁珠表面，以使溶液充分浸润磁珠。

⑫ 室温下静置 5min。

2. 第二轮 PCR 反应及产物纯化

① PCR Dual Barcode Primer Mix 引物的分配：每组样本使用 1 组 PCR Dual Barcode Primer Mix 引物对，应提前分配，并作好记录，如：第一小组使用 01 号引物对，第二小组使用 02 号引物对，以此类推。记录完成后，每个小组自备 PCR 管，用于取相应编号的引物溶液 4.5μL 备用。

第二轮PCR反应及产物纯化

含有引物溶液的 96 孔板在打开封膜前应先进行 2min 的离心（2000r/min），使引物溶液集中至孔底。取用过程应注意避免引物之间的交叉污染。全部取用完成后，应尽快盖上封膜，并放回 −20℃ 冰箱中保存。

② 在第一轮 PCR 反应纯化产物（5.5μL DNA 溶液，带磁珠）的管内加入表 3-6 中用量的试剂，配制第二轮 PCR 反应体系。

表 3-6 第二轮 PCR 反应试剂及用量

试剂	一个反应体系用量/μL
PCR Enzyme Mix	12.5
PCR Block	3
PCR Dual Barcode Primer Mix	4

注：PCR Block 使用前务必充分混匀（涡旋振荡 6 次，每次 5s）。

③ 将配制好的 PCR 反应体系涡旋振荡 3 次，每次 3s，充分混匀后，在小型桌面离心机上瞬时离心，将反应液收集至管底。

④ 将 PCR 管放入 PCR 仪中，按表 3-7 运行程序进行 PCR 反应。反应总时间大约为 40min。

表 3-7 第二轮 PCR 反应运行程序

反应温度	反应时间	循环数/次
105℃ 热盖	启动（On）	1
98℃	5min	
98℃	15s	16
64℃	30s	
60℃	30s	
72℃	30s	
72℃	2min	1
4℃	维持（Hold）	

在反应结束前 30min 把新的 DNA 纯化磁珠（DNA Clean Beads）置于室温下平衡。

⑤ 第二轮 PCR 反应完成后，在涡旋振荡混匀反应体系后短暂离心，之后吸取 20μL 的反应液转移至新的 0.2mL PCR 管中。

⑥ 将新的磁珠悬液充分涡旋振荡混匀后，取 22μL 磁珠悬液加至含反应液的 PCR 管中，用移液器快速吹打 8~10 次混合均匀。吹打时应避免产生气泡。

⑦ 室温下孵育 5min 后，将 PCR 管放于磁力架上，静置 2~5min 至液体澄清，再用移液器小心地吸弃上清液。

⑧ 保持 PCR 管置于磁力架上，加入新鲜配制的 80%乙醇溶液 100μL，漂洗管壁及磁珠，并用移液器轻轻吹打 5~8 次后，吸弃上清液。

⑨ 重复步骤⑧一次，再次对磁珠进行洗涤，洗涤后尽量将管内液体吸干。如管内仍残留液体，可在小型桌面离心机上瞬时离心后，再用 10μL 枪头吸取残液。

⑩ 将 PCR 管置于磁力架上，打开管盖，室温干燥至磁珠沉淀表面呈哑光质地即可。若干燥时间过长，磁珠沉淀表面开裂，将造成 PCR 产物的损失。

⑪ 将 PCR 管从磁力架上取下，加入 23μL 的 TE 溶液，洗脱磁珠上的 DNA 分子，用移液器快速吹打 10 次以使体系完全混匀。吹打时应避免产生气泡。

⑫ 室温下静置孵育 5min。

⑬ 将 PCR 管放置于磁力架上，静置 2～5min 至液体澄清，吸取 21μL 的上清液转移至新的 0.2mL PCR 管中。

⑭ 第二轮 PCR 反应纯化产物即为制备完成的样本文库，可冻存于-20℃下备用。

3. 样本文库质检

使用 Qubit 核酸定量仪对样本文库进行定量检测（操作方法参看项目四）。要求最终样本文库浓度 ≥ 2ng/μL。

五、工作记录

>> 引导问题　基因组 DNA 样本的质量会从哪些方面对文库制备造成影响？完成文库制备后，应从哪些方面对文库质量进行评估？

在完成样本质检和文库质检后，填写工作记录表（表 3-8）。

表 3-8　个体识别文库制备工作记录表

	样本编号	GT001	GT002	GT003	GT004	GT005
样本质检情况	DNA 总量					
	DNA 浓度					
	DNA 纯度（OD_{260}/OD_{280}）					
	DNA 纯度（OD_{260}/OD_{230}）					
	DNA 完整性情况					
文库质检情况	DNA 总量					
	DNA 浓度					
是否满足 DNB 合成要求						

六、任务评价

任务完成后，按表 3-9 进行个体识别文库制备任务评价。

表 3-9 个体识别文库制备任务评价表

班级:		姓名:		组别:		总分:	
序号	评价项目		评价内容	分值	评价主体		
					学生	教师	
1	职业素养		正确穿戴实验服及手套	5			
			良好的沟通协调能力	5			
			保持整洁有序的操作台面	5			
			具备责任心和谨慎态度	5			
2	任务单分析		自主查阅资料,学习建库要求	10			
3	制订计划		技术要求细则	10			
			建库流程完整度	10			
4	任务实施		试剂配制准确度	10			
			分工有效合理	5			
			文库质量合格	30			
5	工作记录		填写完整工作记录	5			
合计				100			
教师评语:							
						年 月 日	

任务二

RNA 文库制备

≫ 任务描述 某生物科技公司承接了来自某高校实验室的科研服务需求,需要对一批提取自小鼠肿瘤组织的总 RNA 进行转录组测序分析,以研究肿瘤组织中的基因异常表达情况。现建库技术员需要基于客户所提供的总 RNA 进行文库构建,以满足转录组测序要求。

一、任务单分析

≫ 引导问题 RNA 文库制备与 DNA 文库制备有哪些异同?如何利用总 RNA 样本,构建出用于转录组测序且适配于 DNBSEQ-E25 测序平台的高质量文库?

1. 学生领取 RNA 文库制备任务单(表 3-10),根据所使用的测序平台及转录组测序的要求,进行文献查找和小组讨论,明确文库构建应使用的接头和接头连接方法原理,并列出工作要点,确定构建合格文库的条件。

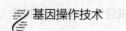

2. 自主查阅技术文件等相关资料，结合教学实际条件和情况，制订可行的文库构建工作计划和工作方案。

表 3-10　RNA 文库制备任务单

合同编号：×××			委托方单位：××			单位地址：×××	
委托方联系人：×××			联系电话：×××			送样日期：××年××月××日	
样本详情	样品编号	样品类型	自测浓度	样品体积	样品来源	其他特殊说明	
	R001	总 RNA	155ng/μL	200μL	小鼠肿瘤组织	无	
	R002	总 RNA	132ng/μL	200μL	小鼠肿瘤组织	无	
	R003	总 RNA	158ng/μL	200μL	小鼠肿瘤组织	无	
	R004	总 RNA	178ng/μL	200μL	小鼠肿瘤组织	无	
	R005	总 RNA	165ng/μL	200μL	小鼠肿瘤组织	无	
受理信息	受理人：×××			受理编号：×××		受理日期：××年××月××日	
	包装情况：☑完好　□破损　□污染 运输方式：□室温　☑冷藏　□其他 记录完整性：☑完整　□缺项 备注：						

二、制订计划

≫ 引导问题　以总 RNA 样本来制备文库与以 DNA 样本来制备文库，在流程上有什么区别？

1. 学生对所查资料进行归纳总结，小组内进行沟通讨论，分析建库技术要求。

2. 小组讨论制订建库任务实施方案，填写 RNA 文库制备任务实施方案表（表 3-11），明确组内分工。

表 3-11　RNA 文库制备任务实施方案表

工作任务名称		
仪器设备		
试剂耗材		
样本来源		
样本质量要求		
文库质量要求		
建库流程及分工	操作步骤	分工
备注		

三、任务准备

>> 引导问题 相比于 DNA，RNA 更不稳定，容易被环境中的核酸酶水解。在建库过程中，如何有效防止 RNA 的降解？

1. 主要设备及耗材

涡旋振荡仪、制冰机、小型桌面离心机（配备 1.5mL 离心管及 0.2mL PCR 管适配转子）、移液枪及配套吸头、PCR 仪、1.5mL 管磁力架、1.5mL 离心管、0.2mL PCR 管（包括普通版本和无 RNA 酶版本）。

2. 试剂配制

本任务采用 RNA 文库制备试剂盒制备 mRNA 测序样本文库，可将 10ng～1µg 总 RNA 制备转录成 DNA 并连接适配于 DNBSEQ-E25 的文库接头，制备成适用于该测序平台的单链环状 DNA 文库。

主要试剂的配制和使用方法应严格依据试剂盒配套说明书进行，在实验操作前应确认试剂盒内各试剂的保存状态。RNA 文库制备主要试剂及用途如表 3-12 所示。

表 3-12 RNA 文库制备主要试剂及用途

试剂	用途
Fragmentation Buffer	片段化反应缓冲液
RT Buffer	逆转录反应缓冲液
RT Enzyme Mix	逆转录酶体系
Second Strand Buffer	二链合成反应缓冲液
Second Strand Enzyme Mix	二链合成反应催化酶体系
ERAT Buffer	末端修复及 dA 尾添加反应缓冲液
ERAT Enzyme Mix	末端修复及 dA 尾添加反应催化酶体系
Ligation Buffer	DNA 连接反应缓冲液
DNA Ligase	DNA 连接酶
DNA Adapters	DNA 接头混合物
Splint Buffer	环化反应缓冲液，含夹板引物
DNA Rapid Ligase	DNA 快速连接酶
Digestion Buffer	酶切反应缓冲液
Digestion Enzyme	核酸水解酶
Digestion Stop Buffer	酶切反应终止缓冲液
PCR Enzyme Mix	用于 PCR 反应的 DNA 聚合酶、dNTPs、镁离子、缓冲液的预混体系

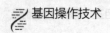

试剂	用途
PCR Primer Mix	PCR 反应引物混合体系
DNA Clean Beads	DNA 纯化磁珠,是纳米级的微珠,由内层聚苯乙烯、中层磁性 Fe_3O_4、外层可吸附核酸的修饰官能团(羧基)构成
TE Buffer	TE 缓冲溶液,以 Tris-HCl 和 EDTA 配制而成,可长期稳定保存 DNA 的溶液
mRNA Capture Beads	用于 mRNA 的吸附
Tris Buffer	用于使 mRNA 与磁珠分离
Beads Wash Buffer	用于杂质的洗涤
Beads Binding Buffer	用于使 mRNA 与磁珠结合

另外还需配制 80%乙醇(500mL):量取无水乙醇 400mL、去离子水 100mL,混合后备用。

四、任务实施

》引导问题 本任务包括几个环节?每个环节大约耗时多长?哪个环节结束后可将产物暂时冻存?如何合理安排实验的时间和分工?

(一)总 RNA 样本的质量确认

对所使用的总 RNA 质量应提前进行确认,推荐使用的样本总 RNA 量范围在 10ng~1μg,浓度≥4ng/μL;纯度参数:OD_{260}/OD_{280}=1.8~2.0,OD_{260}/OD_{230}≥2.0。若 DNA 污染较多,需用 DNase Ⅰ 去除 DNA 并进行纯化。

通过琼脂糖凝胶电泳法对 RNA 的完整性进行确认,质量较好的 RNA 样本电泳图从上到下呈现 3 条 rRNA 条带,且上面两条条带明亮、清晰,无多余杂带。

若使用安捷伦 2100 生物分析仪(Agilent 2100 Bioanalyzer)对 RNA 质量进行检测,则要求 RNA 完整值(RIN 值)≥7。

(二)文库构建流程

1.mRNA 富集

本任务使用 Library Preparation VAHTS mRNA Capture Beads 试剂盒,通过磁珠法对总RNA 中的 mRNA 进行富集。

① 从 4℃冰箱中取出冷藏的 mRNA 捕获磁珠(mRNA Capture Beads),室温下平衡30min。

② 取 200ng 的总 RNA 样品,转移至 1.5mL 的无 RNA 酶离心管中后,用无核酸酶水补足体积至 50μL。

③ 将含有 mRNA Capture Beads 的试剂管置于涡旋振荡仪上,振荡 3 次充分重悬后,吸取 50μL mRNA Capture Beads 加入 RNA 样品溶液中。用移液枪快速吹打混合液 10 次以上,使磁珠和反应液充分混匀。吹打过程中应尽量避免产生气泡。

④ 将离心管置于 65℃ 的恒温水浴锅中孵育 5min，使样品加热变性。

⑤ 取出离心管，在室温下放置 5min，使 mRNA 结合到磁珠上。

⑥ 将离心管置于磁力架上 5min，使磁珠聚集至管底或管壁，液体澄清。此时 mRNA 吸附于磁珠上，其他 RNA 分子则在上清液中。用移液器小心吸弃上清液。

⑦ 从磁力架上取下离心管，加入 200μL Beads Wash Buffer 后用移液枪吹打 10 次以洗涤磁珠。

⑧ 将离心管置于磁力架上 5min，使磁珠聚集至管底或管壁，液体澄清。用移液器小心吸弃上清液。

⑨ 从磁力架上取下离心管，加入 50μL Tris Buffer 后用移液枪吹打 10 次以充分混匀磁珠。

⑩ 将离心管置于 80℃ 恒温水浴锅中孵育 2min，将磁珠上的 mRNA 分子洗脱下来。

⑪ 立即加入 50μL Beads Binding Buffer，用移液枪吹打 10 次以彻底混匀磁珠。室温下静置 5min，使 mRNA 再次结合到磁珠上。

⑫ 将离心管置于磁力架上 5min，使磁珠聚集至管底或管壁，液体澄清。此时 mRNA 吸附于磁珠上，其他 RNA 分子则在上清液中。用移液器小心吸弃上清液。

⑬ 从磁力架上取下离心管，加入 200μL Beads Wash Buffer 后用移液枪吹打 10 次，洗涤磁珠。

⑭ 将离心管置于磁力架上 5min，使磁珠聚集至管底或管壁，液体澄清。用移液器小心吸弃上清液。

⑮ 从磁力架上取下离心管，加入 12μL Tris Buffer 重悬磁珠。将离心管置于 80℃ 恒温水浴锅中孵育 2min，以将磁珠上的 mRNA 分子洗脱下来。

⑯ 将离心管置于磁力架上 5min，使磁珠聚集至管底或管壁，液体澄清后，吸取 10μL 上清液转移至 0.2mL 的 PCR 管中。

2.RNA 片段化

① 在含 10μL mRNA 富集洗脱液中加入 4μL Fragmentation Buffer，用移液枪吹打 10 次混匀后瞬时离心，将管内液体收集于 PCR 管底。

② 将 PCR 管放入 PCR 仪内进行片段化反应。根据文库插入片段大小的需要，选择相应的片段化条件，片段化反应程序见表 3-13。

表 3-13 片段化反应程序

片段大小/bp	温度/℃	时间/min
150	94	8
250	87	6

③ 反应结束后立即将 PCR 置于冰上孵育 2min，而后瞬时离心使管内液体收集于管底。

3. 逆转录及二链合成

① 在进行 RNA 片段化反应的同时，将逆转录反应试剂从−20℃ 冰箱中取出解冻，并涡旋混匀。取 0.2mL PCR 管置于冰上用于配制逆转录反应体系，配制组分见表 3-14。

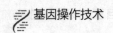

表 3-14 逆转录反应试剂及用量

试剂	一个反应体系用量/μL
RT Buffer	5
RT Enzyme Mix	1

② 将配制好的 6μL 的逆转录反应液加入完成片段化反应的 RNA 样品溶液中,用移液枪吹打 10 次混匀体系后,瞬时离心使管内液体收集于管底。

③ 将上述 PCR 管置于 PCR 仪中进行逆转录反应,反应程序见表 3-15。

表 3-15 逆转录反应程序

温度	时间
热盖	启动（On）
25℃	10min
42℃	30min
70℃	15min
4℃	维持（Hold）

④ 反应结束后立即将 PCR 管置于冰上孵育,而后瞬时离心使管内液体收集于管底。

⑤ 在进行逆转录反应的同时,将二链合成反应试剂从 −20℃冰箱中取出解冻,并涡旋混匀。取 0.2mL PCR 管置于冰上用于配制二链合成反应体系,配制组分见表 3-16。

表 3-16 二链合成反应试剂及用量

试剂	一个反应体系用量/μL
Second Strand Buffer	26
Second Strand Enzyme Mix	4

⑥ 将配制好的 30μL 二链合成反应液加入完成逆转录反应的 RNA 样品溶液中,用移液枪吹打 10 次混匀体系后,瞬时离心使管内液体收集于管底。

⑦ 将上述 PCR 管置于 PCR 仪中进行二链合成反应,反应程序见表 3-17。

表 3-17 二链合成反应程序

温度	时间
热盖	启动（On）
16℃	60min
4℃	维持（Hold）

⑧ 反应结束后瞬时离心使管内液体收集于管底,而后将反应液转移至新的 1.5mL 离心

管中。

⑨ 将离心管置于冰上静置等待下一步反应，或冻存于−20℃冰箱中（不超过 16h）。

4. 二链产物纯化

① 提前取出磁珠 DNA Clean Beads，置于室温下平衡 30min。

② 将磁珠充分振荡混匀后，吸取 75μL 磁珠加入上述二链合成反应产物中，用移液枪快速吹打混合液 10 次上以使磁珠和反应液充分混匀。吹打过程中应尽量避免产生气泡。

③ 室温下静置孵育 5min。

④ 瞬时离心，将管内液体收集于离心管底后，将离心管置于磁力架上静置 2～5min，使磁珠聚集至管底或管壁，液体澄清。用移液器小心吸弃上清液。

⑤ 保持离心管置于磁力架上，加入新鲜配制的 80%乙醇溶液 200μL，漂洗管壁及磁珠，静置 30s 后小心地吸弃上清液。

⑥ 重复步骤⑤一次，再次对磁珠进行洗涤，洗涤后尽量将管内液体吸干。如管内仍残留液体，可在小型桌面离心机上瞬时离心后，再用 10μL 枪头吸取残液。

⑦ 将离心管置于磁力架上，打开管盖，室温干燥至磁珠沉淀表面呈哑光质地即可。若干燥时间过长会导致磁珠沉淀表面开裂。

⑧ 将离心管从磁力架上取下，加入 42μL 的 TE 溶液，洗脱磁珠上的 DNA 分子，用移液器快速吹打 10 次以使体系完全混匀。吹打时应避免产生气泡。

⑨ 室温下静置孵育 5min。

⑩ 瞬时离心将管内液体收集于离心管底，而后将离心管放置于磁力架上，静置 2～5min 至液体澄清，吸取 40μL 的上清液转移至新的 0.2mL 离心管中。

⑪ 经纯化的二链产物可冻存至−20℃下备用。

5. 末端修复及 dA 尾添加

① 取 0.2mL PCR 管置于冰上用于配制末端修复及 dA 尾添加反应体系，配制组分见表 3-18。

表 3-18　末端修复及 dA 尾添加反应试剂与用量

试剂	一个反应体系用量/μL
ERAT Buffer	7.1
ERAT Enzyme Mix	2.9

② 将配制好的 10μL 末端修复及 dA 尾添加反应液加入纯化好的二链合成产物中，用移液枪吹打 10 次混匀体系后，瞬时离心使管内液体收集于管底。

③ 将上述 PCR 管置于 PCR 仪中进行末端修复及 dA 尾添加反应，反应程序见表 3-19。

表 3-19　末端修复及 dA 尾添加反应程序

温度	时间
热盖	启动（On）
37℃	30min

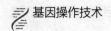

续表

温度	时间
65℃	15min
4℃	维持（Hold）

④ 反应结束后瞬时离心使管内液体收集于管底。

6. 接头连接

① 取 0.2mL PCR 管，用于配制 Adapter 稀释液：在 9μL 的 TE 溶液中加入 1μL 的 Adapter 以将 Adapter 稀释 10 倍。

② 取 5μL 稀释后的 Adapter 溶液，加入上述完成了末端修复及 dA 尾添加的二链产物溶液体系中，涡旋振荡 3 次，混匀后，瞬时离心使管内液体收集于管底。

③ 另取一个 0.2mL PCR 管置于冰上，用于配制接头连接反应液，配制组分见表 3-20。

表 3-20　接头连接反应试剂及用量

试剂	一个反应体系用量/μL
Ligation Buffer	23.4
DNA 连接酶（DNA Ligase）	1.6

④ 将配制好的 25μL 接头连接反应液加入前面混合了 Adapter 的体系中，涡旋振荡 3 次，混匀体系后，瞬时离心使管内液体收集于管底。

⑤ 将上述 PCR 管置于 PCR 仪中进行接头连接反应，反应程序见表 3-21。

表 3-21　接头连接反应程序

温度	时间
热盖	启动（On）
23℃	30min
4℃	维持（Hold）

⑥ 反应结束后瞬时离心使管内液体收集于管底，再加入 20μL TE 溶液将体系体积补至 100μL，而后将溶液转移到新的 1.5mL 离心管中。

7. 接头连接产物纯化

① 提前取出磁珠 DNA Clean Beads，置于室温下平衡 30min。

② 将磁珠充分振荡混匀后，吸取 50μL 磁珠加入上述接头连接产物中，用移液枪快速吹打混合液 10 次以上以使磁珠和反应液充分混匀。吹打过程中应尽量避免产生气泡。

③ 室温下静置孵育 5min。

④ 瞬时离心，将管内液体收集于离心管底后，将离心管置于磁力架上静置 2～5min，使磁珠聚集至管底或管壁，液体澄清。用移液器小心吸弃上清液。

⑤ 保持离心管置于磁力架上，加入新鲜配制的 80%乙醇溶液 200μL，漂洗管壁及磁

珠，静置 30s 后小心地吸弃上清液。

⑥ 重复步骤⑤一次，再次对磁珠进行洗涤，洗涤后尽量将管内液体吸干。如管内仍残留液体，可在小型桌面离心机上瞬时离心后，再用 10μL 枪头吸取残液。

⑦ 将离心管置于磁力架上，打开管盖，室温干燥至磁珠沉淀表面呈哑光质地即可。若干燥时间过长会导致磁珠沉淀表面开裂。

⑧ 将离心管从磁力架上取下，加入 23μL 的 TE 溶液，洗脱磁珠上的 DNA 分子，用移液器快速吹打 10 次使体系完全混匀。吹打时应避免产生气泡。

⑨ 室温下静置孵育 5min。

⑩ 瞬时离心将管内液体收集于离心管底，而后将离心管放置于磁力架上，静置 2～5min 至液体澄清，吸取 21μL 的上清液转移至新的 0.2mL 离心管中。

⑪ 经纯化的接头连接二链产物可冻存于−20℃下备用。

8.PCR 扩增

① 取一个 0.2mL PCR 管置于冰上，用于配制 PCR 反应液，配制组分见表 3-22。

表 3-22　PCR 反应试剂及用量

试剂	一个反应体系用量/μL
PCR Enzyme Mix	25
PCR Primer Mix	4

② 吸取纯化后的接头连接二链产物 21μL，加入上述配制好的 PCR 反应液中，涡旋振荡 3 次，混匀体系后，瞬时离心使管内液体收集于管底。

③ 将 PCR 管置于 PCR 仪中进行 PCR 反应，反应程序见表 3-23。

表 3-23　PCR 反应程序

反应温度	反应时间	循环数
105℃ 热盖	启动（On）	1
95℃	3min	
95℃	30s	16
56℃	30s	
72℃	1min	
72℃	5min	1
4℃	维持（Hold）	

④ 反应结束后瞬时离心使管内液体收集于管底，而后将溶液转移到新的 1.5mL 离心管中。

9.PCR 产物纯化

① 提前取出磁珠 DNA Clean Beads，置于室温下平衡 30min。

② 将磁珠充分振荡混匀后，吸取 60μL 磁珠加入上述 PCR 反应产物中，用移液枪快速

吹打混合液 10 次以上以使磁珠和反应液充分混匀。吹打过程中应尽量避免产生气泡。

③ 室温下静置孵育 5min。

④ 瞬时离心，将管内液体收集于离心管底后，将离心管置于磁力架上静置 2～5min，使磁珠聚集至管底或管壁，液体澄清。用移液器小心吸弃上清液。

⑤ 保持离心管于磁力架上，加入新鲜配制的 80%乙醇溶液 200μL，漂洗管壁及磁珠，静置 30s 后小心地吸弃上清液。

⑥ 重复步骤⑤一次，再次对磁珠进行洗涤，洗涤后尽量将管内液体吸干。如管内仍残留液体，可在小型桌面离心机上瞬时离心后，再用 10μL 枪头吸取残液。

⑦ 将离心管置于磁力架上，打开管盖，室温下干燥至磁珠沉淀表面呈哑光质地即可。若干燥时间过长会导致磁珠沉淀表面开裂。

⑧ 将离心管从磁力架上取下，加入 32μL 的 TE 溶液，洗脱磁珠上的 DNA 分子，用移液器快速吹打 10 次使体系完全混匀。吹打时应避免产生气泡。

⑨ 室温下静置孵育 5min。

⑩ 瞬时离心将管内液体收集于离心管底，而后将离心管放置于磁力架上，静置 2～5min 至液体澄清，吸取 30μL 的上清液转移至新的 0.2mL 离心管中。

⑪ 经纯化的 PCR 产物即为制备好的文库样品，可冻存于−20℃下备用。

10.PCR 产物质检

① 通过琼脂糖凝胶电泳或其他基于电泳分离原理的设备对 PCR 纯化产物进行片段分布检测：本任务的插入片段中主片段大小为 150bp，PCR 产物主片段大小为 230bp。

② 使用 Qubit 核酸定量仪对酶切反应纯化产物进行定量检测（操作方法参看项目四）。要求最终 PCR 纯化产物的摩尔产量≥1pmol，不同大小的核酸分子摩尔产量对应的质量不同，双链 DNA 样本的摩尔产量与质量换算公式如下：

1pmol 双链 DNA 质量（ng）=DNA 片段大小（bp）÷ 1000bp × 660ng

经计算，1pmol 的 230bp 片段对应产量约为 152ng。故在本任务中，PCR 产物总质量≥152ng，方可满足后续实验要求。

五、工作记录

≫引导问题 RNA 样本的质量会从哪些方面对文库制备造成影响？完成文库制备后，应从哪些方面对文库质量进行评估？

完成文库构建后，填写工作记录表（表 3-24）。

表 3-24 RNA 文库制备工作记录表

	样本编号	R001	R002	R003	R004	R005
样本质检情况	RNA 总量					
	RNA 浓度					
	RNA 纯度（OD$_{260}$/OD$_{280}$）					
	RNA 纯度（OD$_{260}$/OD$_{230}$）					
	RNA 完整性情况					

续表

样本编号	R001	R002	R003	R004	R005
文库质检情况 DNA 总量					
DNA 浓度					
是否满足 DNB 合成要求					

六、任务评价

任务完成后,按表 3-25 进行 RNA 文库制备任务评价。

表 3-25　RNA 文库制备任务评价表

班级:			姓名:	组别:		总分:	
序号	评价项目		评价内容		分值	评价主体	
						学生	教师
1	职业素养		正确穿戴实验服及手套		5		
			良好的沟通协调能力		5		
			保持整洁有序的操作台面		5		
			具备责任心和谨慎态度		5		
2	任务单分析		自主查阅资料,学习建库要求		10		
3	制订计划		技术要求细则		10		
			建库流程完整度		10		
4	任务实施		试剂配制准确度		10		
			分工有效合理		5		
			文库质量合格		30		
5	工作记录		填写完整工作记录		5		
合计					100		
教师评语:							
						年　月　日	

◂ **能力拓展**

PCR-Free 文库制备

▸▸ **任务描述**　某农业育种研究所通过基因编辑技术和人工筛选获得了一批花青素和维生

素 C 含量都高于普通品种 3 倍以上的番茄植株。为研究这批番茄植株的基因组中发生了哪些变化，以从遗传分子水平揭示其性状变化的根源，研究所计划对这批改造番茄进行全基因组测序。为避免测序建库中可能由 PCR 扩增引入的碱基错配和偏向性问题，科研人员直接从番茄样本中提取出了浓度达到 1μg/μL 以上的基因组样本送至某测序公司进行测序。现要求建库技术员通过 PCR-Free 文库制备的方法，将该批基因组样本制备成适用于全基因组测序的文库。

一、任务单分析

>> 引导问题　PCR-Free 文库制备方法对核酸样本的要求有什么特殊之处？

　　1. 学生领取 PCR-Free 文库制备任务单（表 3-26），根据所使用的测序平台及全基因组测序的要求，进行文献查找和小组讨论，明确文库构建方法的原理，并列出工作要点，确定构建合格文库的条件。

　　2. 自主查阅技术文件等相关资料，结合教学实际条件和情况，制订可行的文库构建工作计划和工作方案。

表 3-26　PCR-Free 文库制备任务单

合同编号：×××		委托方单位：××		单位地址：×××	
委托方联系人：×××		联系电话：×××		送样日期：××年××月××日	

	样品编号	样品类型	自测浓度	样品体积	样品来源	其他特殊说明
样本详情	TM001	基因组 DNA	1.8μg/μL	200μL	植物叶片	无
	TM002	基因组 DNA	1.5μg/μL	200μL	植物叶片	无
	TM003	基因组 DNA	1.6μg/μL	200μL	植物叶片	无
	TM004	基因组 DNA	2.1μg/μL	200μL	植物叶片	无
	TM005	基因组 DNA	2.3μg/μL	200μL	植物叶片	无

	受理人：×××		受理编号：×××		受理日期：××年××月××日	
受理信息	包装情况：☑完好　□破损　□污染 运输方式：□室温　☑冷藏　□其他： 记录完整性：☑完整　□缺项： 备注：					

二、制订计划

>> 引导问题　本任务的文库制备方法与任务一 DNA 文库制备（个体识别文库制备）中的制备方法有何异同之处？

　　1. 学生对所查资料进行归纳总结，小组内进行沟通讨论，分析建库技术要求。

　　2. 小组讨论制订建库任务实施方案，填写 PCR-Free 文库制备任务实施方案表（表 3-27），明确组内分工。

表 3-27 PCR-Free 文库制备任务实施方案表

工作任务名称		
仪器设备		
试剂耗材		
样本来源		
样本质量要求		
文库质量要求		
建库流程及分工	操作步骤	分工
备注		

三、任务准备

>> 引导问题 每一个流程中所需要的设备、耗材和试剂都有哪些？应该如何保存？有哪些试剂可以提前配制，有哪些需要现配现用？

1. 主要设备及耗材

涡旋振荡仪、制冰机、小型桌面离心机（配备 1.5mL 离心管及 0.2mL PCR 管适配转子）、移液枪及配套吸头、PCR 仪、1.5mL 管磁力架、1.5mL 离心管、0.2mL PCR 管。

2. 试剂配制

本任务采用 PCR-Free DNA 文库制备试剂盒制备 DNA 测序样本文库。主要试剂的配制和使用方法应严格依据试剂盒配套说明书进行，在实验操作前应确认试剂盒内各试剂的保存状态。PCR-Free 文库制备主要试剂及用途如表 3-28 所示。

表 3-28 PCR-Free 文库制备主要试剂及用途

试剂	用途	储存温度
20×Elute Enhancer	搭配 TE 缓冲液和磁珠使用，提高 DNA 的洗脱效率以及保存 DNA 的稳定性	−25～−15℃
FS Buffer Ⅱ	酶切打断反应缓冲液	
FS Enzyme Mix Ⅱ	酶切打断反应酶混合体系	
ER Buffer	末端修复反应缓冲液	
ER Enzyme Mix	末端修复反应酶混合体系	

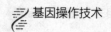

续表

试剂	用途	储存温度
Ad-Lig Buffer	DNA 连接反应缓冲液	
Ad Ligase	DNA 快速连接酶	
Ligation Enhancer	连接反应增强剂	
Cir Buffer	环化反应缓冲液，含夹板引物	
Cir Enzyme Mix	环化预处理酶	$-25\sim-15$℃
Exo Buffer	酶切反应缓冲液	
Exo Enzyme Mix	核酸水解酶体系	
Exo Stop Buffer	酶切反应终止缓冲液	
DNA Adapters	DNA 接头	
DNA Clean Beads	DNA 纯化磁珠，是纳米级的微珠，由内层聚苯乙烯、中层磁性 Fe_3O_4、外层可吸附核酸的修饰官能团（羧基）构成	2~8℃
TE Buffer	$1\times$TE 缓冲液（pH 8.0），以 Tris-HCl 和 EDTA 配制而成，可长期稳定保存 DNA 的溶液	

另外还需配制以下试剂：

① 80%乙醇（500mL）：量取无水乙醇 400mL、去离子水 100mL，混合后备用。

② 10×TE 缓冲液（100mL）：量取 1mol/L Tris-HCl（pH 8.0）溶液 10mL、0.5mol/L EDTA（pH 8.0）溶液 2mL，用去离子水定容至 100mL，高温高压灭菌后，室温于保存备用。

③ 1×TE 缓冲液：用高压灭菌的去离子水将 10×TE 缓冲液稀释 10 倍。

四、任务实施

>> 引导问题　本任务包括几个环节？每个环节大约耗时多长？哪个环节结束后可将产物暂时冻存？如何合理安排实验的时间和分工？

1. 基因组 DNA 的质量确认

对所使用的 DNA 基因组质量应提前进行确认，为提高文库质量，建库应使用完整度较好（凝胶电泳显示 DNA 样本主带清晰，无明显降解或只有轻微降解）、浓度较高、纯度良好（2.0≥OD$_{260}$/OD$_{280}$≥1.8，OD$_{260}$/OD$_{230}$≥1.7）的高质量基因组 DNA。

由于 DNA 样品溶液的缓冲液成分及 pH 值，对建库中用于打断基因组的 DNA 消化酶的反应时效有影响，在从生物样品中分离提取基因组 DNA 时，推荐使用 1×TE 缓冲液（pH 8.0）或纯水来溶解 DNA。如采用其他缓冲液溶解的 DNA 样品，则应小规模地测试酶切反应对基因组 DNA 的打断效果，效果不理想的情况下应重新纯化基因组 DNA 样本并用 1×TE 缓冲液（pH 8.0）或纯水来溶解 DNA。

基因组 DNA 样本应冻存于−25～−15℃下，使用前取出置于室温下融化。

2. 试剂准备

在文库制备操作前须做以下试剂准备：

① 1×Elute Enhancer：取 1μL 20×Elute Enhancer，加入 19μL 无核酸酶水中，配制出 20μL 的 1×Elute Enhancer。

② En-TE 缓冲液：取 2.4μL 1×Elute Enhancer，加入 1197.6μL TE 缓冲液中，配制出 1200μL En-TE 缓冲液。

③ En-Beads：取 15μL 1×Elute Enhancer，加入 1485 μL DNA Clean Beads 中混匀，配制出 1500μL 的 En-Beads。

以上溶液配制量可满足 6 个样本的建库需求。

注意：上述三种溶液推荐现配现用。如提前配制，应在配制后 7d 内使用。1×Elute Enhancer 可在室温下储存，En-TE 缓冲液及 En-Beads 应在 4℃条件下储存。

3. 文库构建流程

（1）DNA 酶切打断

① 将冻存的基因组 DNA 样本置于室温下融化。根据测得的 DNA 样本浓度，计算 800～1000ng DNA 量所对应的溶液体积。

② 样本均一化：取 0.2mL PCR 管，依据表 3-29 用 1×TE 缓冲液（pH 8.0）对样本进行均一化。基因组的加入量根据上一步计算结果，确定合适的加入体积。将体系充分混匀。

表 3-29　基因组 DNA 均一化试剂及用量

试剂	一个反应体系用量/μL
基因组 DNA（800～1000ng）	x
1×TE 缓冲液（pH 8.0）	$45-x$

③ 根据表 3-30 设置 PCR 反应条件，并提前运行前 2 步，使反应温度保持在 4℃。

表 3-30　酶切打断反应程序

反应温度	反应时间
70℃热盖	启动（On）
4℃	维持（Hold）
30℃	15min
65℃	15min
4℃	维持（Hold）

④ 提前取出 FS BufferⅡ置于室温下溶解后涡旋混匀 3s，再放入小型桌面离心机内瞬时离心后放置于冰上备用。

取出 FS Enzyme Mix Ⅱ，上下颠倒并用手指轻弹管子底部 10 次以上进行混匀（禁止涡旋），再放入小型桌面离心机内瞬时离心后放置于冰上备用。

根据表 3-31，取一个新的离心管在冰上配制 15μL 酶切打断反应液。

表 3-31 酶切打断反应液试剂及用量

试剂	一个反应体系用量/μL
FS Buffer Ⅱ	10
FS Enzyme Mix Ⅱ	5

用移液枪混匀上述 15μL 酶切打断反应液后，将其加入第②步配制好的 45μL 均一化体系的 PCR 管中。涡旋混匀后放入小型桌面离心机内瞬时离心后放置于冰上备用。

⑤ 确认 PCR 仪已降至 4℃后，将上述含 60μL 酶切打断反应体系的 PCR 管放入 PCR 仪中，从第 3 步（30℃）开始运行反应。

⑥ 反应完成后，取出 PCR 管，在小型桌面离心机上瞬时离心使管内反应液收集至底部。

⑦ 向反应体系加入 20μL En-TE 溶液（总体系变成 80μL），再将 PCR 管涡旋振荡 3 次混匀，放入小型桌面离心机内瞬时离心后放置于冰上备用。

（2）DNA 酶切打断产物片段纯化（两步法磁珠片段筛选）

① 纯化前，提前 30min 从 4℃冰箱中取出 En-Beads，置于室温下平衡。

② 从步骤（1）DNA 酶切打断中获得的 80μL 酶切打断产物体系溶液中吸取 75μL，转移至新的 0.2mL PCR 管中。

③ 涡旋振荡充分混匀 En-Beads 后，吸取 40μL En-Beads 加入上一步的 PCR 管内，然后涡旋振荡使管内体系充分混匀。

④ 室温下静置孵育 10min 后，将 PCR 管放入小型桌面离心机内瞬时离心，再置于磁力架上，静置 2~5min 以使磁珠在磁力架的作用下聚集到管底或管壁上，管内液体完全澄清。

⑤ 用移液器吸取 100μL 上清液转移至新的 0.2mL PCR 管中。

⑥ 涡旋振荡充分混匀 En-Beads 后，吸取 10μL En-Beads 加入上一步的 PCR 管内，然后涡旋振荡使管内体系充分混匀。

⑦ 室温下静置孵育 10min 后，将 PCR 管放入小型桌面离心机内瞬时离心，再置于磁力架上，静置 2~5min 以使磁珠在磁力架的作用下聚集到管底或管壁上，管内液体完全澄清。

⑧ 用移液枪小心吸弃上清液。

⑨ 保持 PCR 管在磁力架上，加入 160μL 新鲜配制的 80%乙醇溶液，漂洗磁珠及管壁，静置 30s 后用移液器小心吸弃上清液。

⑩ 重复步骤⑨一次，充分洗涤磁珠后，尽量吸干管内液体。如管内仍残留液体，可在小型桌面离心机上瞬时离心后，用 10μL 枪头吸取残液。

⑪ 将 PCR 管置于磁力架上，打开管盖，室温下干燥至磁珠沉淀表面呈哑光质地即可。

⑫ 将 PCR 管从磁力架上取下，加入 45μL En-TE 溶液，并涡旋振荡混匀，以洗脱磁珠上的 DNA 分子。

⑬ 室温下静置 5min。

⑭ 将 PCR 管放入小型桌面离心机内瞬时离心后，再次置于磁力架上，静置 2~5min 以使磁珠在磁力架的作用下聚集到管底或管壁上，管内液体完全澄清。吸取 44μL 上清液转移至新的 0.2mL PCR 管内。

⑮ 取 2μL 上述上清液，使用 Nanodrop 或 Qubit 核酸定量仪对样本文库进行定量检测（如条件许可，推荐使用 Qubit 荧光定量法）。

（3）末端修复

① 取 80~200ng 的酶切打断纯化产物（根据浓度确定取液体积），至一个新的 0.2mL PCR 管内，并用 En-TE 溶液补充至总体积 40μL。

② 根据表 3-32，取一个新的离心管在冰上配制 10μL 末端修复反应液。

表 3-32　末端修复反应液试剂及用量

试剂	一个反应体系用量/μL
ER Buffer	7
ER Enzyme Mix	3

③ 将 10μL 配好的末端修复反应液加入 40μL 的酶切打断纯化产物中，涡旋振荡 3 次混匀后，将 PCR 管放入小型桌面离心机内瞬时离心，完成末端修复反应体系配制。

④ 根据表 3-33 设置 PCR 反应条件，并将上述末端修复反应体系 PCR 管放入 PCR 仪中运行反应。

表 3-33　末端修复反应程序

反应温度	反应时间
70℃ 热盖	启动（On）
14℃	15min
37℃	25min
65℃	15min
4℃	维持（Hold）

⑤ 反应结束，取出 PCR 管进行瞬时离心，收集反应液于管底。此处建议马上进行下一步反应，如需停止可将产物放于−20℃下保存，但产量可能会下降。

（4）接头连接

① 分配接头（DNA Adapters）：根据全班实验样本数量及试剂盒推荐的接头分配方案分配好每一组样本的接头。将 5μL DNA Adapters 加入上述 50μL 末端修复产物中。

② 根据表 3-34，取一个新的离心管在冰上配制 25μL 接头连接反应液。

表 3-34　接头连接反应液试剂及用量

试剂	一个反应体系用量/μL
Ad-Lig Buffer	18
Ad Ligase	5
Ligation Enhancer	2

③ 将 25μL 配制好的接头连接反应液加入 55μL 末端修复产物及接头混合物中，涡旋振荡 3 次混匀后，将 PCR 管放入小型桌面离心机内瞬时离心，完成接头连接反应体系（80μL）配制。

④ 根据表 3-35 设置接头连接反应程序中 PCR 反应条件，并将上述接头连接反应体系 PCR 管放入 PCR 仪中运行反应。

表 3-35　接头连接反应程序

反应温度	反应时间
30℃ 热盖	启动（On）
25℃	10min
4℃	维持（Hold）

⑤ 反应结束后，取出 PCR 管进行瞬时离心，收集反应液于管底。加入 20μL En-TE 溶液将体系体积补至 100μL。此处建议马上进行下一步反应。

（5）接头连接产物纯化

① 纯化前，提前 30min 从 4℃冰箱中取出 En-Beads，置于室温下平衡。

② 涡旋振荡 En-Beads 使之充分混匀后用移液器吸取 50μL，加入上述接头连接反应产物中，然后涡旋振荡充分混匀。

③ 室温下孵育 10min 后，将 PCR 管放入小型桌面离心机内瞬时离心，再置于磁力架上，静置 2～5min 以使磁珠在磁力架的作用下聚集到管底或管壁上，待管内液体完全澄清后，用移液枪小心吸弃上清液。

④ 保持 PCR 管在磁力架上，加入 160μL 新鲜配制的 80%乙醇溶液，漂洗磁珠及管壁，静置 30s 后用移液器小心吸弃上清液。

⑤ 重复步骤④一次，充分洗涤磁珠后，尽量吸干管内液体。如管内仍残留液体，可在小型桌面离心机上瞬时离心后，用 10μL 枪头吸取残液。

⑥ 将 PCR 管置于磁力架上，打开管盖，室温下干燥至磁珠沉淀表面呈哑光质地即可。

⑦ 将 PCR 管从磁力架上取下，加入 50μL En-TE 溶液，并涡旋振荡混匀，以洗脱磁珠上的 DNA 分子。

⑧ 室温下静置 5min。

⑨ 将 PCR 管放入小型桌面离心机内瞬时离心后，再次置于磁力架上，静置 2～5min 以使磁珠在磁力架的作用下聚集到管底或管壁上，管内液体完全澄清。吸取 48μL 上清液转移至新的 0.2mL PCR 管内。纯化后的连接产物可于-20℃冰箱中保存。

（6）变性

① 根据表 3-36 设置变性反应程序中 PCR 反应条件，并将上述含 48μL 连接产物的 PCR 管放入 PCR 仪中运行反应。

表 3-36　变性反应程序

反应温度	反应时间
100℃ 热盖	启动（On）

续表

反应温度	反应时间
95℃	3min
4℃	10min

② 反应结束后，取出 PCR 管进行瞬时离心，收集反应液于管底。

（7）单链环化

① 根据表 3-37，取一个新的离心管在冰上配制 12μL 单链环化反应液。

表 3-37 单链环化反应液试剂及用量

试剂	一个反应体系用量/μL
Cir Buffer	11.5
Cir Enzyme Mix	0.5

② 将 12μL 配好的单链环化反应液加入上述 48μL 变性产物中，涡旋振荡 3 次混匀后，将 PCR 管放入小型桌面离心机内瞬时离心，完成单链环化反应体系（60μL）配制。

③ 根据表 3-38 设置单链环化反应程序中 PCR 反应条件，并将上述单链环化体系 PCR 管放入 PCR 仪中运行反应。

表 3-38 单链环化反应程序

反应温度	反应时间
42℃ 热盖	启动（On）
37℃	10min
4℃	维持（Hold）

④ 反应结束后，取出 PCR 管进行瞬时离心，收集反应液于管底，立即进行下一步反应。

（8）酶切环化

① 根据表 3-39，取一个新的离心管在冰上提前配制 4μL 酶切消化反应液。

表 3-39 酶切消化反应液试剂及用量

试剂	一个反应体系用量/μL
Exo Buffer	1.4
Exo Enzyme Mix	2.6

② 将 4μL 配好的酶切消化反应液加入上述 60μL 单链环化产物中，涡旋振荡 3 次混匀后，将 PCR 管放入小型桌面离心机内瞬时离心，完成酶切消化反应体系（64μL）配制。

③ 根据表 3-40 设置酶切消化反应程序中 PCR 反应条件，并将上述酶切消化反应体系

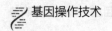

PCR 管放入 PCR 仪中运行反应。

表 3-40　酶切消化反应程序

反应温度	反应时间
42℃ 热盖	启动（On）
37℃	30min
4℃	维持（Hold）

④ 反应结束后，取出 PCR 管进行瞬时离心，收集反应液于管底。加入 3μL Exo Stop Buffer，并涡旋振荡 3 次混匀后，瞬时离心收集反应液于管底。

（9）酶切消化产物纯化

① 纯化前，提前 30min 从 4℃冰箱中取出 En-Beads，置于室温下平衡。

② 涡旋振荡 En-Beads 使之充分混匀后用移液器吸取 120μL，加入上述 67μL 酶切消化产物中，而后涡旋振荡充分混匀。

③ 室温下孵育 10min 后，将 PCR 管放入小型桌面离心机内瞬时离心，再置于磁力架上，静置 2～5min 以使磁珠在磁力架的作用下聚集到管底或管壁上，待管内液体完全澄清后，用移液枪小心吸弃上清液。

④ 保持 PCR 管在磁力架上，加入 160μL 新鲜配制的 80%乙醇溶液，漂洗磁珠及管壁，静置 30s 后用移液器小心吸弃上清液。

⑤ 重复步骤④一次，充分洗涤磁珠后，尽量吸干管内液体。如管内仍残留液体，可在小型桌面离心机上瞬时离心后，用 10μL 枪头吸取残液。

⑥ 将 PCR 管置于磁力架上，打开管盖，室温下干燥至磁珠沉淀表面呈哑光质地即可。

⑦ 将 PCR 管从磁力架上取下，加入 25μL En-TE 溶液，并涡旋振荡混匀，以洗脱磁珠上的 DNA 分子。

⑧ 室温下静置 10min。

⑨ 将 PCR 管放入小型桌面离心机内瞬时离心后，再次置于磁力架上，静置 2～5min 以使磁珠在磁力架的作用下聚集到管底或管壁上，管内液体完全澄清。吸取 24 μL 上清液转移至新的 0.2mL PCR 管内。

（10）酶切产物质检

使用 Nanodrop 或 Qubit 核酸定量仪对酶切反应纯化产物进行定量检测（如条件许可，推荐使用 Qubit 荧光定量法）。要求最终酶切纯化产物总量≥75fmol，方可满足后续实验要求。

1fmol 单链环状 DNA 对应的质量（ng）=DNA 大小（bp）÷1000（bp）×330ng×0.001

五、工作记录

》》引导问题　PCR-Free 文库的基因组 DNA 样本质量要求与个体识别文库的有哪些异同？完成文库制备后，应从哪些方面对文库质量进行评估？

在完成样本质检和文库质检后，填写工作记录表（表 3-41）。

表 3-41　PCR-Free 文库制备工作记录表

	样本编号	TM001	TM002	TM003	TM004	TM005
样本质检情况	DNA 总量					
	DNA 浓度					
	DNA 纯度（OD_{260}/OD_{280}）					
	DNA 纯度（OD_{260}/OD_{230}）					
	DNA 完整性情况					
文库质检情况	DNA 总量					
	DNA 浓度					
是否满足 DNB 合成要求						

六、任务评价

任务完成后，按表 3-42 进行 PCR-Free 文库制备任务评价。

表 3-42　PCR-Free 文库制备任务评价表

班级：			姓名：		组别：		总分：	
序号	评价项目		评价内容			分值	评价主体	
							学生	教师
1	职业素养		正确穿戴实验服及手套			5		
			良好的沟通协调能力			5		
			保持整洁有序的操作台面			5		
			具备责任心和谨慎态度			5		
2	任务单分析		自主查阅资料，学习建库要求			10		
3	制订计划		技术要求细则			10		
			建库流程完整度			10		
4	任务实施		试剂配制准确度			10		
			分工有效合理			5		
			文库质量合格			30		
5	工作记录		填写完整工作记录			5		
合计						100		
教师评语：								
							年　月　日	

利福平耐药检测"假阳性"案例

一位 68 岁男性患者，因体重下降、发热和腹泻等症状入院。医生给他做了一系列的检查，包括胸部 CT 和正电子发射计算机断层显像（PET-CT），结果显示他可能患有感染性肉芽肿。进一步的支气管抽吸物检查显示，他感染了结核分枝杆菌。Xpert 快速检测还显示他对抗结核药物——利福平有耐药性。而用表型药敏试验来检测时，却发现他对利福平药物是敏感的。国家参比实验室的重复测试结果亦保持一致。后续对编码利福平分枝杆菌靶标的 *rpoB* 基因进行 DNA 测序，发现患者体内的结核分枝杆菌有一个不会引起耐药的基因突变，这就是为什么 Xpert 检测会出现假阳性的原因。这个案例展示了在结核病诊断中，即使使用高度敏感和特异的检测技术，如 Xpert 快检，也可能出现假阳性结果。因此，对于利福平耐药阳性的结果，特别是当细菌载量低或有其他临床疑点时，应进行进一步的确认性检测，以确保患者接受正确的治疗。

> 素养园地

中国基因工程分子生物学先驱——李载平

李载平院士是我国分子生物学和基因工程领域的开拓者。在改革开放之后他被委任为国内第一个"基因工程分子生物学研究"的研究室主任。在 20 世纪 70 年代后期，国际上的基因工程研究刚刚起步，而李载平率先进入了这个领域，并带领课题组进行了重组 DNA 和基因工程的研究。其研究重点之一是乙肝病毒。乙肝病毒具有极高的危害性和广泛的影响范围，而中国又是乙肝高发国家，因此乙肝研究对改善人民健康具有重要意义。李载平率领团队开展了乙肝病毒的研究，旨在寻找治疗和预防乙肝的新方法。他的工作为乙肝疫苗的研发和临床应用奠定了基础，对控制和预防乙肝病毒的传播起到了重要作用。李载平的研究还涉及其他重要领域，如人类基因组的研究以及基因诊断和基因治疗等。他的工作为推动中国在分子生物学和基因工程领域的发展做出了重要贡献，对中国的科学研究和医学进步有巨大的影响。

李载平的研究成果被广泛应用于临床实践，造福了广大人民群众。李载平的工作为中国的基因工程研究奠定了坚实的基础，为后续的科学家们提供了宝贵的经验和指导。

> 练习题

一、选择题

1. 在 PCR 反应中，双链 DNA 模板通常在以下哪个条件下解开为单链（　　　）。

A.95℃　　　　　　　B.72℃　　　　　　　C.55℃　　　　　　　D.4℃

2. 配制 PCR 反应体系时，无须加入下列哪种试剂？（　　　）

A.dNTPs　　　　　　B. 水　　　　　　　C.Mg^{2+}　　　　　　D.DNA 连接酶

3.PCR 反应正确过程为（　　　）。

A. 退火→变性→延伸　　　　　　　　B. 变性→退火→延伸

C. 变性→延伸→退火　　　　　　　　D. 延伸→变性→退火

4. 反转录 PCR 体系与常规 PCR 体系的不同点包括（　　　）。

A. 所使用的模板核酸类型不同　　　　　　　B. 所使用的反应底物不同

C. 所使用的酶不同　　　　　　　　　　　　D. 产物的核酸类型不同

5. 关于多重 PCR 的反应条件说法不正确的是（　　　）。

A. 延伸时间要根据最大目的片段的大小来确定

B. 退火温度采取 GC 含量最高的引物其 T_m 值减 5℃的温度值

C. 延伸温度可适当降低以提高延伸效率

D. 可将循环次数提高至 35 以上来提高目的产物获得率

6. 建库过程中所使用的接头可具备以下哪些功能？（　　　）

A. 区分来自不同样本的文库　　　　　　　　B. 附着测序芯片

C. 为测序引物提供结合位点　　　　　　　　D. 保证文库片段的大小符合测序要求

二、简答题

1. DNA 的片段化有哪些方式？

2. 为什么转录组测序的建库前处理需要进行 RNA 的富集？

3. 多重 PCR 的引物设计需要注意哪些要点？

4. 简要叙述 A-T 连接建库法的操作过程。

5. 简要叙述两步 PCR 建库法的操作过程。

项目四　核酸样本与文库质量检测

知识目标	1. 学习并掌握核酸的定性及定量分析方法与原理。
	2. 掌握紫外分光光度法测定核酸浓度及纯度的原理，掌握琼脂糖凝胶电泳测定核酸分子量大小及纯度的方法与原理，熟悉聚丙烯酰胺凝胶电泳测定核酸分子量大小及纯度的方法与原理。
	3. 掌握 Qubit 法文库质量检测原理，熟悉实时荧光定量 PCR（qPCR）法文库质量测定原理。
能力目标	1. 会使用紫外分光光度法测定核酸样品的浓度及纯度。
	2. 会使用琼脂糖凝胶电泳进行核酸样品的检测。
	3. 会使用聚丙烯酰胺凝胶电泳进行核酸样品的检测。
	4. 会使用 Qubit 法进行文库质量检测。
	5. 会使用 qPCR 法进行文库质量检测。
素质目标	1. 培养科学严谨的实验态度，及无菌操作、规范操作、安全操作的意识。
	2. 培养"细节制胜、精益求精"的职业素养。

项目说明

核酸样品制备完成后，要确认所得的样品是否符合预期标准，必须对其进行定量及定性分析，包括核酸的浓度、纯度、大小、构型等方面。在实际工作中，一般是先分析核酸的浓度及纯度、构型和大小，初步确定核酸的制备是否符合预期标准，然后根据需要再进行序列分析。核酸样品的纯度，表示核酸样品中杂质残存量的多少。制备的核酸样品中可能存在未被去除的蛋白质以及提取过程中残存的盐和酚等杂质，还有可能存在不同类型的核酸，造成彼此污染。当核酸样品中杂质的含量达到某种程度时，就会影响后续实验的顺利进行，因此对制备的核酸样品必须进行质量检测，如果质量标准达不到要求，可进一步采取纯化操作。另外，对核酸样品进行序列分析时，前期文库制备后，文库的质量对高通量测序（NGS）产出的数据质量至关重要。过低估计文库的质量，会导致团簇或多重模板太多，数据质量不高；过高估计文库的质量，则会导致数据读取量少，基因组覆盖率低，所以低估或者高估文库质量都会影响测序效果。核酸序列测定中文库质量检测也是一个必不可少的环节。

› **必备知识**

一、核酸样本检测常用方法

1. 紫外分光光度法

21世纪是生物技术大发展的时代，以核酸为基础的分子生物学技术也在飞速发展，在遗传育种、医疗诊断、科学研究等多个领域占据着举足轻重的地位。核酸提取是许多分子生物学实验的第一步，提取的核酸的质量是实验成功的关键所在，如何判断核酸提取质量的"好"与"坏"呢？

目前实验室常用的测定方法是紫外分光光度法，组成核酸的碱基均具有一定的紫外吸收特性，最大吸收值在波长为 250～270nm 之间，腺嘌呤的最大紫外线吸收值在 260.5nm；胞嘧啶为 267nm；鸟嘌呤为 276nm；胸腺嘧啶为 264.5nm；尿嘧啶为 259nm。这些碱基与戊糖、磷酸形成核苷酸后其最大吸收峰不会改变，但核酸的最大吸收波长在 260nm，吸收低谷在 230nm。这个物理特性为测定核酸溶液浓度提供了基础。根据核酸在 260nm 波长处的 OD 值与其浓度成正比的关系，可作为核酸定量测定的依据。用内径 1cm 的比色杯测定，当高纯度的双链 DNA 的 OD_{260}=1.0 时，DNA 溶液浓度为 50μg/mL；当高纯度的单链 DNA 的 OD_{260} 值=1.0 时，DNA 溶液核酸样品纯度与浓度为 33μg/mL；当高纯度的 RNA 的 OD_{260} 值=1.0 时，RNA 溶液浓度为 40μg/mL。然而，当溶液中同时存在少量蛋白质时，会影响核酸的测定值。蛋白质的最大吸收峰是在 280nm 波长处，所以必须同时测定 OD_{260} 值与 OD_{280} 值。计算公式分别为：

$$溶液中双链 DNA 浓度（μg/mL）=（OD_{260}值-OD_{280}值）×50×样品稀释倍数 \quad (4-1)$$
$$溶液中单链 DNA 浓度（μg/mL）=（OD_{260}值-OD_{280}值）×33×样品稀释倍数 \quad (4-2)$$
$$溶液中 RNA 浓度（μg/mL）=（OD_{260}值-OD_{280}值）×40×样品稀释倍数 \quad (4-3)$$

采用紫外分光光度法不仅可以检测核酸样品的浓度，还可以测定其纯度，了解样品中的杂质情况，为后续实验准确使用此样品提供依据。

核酸的最大吸收峰在 260nm 波长处，蛋白质的最大吸收峰在 280nm 处，盐、核苷酸、氨基酸等小分子杂质的最大吸收峰在 230nm 处。分别在 260nm、280nm 和 230nm 处测定核酸样品溶液的 OD 值，根据 DNA 样品的 OD_{260}/OD_{280} 和 OD_{260}/OD_{230} 的比值判断核酸样品的纯度。纯净的核酸溶液 OD_{260}/OD_{280} 值为 1.8～2.0，如果 OD_{260}/OD_{280} 小于 1.8，核酸样品可能有蛋白质污染；如果 OD_{260}/OD_{280} 大于 2.0，表示 DNA 样品中可能存在 RNA 的干扰。OD_{260}/OD_{230} 值应大于 2.0，如果 OD_{260}/OD_{230} 小于 2.0，核酸样品中可能存在盐、核苷酸、氨基酸等小分子杂质的干扰。当然也会出现 DNA 溶液比值为 1.8 但既含蛋白质又含 RNA 的情况，所以有必要结合凝胶电泳等方法鉴定有无 RNA，或用测定蛋白质的方法检测是否存在蛋白质污染。

2. 凝胶电泳法

电泳技术是分子生物学研究中一项不可或缺的重要手段。带电粒子在电场中运动，不同物质由于所带电荷及分子量不同，因此在电场中迁移速率不同，进而把混合物分离开来。根据这一特征，电泳法可以对不同物质进行定性或定量分析，或将一定混合物进行组分分析或单个组分纯化。

根据用于检测核酸的凝胶材料的不同，常用的核酸样品检测电泳法可分为琼脂糖凝胶电泳法和聚丙烯酰胺凝胶电泳法。

（1）琼脂糖凝胶电泳法　琼脂糖凝胶电泳法是分离、鉴定和纯化核酸样品的常用方法。这种电泳方法以琼脂糖凝胶作为支持物，利用核酸分子在琼脂糖凝胶中泳动时的电荷效应和分子筛效应，达到分离混合物的目的。核酸分子在高于等电点的 pH 溶液中带负电荷，在电场中向正极移动。由于糖磷酸骨架在结构上的重复性，相同数量的双链 DNA 几乎具有

琼脂糖凝胶
电泳理论

等量的净电荷，因此它们能以同样的速度向正极方向移动。琼脂糖加热到沸点后冷却凝固便形成凝胶，琼脂糖凝胶具有网孔结构，当核酸分子通过时会受到一定的阻力，大分子核酸在泳动时受到的阻力大，小分子核酸受到的阻力小，因而表现出不同的迁移速率。琼脂糖凝胶分离核酸片段大小范围较广，不同浓度琼脂糖凝胶可分离核酸片段的范围为 0.2～50kb。核酸分子在电泳时的迁移速率不但和分子大小有关，还和其构型有关。同样大小的分子，构型不同时迁移速率也不同，超螺旋分子最快，其次是线状分子和开环分子，如质粒的闭合环状超螺旋分子、线性分子和开环分子。目前，一般实验室多用琼脂糖水平平板凝胶电泳装置进行 DNA 电泳。经适当的电泳时间后，可使不同构型和大小的核酸分子分散，各聚集在一定的位置。在凝胶电泳中，一般加入荧光嵌入染料进行染色。然后根据染料与核酸分子的络合物在一定波长的紫外线照射下会发出荧光的性质，用相应染料处理凝胶后，在一定波长的紫外线照射下，可观察到核酸样品在凝胶中所处的位置，形成核酸样品的 DNA 图谱。在进行电泳检测时，一般需要核酸样品的标准品作参照，根据待检测核酸样品和标准核酸样品的迁移率，推算出待检测核酸样品分子的大小。同时，在凝胶电泳 DNA 图谱上还可检测核酸样品的构型。因此，可通过对荧光的分析而对 DNA 分子所形成的条带进行定性或定量分析。此外，还可以从电泳后的凝胶中回收特定的条带，用于以后的基因操作。

DNA 分子在琼脂糖凝胶电泳中的迁移速率由多种因素决定。

① DNA 分子的大小。在一定浓度的琼脂糖凝胶中，线状双链 DNA 分子的迁移速率与其分子量对数值成反比。DNA 分子越大，在凝胶中所受阻力就越大，也越难在凝胶空隙中迁移，因而迁移得越慢。

② DNA 分子的构型。当 DNA 分子处于不同构型时，它在电场中的迁移速率不仅和分子量有关，还和它本身的构型有关。对于质粒 DNA 分子，即使具有相同的分子量，因其构型不同也会造成电泳时受到的阻力不同，因而迁移速率不同。DNA 分子 3 种构型的迁移速率为：超螺旋 DNA 移动得最快，线状双链 DNA 次之，开环 DNA 移动得最慢。

③ 琼脂糖凝胶的浓度。一定大小的 DNA 片段在不同浓度的琼脂糖凝胶中的迁移速率是不同的。凝胶浓度越高，电泳速率越慢。不同凝胶浓度对分离 DNA 片段大小范围呈线性关系有所区别，浓度较稀的凝胶分离的 DNA 片段大小线性范围较宽，而浓胶对小分子 DNA 片段呈现较好的线性关系分离效果。凝胶浓度与分离 DNA 片段大小范围的关系如表 4-1 所示。凝胶浓度的选择取决于 DNA 分子的大小。分离小于 0.5kb 的 DNA 片段所需凝胶浓度是 1.2%～1.5%，分离大于 10kb 的 DNA 片段所需凝胶浓度为 0.3%～0.7%，DNA 片段大小介于 0.5～10kb 之间则所需凝胶浓度为 0.8%～1.0%。

表 4-1 凝胶浓度与分离 DNA 片段大小范围的关系 1

凝胶浓度/%	分离 DNA 片段的大小范围/kb
0.3	5～60
0.6	1～20
0.7	0.8～10
0.9	0.5～7
1.2	0.4～6
1.5	0.2～3
2.0	0.1～2

④ 电压。在低电压时，线状 DNA 片段的迁移速率与所加电压成正比。但是，随着电场强度的增加，不同分子量 DNA 片段的迁移率将以不同的幅度增长，片段越大，因场强升高而引起的迁移率升高幅度就越大。因此，电压增加，琼脂糖凝胶的有效分离范围将缩小。电压过高时，电泳中产生的大量热量会导致 DNA 片段的降解。实验中要根据需要选择合适电压，如对 DNA 大片段的分离可适当选择较低电压进行。

⑤ 电泳缓冲液。电泳缓冲液的组成及其离子强度影响 DNA 的电泳迁移率。在没有离子存在时，如误用蒸馏水配制凝胶，则电导率最小，DNA 几乎不移动；在高离子强度的缓冲液中，如误加 10×电泳缓冲液，则电导率很高并明显产热，严重时会引起凝胶熔化或 DNA 变性。

⑥ 嵌入染料的存在。荧光染料能嵌入 DNA 碱基对间，对线状分子和开环分子影响较小,而对超螺旋分子影响较大。一般电泳可以忽略此因素，而对于特殊电泳，可在电泳后染色以消除此因素影响。

（2）聚丙烯酰胺凝胶电泳（polyacrylamide gel electrophoresis，PAGE）法 聚丙烯酰胺凝胶电泳法是以聚丙烯酰胺凝胶作为支持介质的电泳技术，已被广泛用于蛋白质、酶、核酸等生物分子的分离、制备及定性、定量分析。聚丙烯酰胺凝胶由单体丙烯酰胺（Acr）和交联剂 N,N′-亚甲基双丙烯酰胺（Bis）在催化剂的作用下聚合而成。单体丙烯酰胺和 N,N′-亚甲基双丙烯酰胺单独存在或混合存在时是稳定的，当遇到自由基时，二者会发生聚合反应形成三维网状结构的凝胶。

聚丙烯酰胺凝胶电泳适用于分离小于 2kb 的小片段 DNA 或 RNA。凝胶浓度取决于丙烯酰胺，其浓度与所能分辨 DNA 分子的有效范围见表 4-2。

表 4-2 凝胶浓度与分离 DNA 片段大小范围的关系 2

丙烯酰胺浓度/%	DNA 的有效分离范围/bp	丙烯酰胺浓度/%	DNA 的有效分离范围/bp
3.5	1000～2000	12.0	40～200
5.0	80～500	15.0	25～150
8.0	60～400	20.0	5～100

与其他凝胶相比，聚丙烯酰胺凝胶有以下优点：

① 在一定浓度时，聚丙烯酰胺凝胶胶体透明，有弹性，机械性能好。

② 化学性能稳定，与被分离物不起化学反应。

③ 对 pH 和温度变化较稳定。

④ 几乎无电渗作用，只要单体丙烯酰胺纯度高，操作条件一致，则样品分离重复性好。

⑤ 样品不易扩散，且用量少，其灵敏度可达 10V/mm。

⑥ 凝胶孔径可调节，根据被分离物质的分子量，改变单体及交联剂的浓度可调节凝胶的孔径。

⑦ 分辨率高，尤其在不连续凝胶电泳中，集浓缩、分子筛和电荷效应于一体，因而有更高的分辨率。

凝胶浓度和交联度是影响聚丙烯酰胺凝胶性能的主要因素。通常用 100mL 凝胶溶液中含有 Acr 及 Bis 的总质量（g）表示凝胶浓度（T%）。交联度（C%）是指交联剂 Bis 占单体 Acr 与 Bis 总量的百分数。一般分离蛋白质和核酸的聚丙烯酰胺凝胶标准浓度分别为 7.5%和 2.4%，实际操作时可根据被分离物的分子量大小适当调整凝胶的浓度。

根据有无浓缩效应，聚丙烯酰胺凝胶电泳分为连续系统与不连续系统两类。连续系统中缓冲液离子成分、pH 及凝胶浓度相同，在电场中带电颗粒的泳动主要靠电荷及分子筛两种效应。不连续系统中缓冲液离子成分、pH、凝胶浓度及电位梯度具有不连续性，带电颗粒在电场中的泳动除电荷效应和分子筛效应外，还具有浓缩效应。

浓缩效应的存在，使不连续聚丙烯酰胺凝胶电泳比连续聚丙烯酰胺凝胶电泳分离出的条带清晰度及分辨率更高，因而一直以来都被广泛采用。需要说明的是，连续聚丙烯酰胺凝胶电泳利用分子筛及电荷效应也可使样品得到较好的分离，且在温和的 pH 条件下进行，不会使蛋白质、酶、核酸等活性物质变性失活，目前该方法越来越多地被科学工作者所采纳。

二、文库质量检测常用方法

（一）荧光染料定量法

与紫外分光光度法相比，低浓度核酸样品浓度的测定可以用荧光染料定量法。荧光光度法是通过检测荧光染料与核酸分子结合后的荧光强度变化而实现对核酸的定量分析。某些荧光探针试剂本身荧光强度不大，但与核酸样品结合后荧光强度大大增强，如 Hoechst 33258 是一种双苯并咪唑荧光染料可高度特异的与双链 DNA 非嵌入性结合，结合后其荧光率由 0.01 增至 0.6。荧光染料定量法适用于样品中 DNA 或 RNA 含量较低或含有较多杂质的样品，该方法绝对灵敏度很高，如利用 Hoechst 33258 可测定纳克级（ng）水平的 DNA。PicoGreen 及 SYBR Green I 的检测灵敏度较 Hoechst 33258 更高，PicoGreen 可检测低至 0.25～0.5ng 的 DNA 样品。现阶段常用的荧光定量技术包括 Qubit 荧光定量技术和实时荧光定量 PCR 技术。

1.Qubit 荧光定量仪

Qubit 荧光定量仪是一种用于 PCR 实验分析的生物检测仪器，它可以快速准确地测试分子量大小和重复度。它基于 Quant-iT（qubit）技术（分子级别的技术）计量 DNA、RNA 和蛋白质等分子，以评估其完整性和质量。

2.Qubit 荧光定量仪原理

Qubit 荧光定量仪的原理是基于模式分子量谱（molecular weight spectroscopy，MWS）技术，准确测量分子的重复度和含量。这种技术依靠紫外可见或紫外线发射来测量分子，有助于分析不同质量的分子序列对及其模式复杂性，从而能够实现精确测量。Qubit 荧光定量仪仅能检测靶标特异性荧光染料（图 4-1），这些荧光染料只有与靶分子（DNA 或 RNA 或蛋白质）结合时才会发射荧光信号，即使在低浓度时也可以，从而大大提升了检测的准确性，避免了不准确测量带来的重复工作。Qubit 荧光定量仪采用专业的曲线拟合算法，使用浓度已知的标样绘制校准曲线。对于 DNA、RNA 或蛋白质的浓度未知的样本，可通过比较样本与标样的相对荧光单位（RFU）从而计算浓度。这些测量的检测限特定于每次检测。

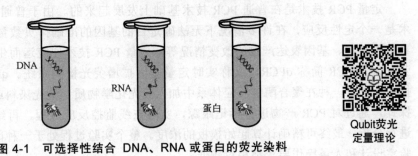

图 4-1　可选择性结合 DNA、RNA 或蛋白的荧光染料

Qubit荧光
定量理论

3.Quibit 荧光定量仪操作流程

Quibit 荧光定量仪的操作流程相对简单，先使用标准品生成标准曲线，再对样本进行定量。大致过程为：第一步，将标准品和样本分别与检测工作液在专用反应管中混合后，室温下避光孵育 2 min，然后将反应管放入 Qubit 荧光定量仪中实行测量。第二步，样本经过紫外线发射，仪器内置紫外荧光探测器检测发射的荧光值，根据荧光信号的强度评价核酸的质量水平，最后将结果显示在屏幕上表示样本的重复度和含量（图 4-2）。

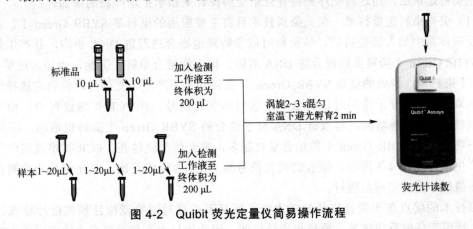

图 4-2　Qubit 荧光定量仪简易操作流程

4.Qubit 荧光定量仪优点

① 快速定量。Qubit 荧光定量仪比传统的定量方法（如单个或多个采样测定法）快 5~10 倍且更加准确。

② 可灵活应用。Qubit 荧光定量仪可以定量不同类型的分子，如 DNA、RNA、蛋白

质，甚至是核酸凝胶和细胞等。

③ 可靠。Qubit 紫外线发射检测技术采用 OECD447 规范和良好实验室规范（GLP）。

④ 可进行核验，Qubit 荧光定量仪具有高精度、高可靠性，以及二次确认和进行历史数据查询等可追溯性能。

⑤ 简单易操作。Qubit 荧光定量仪操作简单，不需要任何技术培训，只要按照操作步骤操作即可，完全符合实验室的要求，大大降低了实验操作的复杂性。

（二）实时荧光定量 PCR 技术

qPCR技术简介

定量 PCR 技术是在普通 PCR 技术基础上发展起来的。由于普通 PCR 技术是一个定性反应，在许多情况下无法确定目的基因的准确拷贝数量，如病毒载量情况、基因表达产物的改变情况等，定量 PCR 技术便应运而生。实时荧光定量 PCR 简称 qPCR，又称实时定量基因扩增荧光检测系统。qPCR 技术于 1996 年被推出，它是一种在聚合酶链反应体系中加入荧光化学物质、荧光染料或荧光标记的特异性的探针，通过对 PCR 产物进行标记跟踪，实时在线监控反应过程，再结合相应的软件对产物进行分析，最终可精确计算起始模板的浓度。整个实验过程处于一种闭管状态，因此，对实验室设计和人员操作要求都相对较低。

1. 实时荧光定量 PCR 技术原理

根据实时荧光定量 PCR 技术的原理，可将其分为两大类：一类为非探针类，如 SYBR Green Ⅰ 或特殊设计的引物等。SYBR Green Ⅰ 是一种可与 DNA 小沟结合的染料，游离时无荧光，一旦与双链 DNA 结合，便会发出荧光，且荧光强度与 DNA 分子数目成正比，可以通过检测荧光信号强度来反映产物的增加。另一类为探针类，包括 TaqMan 探针和分子信标等。这类方法利用荧光染料或荧光标记的特异性探针与目的基因结合进行标记，特异性优于荧光染料定量法，通过与靶序列特异性杂交的探针来指示扩增产物的增加。

（1）荧光染料定量技术　荧光染料技术目前主要应用的染料是 SYBR Green Ⅰ。在聚合酶链反应体系中加入该染料后，该染料可以非特异地嵌合进双链 DNA 小沟，并产生强烈荧光。SYBR Green Ⅰ 染料虽能嵌合进 DNA 双链，但不能结合单链。因此，当加入过量 SYBR Green Ⅰ 染料时，游离的过量 SYBR Green Ⅰ 染料几乎不产生荧光信号，但当它选择性地嵌合进入双链 DNA 分子结构时，将会产生强烈的荧光信号。在 PCR 扩增过程中，由于新合成的双链 DNA 不断增加，与双链 DNA 分子结合的 SYBR Green Ⅰ 染料也增加，因此 PCR 扩增产物越多，SYBR Green Ⅰ 的结合量也越多，荧光信号就越强。PCR 扩增过程中荧光信号的产生原理如图 4-3 所示。结合的荧光信号和 DNA 含量成正比。荧光信号的检测在每一次循环的延伸反应完成后进行。

该技术的优点在于荧光染料的成本低，而且不需要对引物或探针预先进行特殊的荧光标记，适用于任何反应体系，操作也比较简便，因此该技术在科学研究中的应用更为广泛。然而，由于 SYBR Green Ⅰ 染料能与任何双链 DNA 分子结合，因此它也会结合到非特异性扩增产物的双链分子或引物二聚体中，使实验产生假阳性信号。

但是，SYBR Green Ⅰ 染料对 PCR 反应具有一定的抑制效应，同时，其荧光强度相对不高、稳定性差。针对 SYBR Green Ⅰ 染料存在的这些缺点，近来已研发出性能更好的染料，如 SYBR Green ER、POWER Green、Eva Green 等。

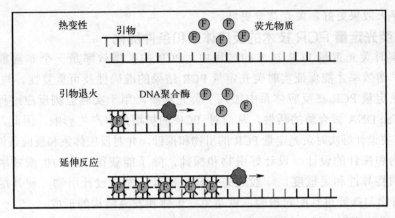

图 4-3　荧光染料技术原理示意图

（2）荧光探针技术　其原理是荧光共振能量转移（fluorescence resonance energy transfer，FRET）。以 TaqMan 探针为基础的实时荧光定量 PCR 技术，在临床诊断中的应用最为广泛。该技术是在普通 PCR 的一对引物之外，加入一个两端带有荧光标记的寡核苷酸探针，在探针完好的状态下，5′端荧光基团的激发光被 3′端淬灭基团所抑制。在 PCR 过程中，随着链的延伸，Taq DNA 聚合酶沿着 DNA 模板移动到荧光探针的结合位置，发挥 5′→3′外切酶活性，将荧光探针切断，荧光报告基团的荧光信号即被释放出来。每合成一条新链，一个报告基团的荧光信号就被释放出来，因此，被释放的荧光报告基团数量与 PCR 产物是一对一的关系。PCR 过程中的荧光探针技术原理如图 4-4 所示。

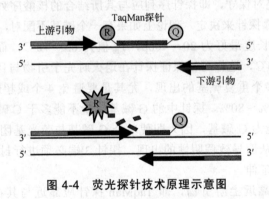

图 4-4　荧光探针技术原理示意图

TaqMan 探针技术解决了荧光染料技术非特异性的缺点，反应结束后不需要进行寡核苷酸熔解曲线分析，从而可以缩短实验时间。但是，TaqMan 探针仅适用于一个特定的目标靶基因，不便于普及应用。此外，由于 TaqMan 探针两端的荧光基团和淬灭基团相距较远，淬灭不彻底，可能有荧光残留，导致本底较高，而且该方法也容易受 Taq DNA 聚合酶 5′→3′外切酶活性的影响。

针对上述问题，一种新的 MCB-TaqMan 探针在 2000 年被推出，其 3′端采用非荧光性的淬灭基团，在吸收荧光基团的能量后并不发光，可显著降低本底信号的干扰。此外，MCB-TaqMan 探针的 3′端还连接有一个小沟结合物——二氢环化吲哚卟啉-三肽，可以使探针与模板的杂交保持稳定，使较短的探针达到较高的 T_m 值。同时，该探针的荧光基团与淬灭基团距离更近，淬灭效果更好，荧光背景更低。

2. 实时荧光定量 PCR 技术的反应体系和条件优化

在进行实时荧光定量 PCR 技术的过程中，PCR 的扩增效率是一个非常重要的影响因素，较高的扩增效率才能保证实时荧光定量 PCR 结果的准确性及可重复性。与普通 PCR 相比，实时荧光定量 PCR 在反应体系中加入了荧光物质，用于实时监测反应过程。这些荧光物质可影响 Taq DNA 聚合酶的活性，从而对 PCR 的扩增效率产生影响。因此，在进行正式实验之前，需要设计好实时荧光定量 PCR 的引物和探针，并对反应体系和反应条件进行优化。

（1）引物和探针的设计　设计好引物和探针，除了能获得较高的扩增效率外，还能显著提高扩增的特异性和灵敏度。一般应先选择好探针，然后设计引物，使其尽可能靠近探针。最后将引物与探针进行配对检验，以避免二聚体和发夹结构的形成。

（a）引物设计原则一般包括：

① 单链引物的最适长度为 15～20bp，GC 含量为 30%～80%，最适含量为 45%～55%。

② TaqMan 探针引物的 T_m 值最好在 68～70℃，分子信标和杂交探针相关引物的 T_m 值变化区间可相对大一些，但对于同一引物而言，其 T_m 值应接近，差异尽量不要超过 2℃。

③ 应避免引物中多个重复碱基的出现，尤其是要避免 4 个或超过 4 个 G 碱基出现；引物的 3′端最好不是 G 和 C。3′端的 5 个碱基不应出现 2 个 G 和 C。

④ 应避免引物内出现反向重复序列而形成发夹二级结构，同时也应避免引物间配对形成引物二聚体。

⑤ 应尽量使引物与探针接近。

（b）探针设计的基本原则通常包括：

① 探针的序列要绝对保守，即探针序列应与其所结合的核酸序列保持绝对的碱基配对，因为有时分型就仅仅依靠探针来决定。理论上如果有一个碱基不配对，就有可能检测不出来。

② TaqMan 探针的长度最好为 20～40bp，T_m 值为 65～72℃，而且要确保探针的 T_m 值比引物的 T_m 值高 5～10℃，这样可以保证探针在退火时先于引物与目的片段结合。

③ 应避免探针中多个重复碱基的出现，尤其是要避免 4 个或超过 4 个 G 碱基出现。确保探针中 GC 含量为 30%～80%。探针中的 G 碱基含量不能多于 C 碱基。

④ 探针的 5′端不能为 G 碱基，因为即使单个 G 碱基与荧光基团相连，也可以淬灭荧光基团发出的荧光信号，从而导致假阴性的出现。探针 3′端必须进行封闭，以避免在反应过程中起引物的作用而进行延伸。

⑤ TaqMan 探针应靠近上游引物，即 TaqMan 探针应靠近与其在同一条链上的上游引物。两者的距离最好是探针的 5′端与上游引物的 3′端之间有一个碱基。

⑥ 避免探针与引物之间形成二聚体，引物探针二聚体的形成，主要是因为探针与引物的 3′末端发生杂交。若此二聚体出现扩增，则将与待扩增的目的基因之间出现竞争反应原料的情况，导致扩增效率降低。

⑦ 用杂交探针做 mRNA 表达分析时，探针序列应尽可能包括外含子和（或）外含子边界。

（2）反应体系的优化

① 模板的质量和浓度。模板的质量可影响 PCR 的扩增效率。应将模板少量分装放置在 −20℃ 环境中低温保存，并避免反复冻融。模板的浓度一般可根据循环数阈值（cycle threshold，Ct）来选择。如果是进行首次实验，那么应选择一系列稀释浓度的模板来进行实

验，以选择出最为合适的模板浓度。一般而言，模板浓度的选择应使反应能进行 15～30 次循环比较合适。若循环次数>30，则应选择较高的模板浓度；如果循环次数<15，则应选择较低的模板浓度。

② 引物和探针的浓度。引物和探针的浓度是影响实时荧光定量 PCR 的关键因素之一。若引物浓度过低，则可导致聚合酶链反应不完全；若引物浓度过高，则可使错配以及产生非特异产物的可能性增加。对于大多数 PCR，0.5μmol/L 是一个合适的浓度。若初次选用这一浓度不理想，则可在 0.3～1.0μmol/L 范围内进行选择，直至达到满意的结果。杂交探针的浓度初次实验时可选择 0.2μmol/L，若荧光信号强度不能满足要求，则可以增加至 0.4μmol/L。

③ $MgCl_2$ 的浓度。在 PCR 过程中，$MgCl_2$ 的浓度对酶的活性是至关重要的。此外，选择合适的 $MgCl_2$ 浓度还能在反应中得到较低的 Ct 值、较高的荧光信号强度以及良好的曲线峰值。因此，对 $MgCl_2$ 的浓度选择应慎重。一般来说，对以 DNA 或 cDNA 为模板的 PCR，应选择 $MgCl_2$ 的浓度为 2～5mmol/L；对以 mRNA 为模板的 RT-PCR，则应选择 $MgCl_2$ 的浓度为 4～8mmol/L。

（3）反应条件的优化

① 退火温度。首次实验时设置的退火温度应比计算得出的 T_m 值低 5℃。如果两个引物的 T_m 值不同，则应将退火温度设定为比最低的 T_m 值低 5℃，然后在 1～2℃ 范围内进行选择。一般来说，退火温度常根据经验来确定，这个经验值往往会与计算得出的 T_m 值有一定的差距。

② 循环次数。通常情况下，实时荧光定量 PCR 只需 25～30 次循环就可以获得满意的结果，而对于一些极微量的待测标本而言，适当增加循环次数可以提高实时荧光定量 PCR 的检测低限。一般来说，这种情况下的循环次数可以设置为 40～45 次。循环次数越多，实时荧光定量 PCR 的灵敏度就越高。在实际工作中，当循环次数达到一定限度时，实时荧光定量 PCR 的灵敏度就不再升高。

（4）实时荧光定量 PCR 扩增曲线和数据分析　实时荧光定量 PCR 技术对整个反应扩增过程出现的荧光信号进行实时监测和连续分析，随着反应时间的推进，根据监测到的荧光信号变化情况可以绘制出一条以扩增循环次数为横坐标，以实时荧光信号强度（RFU）为纵坐标的曲线，即扩增曲线（图 4-5）。

基线期为扩增最初的 10～15 次循环，此时 PCR 处于起始阶段，扩增产物很少，所产生的荧光信号强度很低。随后进入指数期初期，荧光强度达到一个阈值，该阈值通常为基线期荧光信号均值加标准差的 10 倍。指数期为 PCR 达到最大扩增的阶段。理想条件下，每一次循环后，PCR 产物都会成倍增加。进入平台期后，荧光信号强度便不再随扩增循环次数的增加而增加。

Ct 值是指实时监测 PCR 扩增过程的荧光信号强度达到设定的阈值（指数期初期）所经过的循环次数。Ct 值与原始扩增模板数量成负相关，可通过其与原始模板的函数关系来计算原始模板的数量。Ct 值是实时荧光 PCR 的主要定量参数。

扩增效率（eficiency，E）是指一次循环后的产物增加量与这次循环的模板量的比值，其值为 0～1。在 PCR 的前 20 次或 30 次循环中，E 值比较恒定，PCR 处于指数期。随后，E 值逐步降低，直至为 0，此时 PCR 达到平台期，不再扩增。

实时荧光定量 PCR 的模板定量有两种策略，即绝对定量和相对定量。绝对定量指的是用已知的标准曲线来推算未知标本的量；相对定量是指在一定标本中的目的基因相对于另一参照标本的量的变化。

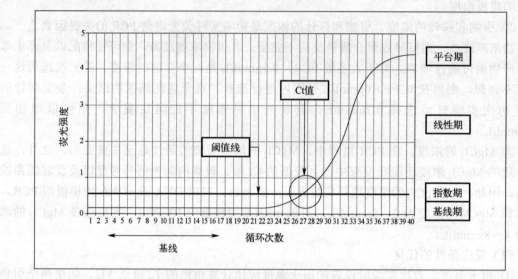

图 4-5　实时荧光定量 PCR 扩增曲线

① 绝对定量的目的是确定某一标本准确的分子数，是用已知标准品的标准曲线来推算未知标本的量。使用预先已知量的标准品，将标准品稀释成一系列不同浓度的标本，并进行PCR。以标准品浓度的对数值为横坐标，以测得的 Ct 值为纵坐标，然后绘制标准曲线，在相同条件下检验未知标本的 Ct 值，从而根据标准曲线计算出未知标本的浓度（拷贝数）。

绘制标准曲线对定量分析至关重要。在绘制标准曲线时，应至少选择 5 个稀释浓度的标准品，涵盖待测标本中目的基因量可能出现的全部浓度范围，最好与目的基因有较高的同源性。绝对定量标准品的纯度要高，可以是纯化的质粒 DNA、体外转录的 RNA 或体外合成的 ssDNA。标准品的量可根据 260nm 的吸光度值，并用 DNA 或 RNA 的分子量转换成其拷贝数来确定。

实时荧光定量 PCR 避免了终点法定量 PCR 进入平台期后定量分析的较大误差，可实现 DNA/RNA 的精确定量分析，而且具有操作简便、快速、高效的特点。该技术具有灵敏度和特异性高、自动化程度高、能在封闭体系中完成扩增和测定、无污染、实时和准确等特点，在医学临床检验及科研方面具有重要的意义，目前已广泛应用于病原体感染的定量检测、细胞因子的表达分析等。

② 相对定量是指在一定标本中的目的基因相对于另一参照标本的量的变化，常用于临床诊断某些特定的目的基因（如 HBV-DNA）。此方法可用于进行高通量的准确定量分析，对疾病的诊断和治疗具有指导意义。相对定量的结果一般为目的基因经处理与未处理的表达差异倍数。在生命科学理论研究中，某些情况下不需要对目的基因的含量进行绝对定量，而只需分析出目的基因的相对表达差异，如某种目的基因绝对处理后其表达量是升高还是降低，此时只需用相对定量的方法就可以满足实验的要求。相对定量就是通过检测目的基因相对于内参基因的表达变化来实现的。内参基因是指在机体各组织和细胞内某些表达相对恒定的基因。在检测其他基因的表达水平变化时，常以其作为内部参照物，简称内参基因。选择正确

的内参基因，可以校正标本质与量的误差以及扩增效率的误差，进而保证实验结果的准确性。

相对定量是一种更为简单的方法，因为这种方法更容易实施，并且对疾病状态的检验更有意义。目前有两种常用方法，即标准曲线法的相对定量和比较 Ct 法的相对定量。不同类型的相对定量各有优势和缺陷，在实际应用过程中应根据实验目的和研究条件合理选择。

三、核酸恒温扩增技术

核酸扩增技术（nucleic acid amplification technique）是一种重要的分子生物学技术，因其具有灵敏度高、特异性强等优点，得到了迅速的发展和广泛应用。当前，核酸扩增技术主要分为两类：一类是以 PCR 技术为代表的变温扩增技术；一类是恒温扩增技术。

核酸恒温扩增技术（nucleic acid isothermal amplification technique）是指能在特定的温度下扩增特定 DNA 或 RNA 的技术。该技术无须进行反复的热变性，反应时间缩短，利用普通的控温水浴锅或者恒温金属热块，甚至保温杯都能使扩增反应正常进行，能够摆脱对精密温控装置的依赖。因此，核酸恒温扩增技术能够满足快速、简便的需求，在病原微生物检测、遗传病诊断、SNP 分型、传染病监测等领域都具有重要的应用价值。

常见的核酸恒温扩增技术有环介导恒温扩增技术、滚环扩增技术、重组酶聚合酶扩增技术、链置换扩增技术、依赖核酸序列的扩增技术等。接下来将重点讲述它们的原理、过程、反应体系及其优缺点。

（一）环介导恒温扩增技术

在目前发展的众多的核酸恒温扩增技术中，环介导恒温扩增技术（loop-mediated isothermal amplification，LAMP）是核酸检测领域中最常用的恒温扩增技术之一，其在 2016 年全球恒温扩增技术市场份额中已占据第二位。LAMP 是由 Notomi 等人在 2000 年提出的一种体外核酸恒温扩增技术。其反应体系主要包含链置换活性的 Bst DNA 聚合酶以及四条或者六条特异性引物，反应温度在 60～65℃。通过 Bst DNA 聚合酶的链置换作用，在模板两端引物结合处不断循环产生环状单链结构，使得引物引发新链合成，进而进行复制，整个扩增可在 60min 内完成。

1.LAMP 反应原理

LAMP 反应引物一般是 4 条，包括正向内部引物（FIP）、反向内部引物（BIP）、正向外部引物（F3）以及反向外部引物（B3），能够与目标序列的 6 个区域进行特异性结合。LAMP 反应过程可分为三个阶段：起始模板合成阶段、循环扩增阶段、延伸和再循环阶段（图 4-6）。

（1）起始模板合成阶段　双链 DNA 在 65℃左右处于一个动态平衡，FIP 引物中的 F2 序列会与靶标区域的 F2c 序列配对，在 Bst DNA 聚合酶的链置换作用下，FIP 会进行延伸形成互补链；接着 F3 引物会与靶标区域的 F3c 序列配对进行延伸，进一步将 FIP 引物合成的互补链置换出来；这条置换出的互补链中的 F1c 序列和 F1 序列会自发互补配对形成环状结构。与此同时，这条互补链的另一端会与 BIP 结合，在聚合酶的置换作用下，形成新的互补链；紧接着，与 F3 引物相类似，B3 引物会将这条由 BIP 形成的互补链置换下来；这条新互补链中的 B1c 与 B1 以及 F1 与 F1c 会自发进行配对形成哑铃状单链 DNA，此即为后续扩增的模板。

1）起始模板合成阶段

2）循环扩增阶段

3）延伸和再循环阶段

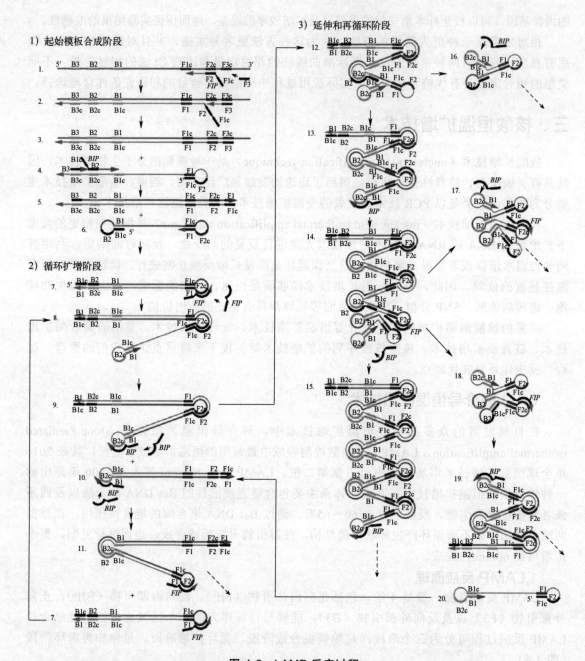

图 4-6　LAMP 反应过程

（2）循环扩增阶段　哑铃状的单链 DNA 会进行自我延伸，进而生成双链茎环结构；FIP 引物会结合到茎环结构的环状区域进行延伸，并置换出与其序列相同的 DNA 单链，产生新的 DNA 双链；置换出的 DNA 单链又可以自发环化形成新的双链茎环结构；此时，BIP 引物与其进行结合，进行相应的延伸以及链置换，生成新的 DNA 双链。在该阶段，之前的 F3 与 B3 引物已经耗尽，所以全部由 FIP 与 BIP 引物完成。

（3）延伸和再循环阶段　FIP 与 BIP 引物不断与双链 DNA 上茎环结构的环状区域进行配对，进而进行延伸和链置换，形成新的 DNA 茎环结构。依此往复延伸和循环，最终生成了大量长度不一的哑铃状 DNA 结构，它们的序列都是重复靶标序列。相比 PCR 技术，LAMP 可以在短时间内实现 10^9 倍核酸信号放大。

2.LAMP 反应体系

LAMP 反应体系包括核酸模板、引物、dNTP、Bst DNA 聚合酶和反应缓冲液。

（1）核酸模板　以 DNA 或 RNA 为模板。

（2）引物　LAMP 中的引物是针对靶基因序列两端 6 个区域设计的两对引物。当前已有专门用于设计 LAMP 引物的软件，并提供在线服务。

（3）dNTP　四种脱氧核糖核苷三磷酸。

（4）Bst DNA 聚合酶　Bst DNA 聚合酶具有链置换活性，最适温度在 60～65℃。

（5）反应缓冲液　反应缓冲液主要成分有 Tris-HCl、MgSO$_4$、KCl、甜菜碱等。

3.LAMP 反应程序及产物检测

LAMP 反应程序一般为：在 60～65℃条件下保温 30～60min，然后升温至 80℃，2min 后终止反应，进行产物检测。

产物检测：LAMP 产物是一系列大小不一的 DNA 片段混合物，可以通过荧光定性法、比色法、焦磷酸镁比浊法等方法进行检测。

（1）荧光定性法检测　利用荧光染料（如 SYBR Green、SYTO 9 等）与 DNA 双链结合时所发出的荧光强度比未结合 DNA 双链时要强。在 LAMP 反应体系中加入荧光染料后，随着 DNA 分子的不断扩增，荧光信号强度也相应增加。通过荧光信号检测器实时监测荧光强度，可实现扩增产物的检测。

（2）比色法检测　比色法主要包含金属离子指示剂法和磷酸根比色法。金属离子指示剂法是利用反应前后金属离子浓度发生变化，从而使得指示剂颜色发生变化。常用的主要有钙黄绿素（calcein）和羟基萘酚蓝（HNB）。前者是反应产生的焦磷酸根离子会竞争性夺走与钙黄绿素结合的锰离子（锰离子会淬灭钙黄绿素的荧光），使得钙黄绿素失去锰离子而产生荧光信号。后者是羟基萘酚蓝与镁离子结合，溶液会呈现紫罗兰色，随着反应进行，产生的焦磷酸根离子会夺走镁离子，使得羟基萘酚蓝失去镁离子，溶液呈现天蓝色。磷酸根比色法是利用焦磷酸酶对扩增过程中产生的焦磷酸离子进行分解产生磷酸盐。在酸性条件下，磷酸盐会与钼酸铵、酒石酸锑钾、抗坏血酸混合物反应生成蓝色络合物（磷钼蓝），使溶液呈现蓝色。

（3）焦磷酸镁比浊法检测　焦磷酸镁比浊法检测的原理是在 DNA 合成过程中，从 dNTP 析出的焦磷酸根离子与反应溶液中的镁离子结合，生成白色的焦磷酸镁沉淀，从而出现肉眼可见的浑浊现象，其浊度与 DNA 的含量成正比。

4.LAMP 反应的优缺点

（1）优点　①仪器简单：LAMP 反应在恒温条件下即可完成扩增反应，只需简单的恒温器就能满足反应要求。②扩增快速、高效：LAMP 反应可在 15～60min 内扩增出 10^9 倍核酸扩增产物。③特异性强：LAMP 针对核酸模板的 6 个区域设计 4 条引物，具有高度特异性。产物检测方便：LAMP 反应可通过目视比浊或比色来对扩增产物进行定性分析。

（2）缺点　①不易区分非特异性扩增。②不适合长片段扩增，一般不能超过 300bp。

（二）链置换扩增技术

链置换扩增（strand displacement amplification，SDA）技术是 Walker 等人在 1992 年创

立的一种 DNA 恒温扩增技术。

1.SDA 反应原理

SDA 的基本反应原理是以限制性核酸内切酶（如 Hinc Ⅱ）识别 DNA 酶切位点，在 DNA 序列形成缺口，DNA 聚合酶（如 exo-Klenow 聚合酶）在缺口处向 3′端延伸并置换下游 DNA 片段。被置换下来的 DNA 单链可与引物结合并被 DNA 聚合酶延伸成双链。该过程不断反复进行，在恒温条件下可以使靶基因序列呈几何倍数扩增。SDA 反应的基本过程包括单链 DNA 模板的准备、两端带酶切位点的 DNA 片段的生成和 SDA 循环三个阶段（图 4-7）。

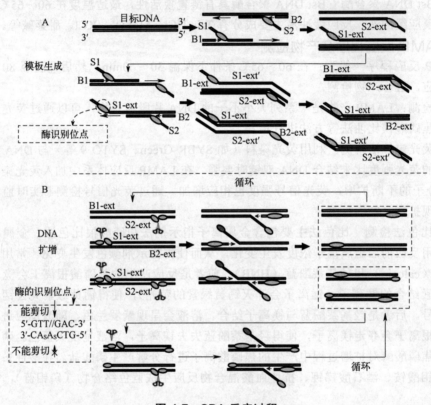

图 4-7　SDA 反应过程

（1）单链 DNA 模板的准备　靶序列变性，4 种引物（B1、B2 和 S1、S2）在靶序列的两端结合，S1、S2 引物的 5′端具有能被 Hinc Ⅱ 识别的序列（5′ GTTGAC）。在 dGTP、dCTP、dTTP 和 dATP α S［将 α 位置上的磷（P）置换成硫（S），不能被 Hinc Ⅱ 识别与剪切，用 As 表示］存在的情况下，由 exo-Klenow 聚合酶合成新的 DNA 链。B1 引物的延伸产物置换出 S1 引物的延伸产物，形成 S1-ext 链，B2 引物的延伸产物置换出 S2 引物的延伸产物，形成 S2-ext 链。

（2）两端带酶切位点的 DNA 片段的生成　B2、S2 与 S1-ext 链结合，B1、S1 与 S2-ext 链结合。在 S1-ext 和 S2-ext 链上延伸并置换产生 2 条两端均有 Hinc Ⅱ 识别位点的片段和 2 条更长的只有一端有 Hinc Ⅱ 识别位点的片段。Hinc Ⅱ 识别并剪切双链 DNA，形成单链切口。在 exo-Klenow 聚合酶和引物 S1、S2 的作用下，合成新的 DNA 链，并置换出 5′端含部分 S2 序列和 5′端含部分 S1 序列的链。

（3）SDA 循环 Hinc Ⅱ 再次识别并剪切双链 DNA，形成单链切口。在 exo-Klenow 聚合酶和引物 S1、S2 的作用下，合成新的 DNA 链，并置换出 5′端含部分 S2 序列和 5′端含部分 S1 序列的链。如此往复进行，形成 SDA 循环反应。

2.SDA 反应体系

SDA 反应体系包含 DNA 模板、exo-Klenow 聚合酶、Hinc Ⅱ 限制性核酸内切酶、2 对引物、dNTP 和反应缓冲液。RT-SDA 反应体系除模板是 RNA 外，还需将两种酶换成 exo-Bst 和 BoB Ⅰ，并额外加入逆转录酶（如 AMV）和单链结合蛋白 T4gp32。

（1）模板 以 DNA 为模板，利用 exo-Klenow 聚合酶的链置换活性和 4 条引物产生具有合适 3′端和 5′端的靶序列，用于 SDA 反应。

（2）引物 SDA 反应需要 2 对引物（B1、B2 和 S1、S2），其中 1 对引物（B1 和 B2）5′端含有 Hinc Ⅱ 限制性核酸内切酶识别序列。

（3）dNTP SDA 反应所使用的 dNTP 中有一种是经化学修饰的核苷酸，根据使用的限制性核酸内切酶而有所不同。如，Hinc Ⅱ 所需的 dATP 经磷硫酰化修饰，不能被限制性核酸内切酶识别、剪切，从而形成单链切口。dNTP 浓度通常为 1mmol/L。

（4）酶 SDA 反应对反应过程中用到的酶有一定的要求，对于限制性核酸内切酶需要具备：切割位点专一、打开缺口后能立即解离让位给 DNA 聚合酶，并继续识别其他位点等特点。当前符合要求的酶有 Hinc Ⅱ、BoB Ⅰ、Nci Ⅰ、Ava Ⅰ 和 Fnu4 Ⅰ。对于 SDA 聚合酶需要具备在缺口处能启动反应、缺乏 5′端→3′端核酸外切酶的活性、可利用修饰过的 dNTP 等特点。当前符合要求的酶有 exo-Klenow、exo-Bst 和 exo-Bca。

（5）反应缓冲液 反应缓冲液成分主要包含 Tris-HCl、KCl、NaCl、MgCl$_2$ 等。

3.SDA 反应程序及产物检测

SDA 的反应程序一般为：95℃条件下变性 4min，37℃条件下复性 4min，37℃条件下扩增 60min，然后升温至 95℃，2min 后终止反应。

产物检测：可以通过凝胶电泳、荧光探针等方法进行检测。

（1）凝胶电泳法检测 利用琼脂糖凝胶电泳可对 SDA 反应产物进行检测。根据 DNA marker 判断目标产物片段大小。需注意的是 SDA 反应产生一些不同的单、双链产物，使得电泳时会出现拖尾现象。

（2）荧光探针法检测 将一种 5′端标记有荧光素的寡核苷酸探针加入 SDA 反应体系中，该荧光探针本身只有很弱的荧光效应，而一旦与相应互补序列形成双链，荧光效应就会大大增强。因此，通过检测荧光强度的增加就可得出 SDA 产物中目标 DNA 的含量。

4.SDA 反应的优缺点

（1）优点

① 反应时间短：SDA 反应时间短，通常在 15～20min 完成，可与横向流动试纸条、荧光免疫技术等结合进行检测。

② 仪器要求简单：SDA 反应不需要复杂的控温仪器，可进行现场检测或基层应用。

（2）缺点

① 不能扩增长片段，一般不超过 200bp。

② SDA 产物中有限制性核酸内切酶的识别序列，不能直接用于基因克隆。

③ 引物设计较复杂，限制条件较多，适用范围有限。

（三）重组酶聚合酶扩增技术

重组酶聚合酶扩增（recombinase polymerase amplification，RPA）技术是由 Armes 等人在 2006 年创立的一种 DNA 恒温扩增技术。

1.RPA 反应原理

RPA 的反应基本原理是依赖重组酶、单链结合蛋白和链置换 DNA 聚合酶的协同作用使得扩增能够在 37～42℃之间的某一恒定温度下进行。在进行扩增时，首先重组酶与引物结合形成重组酶-引物复合体。该复合体能在双链 DNA 中寻找同源序列，一旦引物定位到同源序列就会在链置换 DNA 聚合酶作用下发生链置换并启动 DNA 合成，同时被置换下来的 DNA 链与单链结合蛋白结合，以防止进一步被置换。聚合酶合成的双链和链置换产生的单链均可作为下一轮扩增的模板。通过此过程的循环可实现目标片段的指数级扩增（图 4-8）。RPA 反应的基本过程分为双链 DNA 同源序列的寻找、链的置换和新模板链的合成三个阶段。

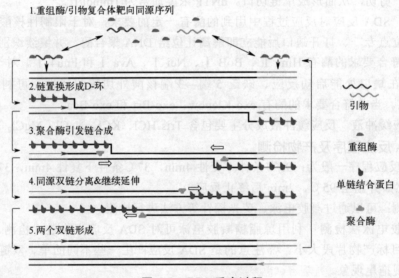

图 4-8 RPA 反应过程

（1）双链 DNA 同源序列的寻找 重组酶会与 2 条特异性引物结合形成复合体，该复合体会在 DNA 模板上寻找与引物互补配对的同源序列。这里引物的设计非常重要，引物过短会影响重组酶活性，从而影响扩增速度和检测灵敏度。

（2）链的置换 当复合体与同源序列结合后，链置换 DNA 聚合酶会对其进行置换，置换出的模板单链会与单链结合蛋白结合，重组酶则会从引物上进行解离，与其他引物结合继续形成复合体。

（3）新模板链的合成 聚合酶结合到引物 3'端后会沿着模板进行延伸，同时将未发生置换的模板单链剥离下来，从而合成新的模板链，进行下一轮的扩增。

2.RPA 反应体系

RPA 反应体系包括 DNA 模板、链置换 DNA 聚合酶、单链结合蛋白、重组酶、乙酸镁、2 条特异性引物、dNTP 和反应缓冲液。RT-RPA 反应体系除模板是 RNA 外，还需额外加入逆转录酶。

（1）模板 以 DNA 或 RNA 为模板。

（2）引物 RPA 中的引物是针对靶基因序列两端设计的两条引物。引物长度通常为 30～38 个 bp，比一般 PCR 引物要长。

（3）dNTP 四种脱氧核糖核苷三磷酸。

（4）酶 RPA 中包含重组酶和链置换 DNA 聚合酶，前者能跟引物结合形成复合体；后者具有链置换活性，且能在引物 3′端进行延伸。它们的最适温度在 37～42℃。

（5）单链结合蛋白 单链结合蛋白能与单链 DNA 结合，辅助稳定构象。

（6）乙酸镁 乙酸镁能够提供镁离子，是 RPA 反应的激活剂。

（7）反应缓冲液 反应缓冲液主要成分有 Tris-HCl、KCl、BSA 等。

3.RPA 反应程序及产物检测

RPA 的反应程序一般为：37～42℃条件下扩增 10～20min。

产物检测：可以通过凝胶电泳法、荧光探针法、试纸条法等方法进行检测。

（1）凝胶电泳法检测 利用琼脂糖凝胶电泳可对 RPA 扩增产物进行检测。根据 DNA 标记（DNA marker）判断目标产物片段大小。需注意的是 RPA 体系中蛋白含量高，会影响核酸在凝胶中的迁移。

（2）荧光探针法检测 体系中加入了核酸外切酶（Exonuclease Ⅲ，exo Ⅲ）和荧光探针。在 RPA 扩增过程中，核酸外切酶切割与模板结合的探针上的四氢呋喃分子处，使探针的荧光基团和淬灭基团分离，从而发出荧光，实现荧光检测。

（3）试纸条法检测 体系中加入了核酸外切酶和含有四氢呋喃分子的探针。探针 5′端带有荧光基团，3′端带有阻断物，阻断物的作用是防止探针在聚合酶的作用下延伸。RPA 反向引物 5′端用生物素进行标记。RPA 扩增过程中，探针被核酸外切酶切割后与反向引物形成的扩增双链将同时带上荧光基团和生物素标记。这种双标记扩增产物可通过试纸条进行检测。

4.RPA 反应的优缺点

（1）优点 ①反应时间短，基本在 20min 内就能出结果。②反应条件温和，在 37～42℃即可进行。③引物设计简单，只要将长度增加到 30bp 以上在 PCR 引物设计软件上即可进行。

（2）缺点 ①反应成本相对较高。②容易产生非特异性扩增。

（四）依赖核酸序列的扩增技术

依赖核酸序列的扩增（nucleic acid sequence-based amplification，NASBA）技术是由 Compton 等人在 1991 年创立的一种 DNA 恒温扩增技术，是一种以 RNA 为模板的快速恒温扩增技术，主要用于 RNA 的检测和序列测定。

1.NASBA 反应原理

NASBA 是以 RNA 为模板，由 2 条引物介导的连续、均一的特异性体外恒温扩增核苷酸序列的酶促过程。NASBA 反应需要 AMV 逆转录酶、RNA 酶 H（RNase H）、T7 RNA 聚合酶和 2 条引物共同作用完成 RNA 的复制，其中正向引物 5′端带有可被 T7 RNA 聚合酶识别的启动子序列，反向引物 5′端序列与靶 RNA 序列相同。NASBA 反应过程分为非循环相和循环相两个阶段（图 4-9）。

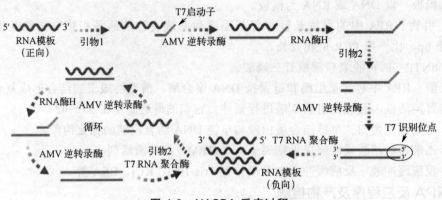

图 4-9　NASBA 反应过程

（1）非循环相　正向引物与模板 RNA 结合，反应体系在 AMV 逆转录酶的作用下转录合成 cDNA-RNA 杂合体，RNase H 将杂合体中的 RNA 水解，反向引物随之与此单链 DNA 结合。由于 AMV 逆转录酶具有 DNA 依赖的 DNA 聚合酶活性，可使单链 DNA 合成双链 DNA。合成的双链 DNA 具有 T7 RNA 聚合酶识别的启动子序列，可将 DNA 催化转录成 RNA。

（2）循环相　转录合成的 RNA 再与反向引物结合，在 AMV 逆转录酶的作用下合成 cDNA-RNA 杂合体，RNase H 将杂合体中的 RNA 水解，反向引物随之与此单链 DNA 结合。在 AMV 逆转录酶的作用下，合成的双链 DNA 被 T7 RNA 聚合酶识别，转录合成 RNA。此反应产物随之重复进行循环相的反应过程，使 RNA 得以扩增。

2.NASBA 反应体系

NASBA 反应体系包括 RNA 模板、2 条引物、AMV 逆转录酶、RNase H、T7 RNA 聚合酶、RNA 酶抑制剂、dNTP、核糖核苷三磷酸（NTP）和反应缓冲液。反应体系一般为 20μL。

（1）模板　以 RNA 为模板。

（2）引物　NASBA 中的引物是针对靶基因序列两端设计的 2 条引物。

（3）AMV 逆转录酶　AMV 逆转录酶以 RNA 为模板逆转录成 cDNA。

（4）RNase H　RNase H 能够降解 cDNA-RNA 杂合体中的 RNA。

（5）T7 RNA 聚合酶　T7 RNA 聚合酶可将双链 DNA 转录合成 RNA。

（6）RNA 酶抑制剂　RNA 酶抑制剂可防止单链 RNA 被降解。

（7）dNTP　四种脱氧核糖核苷三磷酸。

（8）NTP　四种核糖核苷三磷酸。

（9）反应缓冲液　反应缓冲液主要成分有 Tris-HCl、$MgCl_2$、KCl、二甲基亚砜（DMSO）、二硫苏糖醇（DTT）等。

3.NASBA 反应程序及产物检测

NASBA 的反应程序一般为：先混合 RNA 模板、引物、dNTP、NTP，在 65℃条件下反应 5min，破坏 RNA 的二级结构。然后于 41℃下孵育 5min，使引物与模板结合，然后迅速加入酶混合物（T7 RNA 聚合酶、AMV 逆转录酶、RNase H、RNA 酶抑制剂）进行混匀，置于 41℃下孵育 1.5～2h，最后置于−20℃下终止反应。

产物检测：可以通过凝胶电泳法、分子信标法等方法进行检测。

（1）凝胶电泳法检测　利用琼脂糖凝胶电泳可对 NASBA 反应进行检测。根据 RNA marker 判断目标产物片段大小。

（2）分子信标法检测　分子信标是一种带有颈环结构且两端分别修饰有荧光基团和淬灭基团的 DNA 探针。正常情况下，分子信标上的荧光基团是被淬灭的。NASBA 反应在循环相阶段不断产生 RNA 扩增产物，分子信标的环部区域会与 RNA 进行特异性结合，使得荧光基团远离淬灭基团，从而产生荧光信号，进行检测。

4.NASBA 反应的优缺点

（1）优点　①不易受到双链 DNA 产物对后续实验的污染。②扩增效率高、特异性强。③操作简便。

（2）缺点　①扩增长度受到限制，最适宜长度一般为 100～250bp。②酶具有非耐热性，只有在 RNA 链溶解之后才能加入。③低温环境容易导致引物发生非特异反应。

> **项目实施**

核酸浓度及
纯度检测

任务一

DNA 浓度及纯度检测——超微量紫外分光光度法

≫ 任务描述　某基因检测企业实验技术部收到了主管部门的核酸样品序列测定指令，要求对送检核酸样品提取的某核酸样品 DNA（项目二任务一中提取的唾液 DNA 样本）进行质量检测，确保建库前处理核酸样品的浓度及纯度符合要求。学生从指导教师处领取工作任务单后，阅读并分析任务单，明确工作内容、试验条件、相关要求及协作事项，通过查阅《DNA 浓度及纯度检测操作规程》相关技术资料，制订检测工作计划和方案。学生通过独立或协作方式依据操作规程完成物料工具准备、供试品无菌取样、无菌操作、上机仪器检测、数据读取、记录与分析、清洁整理等工作，并及时规范填写相关工作记录和书写检测工作报告，最后交指导教师审核。

在对某核酸样品 DNA 浓度及纯度进行检测时，要严格遵守药品生产管理规范、检验工作流程，注重生物安全，达到国家及行业检验标准的相关要求。

一、任务单分析

≫ 引导问题　如何正确规范使用超微量紫外分光光度计检测未知核酸样品的浓度及纯度？

1. 领取核酸样品 DNA 浓度及纯度检测任务单（表 4-3），学生进行小组讨论，分析工作任务，明确工作内容、相关要求及注意事项，列出工作要点。

2. 自主查阅技术文件等相关资料，结合教学实际条件和情况，制订可行的核酸样品浓度及纯度检测工作计划和工作方案。

z

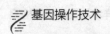基因操作技术

表 4-3 核酸样品 DNA 浓度及纯度检测任务单

合同编号：×××		委托方单位：××			单位地址：×××
委托方联系人：×××		联系电话：×××			送样日期：××年××月××日

	样品编号	样品类别	数量	包装形式	样品状态	样品体积/质量
样本详情	JKR001	唾液	1管	唾液采集管	新鲜	500μL
	JKR002	唾液	1管	唾液采集管	新鲜	600μL
	JKR003	唾液	1管	唾液采集管	新鲜	580μL
	JKR004	唾液	1管	唾液采集管	新鲜	700μL
	JKR005	唾液	1管	唾液采集管	新鲜	750μL

	受理人：×××	联系电话：×××		受理编号：×××	受理日期：××年××月××日
受理信息	包装情况：☑完好 □破损 □污染		运输方式：□室温 ☑冷藏 □其他：		
	记录完整性：☑完整 □缺项：		提取目标：☑DNA □RNA □蛋白质 □其他：		
	提取产物去向：□寄还客户 ☑用于测序建库 □其他：				

检测方法：超微量紫外分光光度法
备注：

二、制订计划

>> 引导问题 常规紫外分光光度法和超微量紫外分光光度法测量核酸样品有什么区别？两种方法各自的优缺点是什么？在用超微量紫外分光光度法测量核酸样品的浓度及纯度操作过程中有什么特别需要注意的事项？怎么通过测量的比值分析核酸样品的纯度？

1. 学生对所查资料进行归纳总结，小组内进行沟通讨论，分析超微量紫外分光光度法检测核酸样品浓度及纯度的技术要求。

2. 小组讨论制订超微量紫外分光光度法检测核酸样品浓度及纯度任务实施方案，填写检测核酸样品浓度及纯度实施方案表（表 4-4），明确组内分工。

表 4-4 超微量紫外分光光度法检测核酸样品浓度及纯度实施方案表

工作任务名称	
技术要求细则	
仪器设备	
试剂耗材	
样本来源	
样本质量要求	
产物质量要求	

续表

提取步骤		负责人
核酸样品浓度及纯度检测流程及分工		
备注		

三、任务准备

≫引导问题　每一个流程中所需要的设备、耗材和试剂都有哪些？试剂盒中的试剂应该如何保存？有哪些试剂需要自行配制？

1. 主要设备及耗材

离心机，超微量紫外分光光度计（NanoDrop），离心管（1.5mL）及离心管架，移液枪（10μL、200μL、1000μL）及枪头，核酸样品 DNA。

2. 试剂配制

双蒸水（ddH$_2$O），TE 缓冲液（10mmol/L Tris-HCl，1mmol/L EDTA，pH=8.0）。

四、任务实施

≫引导问题　以超微量紫外分光光度法检测核酸样品浓度及纯度的基本步骤有哪些？检测样品 OD 值范围应该在 0.1～0.99 之间，否则不符合线性关系，如何调整检测样品在标准范围内？在"主页"屏幕上，选择核酸选项卡并点击双链 DNA、单链 DNA 或 RNA，根据要检测的样品而定。

超微量紫外分光光度法分析

① 用 ddH$_2$O 清洗上下基座三次，再用低尘擦拭纸擦拭干净。

② 将 1～2μL 空白检测溶液移取到下基座，然后降下检测臂，或将空白检测比色皿插入比色皿架。

③ 点击空白检测并等待检测完成。

提示：如果自动空白检测设为"开启"，则空白检测将会在降下检测臂时自动开始，此选项不适用于比色皿检测。

④ 抬起检测臂，用新的无尘纸擦拭上下基座，或取下空白检测比色皿。

⑤ 将 1～2μL 样品溶液移取到基座上，然后降下检测臂，或将样品比色皿插入比色皿槽。

⑥ 开始样品检测。

基座：如果自动检测设为"开启"，直接降下检测臂；如果"自动检测"设为"关闭"，降下检测臂并点击检测。

比色皿：点击检测。

⑦ 完成检测样品后，点击结束实验。抬起检测臂，用新的无尘纸擦拭上下基座，或取下样品比色皿。

五、工作记录

》引导问题

① 以超微量紫外分光光度法检测核酸样品浓度及纯度的结果及其表述应该包含哪些内容？

② 完成样品浓度及纯度检测后，应尽快完成后续任务，填写工作记录表（表4-5）。

1. 结果分析及检测报告的撰写

表4-5　超微量紫外分光光度法检测报告单

编号：　　　　　　　　　　　　　　　　　　　　　　　　　年　　月　　日

送检单位		样品名称	
检测单位		检验方法	
检测日期			
检测项目			
检测现象			
检测结果	1. 样品溶液 DNA 的含量：DNA（μg/μL）= 2. 样品溶液 DNA 的纯度：OD_{260}/OD_{280}=　　OD_{260}/OD_{230}=		
结论			
技术负责人		复核人		检验人	

2. 结果讨论

① DNA 浓度测定的 OD_{260}/OD_{280} 比值大于 1.8，说明存在 RNA，可重新用 RNA 酶 A（RNase A）处理，酚/氯仿/异戊醇（23∶24∶1）抽提；DNA 浓度测定的 OD_{260}/OD_{280} 比值小于 1.8，则说明有蛋白质等杂质存在，需再用蛋白酶 K、SDS 及酚、氯仿、异戊醇重新对 DNA 进行纯化［也可加入 1/8 体积的 3mol/L NaAc（pH 5.2）与冷乙醇一同促使 DNA 沉淀析出］。

RNA 浓度测定的 OD_{260}/OD_{280} 比值小于 1.8，说明溶液中蛋白质或者其他有机物的污染比较明显；OD_{260}/OD_{280} 的比值大于 2.2，说明 RNA 已经水解成单核苷酸。

② 采用紫外检测法检测核酸含量的优缺点：用紫外检测法测定样品的核酸含量，具有简单、快速、灵敏度高的优点，并且待测核酸样品中含有微量蛋白质和 RNA 时，产生的误差非常小。但该法在测定样品内混杂有大量的上述物质时，则会产生较大的测定误差，需要设法事先除去。

③ 样品中含有核苷酸类杂质：假如样品中蛋白质、核苷酸类物质较多则可以通过离子色谱柱进一步提纯，再用紫外检测法测定。

④ 样品体系中其他物质对实验结果有干扰：蛋白质由于含有芳香氨基酸，因此也能吸收紫外光。通常蛋白质的吸收高峰在 280nm 处，在 260nm 处的吸收值仅为核酸的十分之一或更低，故核酸样品中蛋白质含量较低时对核酸的紫外测定影响不大。RNA 在 260nm 与 280nm 处的吸收比值在 2.0 以上，DNA 的比值则在 1.8 左右，当样品中蛋白质含量较高时，比值下降。

六、任务评价

任务完成后，按表 4-6 进行超微量紫外分光光度法检测核酸样品浓度及纯度任务评价。

表 4-6　超微量紫外分光光度法检测核酸样品浓度及纯度任务评价表

班级：			姓名：	组别：		总分：	
序号	评价项目		评价内容		分值	评价主体	
						学生	教师
1	职业素养		正确穿戴实验服及手套		5		
			良好的沟通协调能力		5		
			保持整洁有序的操作台面		5		
			具备责任心和谨慎态度		5		
2	任务单分析		自主查阅资料，学习核酸样品浓度及纯度检测原理及要求		10		
3	制订计划		技术要求细则		10		
			核酸样品浓度及纯度检测流程完整度		10		
4	任务实施		试剂配制准确度		10		
			分工有效合理		5		
			操作规范、结果有效		30		
5	工作记录		填写完整工作记录		5		
合计					100		
教师评语：							
						年　　月　　日	

任务二

DNA 分子量大小检测——琼脂糖凝胶电泳法

>> **任务描述**　某基因检测企业实验技术部收到了主管部门的核酸样品序列测定指令，要求对送检核酸样品提取的某核酸样品 DNA（项目二任务一提取的细菌片段化样本）进行片段完成性检测，确保建库前处理核酸样品片段及完整性符合要求。学生从指导教师处领取工作任务单后，阅读并分析任务单，明确工作内容、试验条件、相关要求及协作事项，通过查阅《核酸琼脂糖凝胶电泳检测操作规程》相关技术资料，制订检测工作计划和方案。学生通过独立或协作方式依据操作规程完成

琼脂糖凝胶
电泳法

物料工具准备、供试品无菌取样、无菌操作（制样及上样）、琼脂糖制备、电泳、观察、记录与分析、清洁整理等工作，并及时规范填写相关工作记录和书写检测工作报告，最后交指导教师审核。

在对某核酸样品进行琼脂糖凝胶电泳检测过程中，要严格遵守基因检测行业管理规范、检验工作流程，注重生物安全，达到国家及行业检验标准的相关要求。

一、任务单分析

>> 引导问题　　凝胶电泳分离、鉴定及纯化 DNA 的方法和原理有哪些？与其他凝胶电泳分离、鉴定、纯化 DNA 过程相比，琼脂糖凝胶电泳过程有哪些异同？影响琼脂糖凝胶电泳结果的因素有哪些？

1. 领取核酸样品 DNA 琼脂糖凝胶电泳任务单（表 4-7），根据引导问题，进行文献查找和小组讨论，明确琼脂糖凝胶电泳的方法及原理，并列出工作要点，确保用于建库的核酸样品片段及完整性符合要求。

2. 自主查阅技术文件等相关资料，结合教学实际条件和情况，制订可行的琼脂糖凝胶电泳工作计划和工作方案。

表 4-7　琼脂糖凝胶电泳任务单

	合同编号：×××		委托方单位：××		单位地址：×××	
	委托方联系人：×××		联系电话：×××		送样日期：××年××月××日	
样本详情	样品编号	样品类别	数量	包装形式	样品状态	样品体积/质量
	Eco001	细菌片段化样本	1 管	离心管	新鲜	1mL
	Eco002	细菌片段化样本	1 管	离心管	新鲜	1mL
	Eco003	细菌片段化样本	1 管	离心管	新鲜	1mL
	Eco004	细菌片段化样本	1 管	离心管	新鲜	1mL
	Eco005	细菌片段化样本	1 管	离心管	新鲜	1mL
受理信息	受理人：×××	联系电话：×××		受理编号：×××		受理日期：××年××月××日
	包装情况：☑完好　□破损　□污染			运输方式：□室温　☑冷藏　□其他：		
	记录完整性：☑完整　□缺项			检测目标：☑DNA　□RNA　□蛋白质　□其他：		
	检测产物去向：□ 寄还客户　☑ 用于测序建库　□ 其他：					
备注：						

二、制订计划

>> 引导问题　　根据核酸样品的分子量大小及特点，对配制的琼脂糖凝胶的浓度有什么要求？实施任务过程中有哪些注意事项？如琼脂糖凝胶电泳分离、鉴定及纯化的核酸图谱结果不符合预期，那么其出现的原因及对应现象的解决方法是什么？

1.学生对所查资料进行归纳总结，小组内进行沟通讨论，分析琼脂糖凝胶电泳的技术要求。

2.小组讨论制订琼脂糖凝胶电泳任务实施方案，填写琼脂糖凝胶电泳任务实施方案表（表4-8），明确组内分工。

表4-8　琼脂糖凝胶电泳任务实施方案表

工作任务名称		
技术要求细则		
仪器设备		
试剂耗材		
样本来源		
样本质量要求		
产物质量要求		
琼脂糖凝胶电泳流程及分工	提取步骤	负责人
备注		

三、任务准备

》引导问题　每一个步骤所需要的设备、耗材和试剂都有哪些？哪些试剂、耗材需要彻底去除DNA酶以及如何去除？有哪些试剂可以提前配制，有哪些需要现配现用？配制好的试剂如何保存？

1.主要设备及耗材

电泳仪，电泳槽，微波炉，凝胶成像仪，电子天平，涡旋振荡仪，制胶模具，移液枪，离心管架，10μL、200μL、1000μL枪头，烧杯，标签纸，吸水纸，记号笔等。

2.试剂配制

① 电泳缓冲液　50×（TAE）/L：242g Tris碱，57.1mL冰醋酸，100mL 0.5mol/L EDTA（pH 8.0）。

② DNA分子量标准（DNA Marker），6×loading buffer。

③ 核酸染料（Goldview等）。

④ TE缓冲液（10mmol/L Tris-HCl，1mmol/L EDTA，pH=8.0）。

⑤ 琼脂糖、乙醇。

133

四、任务实施

>> 引导问题 琼脂糖凝胶电泳操作过程中如何降低 DNA 样品和标准品降解及污染的风险？

（1）制胶（0.6%琼脂糖凝胶）　在胶模上架好梳子。称取 0.3g 琼脂糖，置于 100mL 锥形瓶或烧杯中，加 50mL 0.5×TAE 电泳缓冲液，加热熔化至无颗粒状琼脂糖，待其冷却至 60℃左右，加入 1μL Goldview 荧光染料，摇匀后立即倒入准备好的胶模中。待胶凝固后，放入电泳槽中，倒入适量 0.5×TAE 电泳缓冲液（刚好淹过胶面），拔去梳子备用（注：Goldview 有微毒性，接触染料管或凝胶必须戴手套）。

（2）加样　按每 5μL DNA 样品与 1μL 6×loading buffer 的比例，用微量移液器小心加入样品槽中（注：勿划破或戳穿加样孔，勿带入气泡）。若 DNA 含量偏低，则可依上述比例增加上样量，但总体积不可超过样品槽容量。每加完一个样品要换枪头以防互相污染。注意上样时要小心操作，避免损坏凝胶或将样品槽底部凝胶刺穿。

（3）电泳　加完样后，盖上电泳槽盖，立即接通电源，使电压调到 100V，恒压电泳。当溴酚蓝条带移动到距凝胶前缘约 2cm 时，停止电泳（约需 30min）。

（4）观察和拍照　取出胶块置于紫外灯下观察，DNA 存在处可显示出肉眼可辨的橘红色荧光带，再用成像仪进行拍照，以便于分析［注：紫外线对眼睛有害，观察时应戴上防护镜或眼镜，或者应隔着玻璃（或有机玻璃）观察］。

五、工作记录

>> 引导问题 琼脂糖凝胶电泳的结果及其表述应该包含哪些内容？

在完成琼脂糖凝胶电泳检测后，应尽快完成后续任务，填写工作记录表（表 4-9）。

表 4-9　琼脂糖凝胶电泳检测报告单

编号：　　　　　　　　　　　　　　　　　　　　　　　　　年　　月　　日

送检单位			样品名称		
检测单位			检验方法		
检测日期					
检测项目					
检测现象					
检测结果					
结论					
技术负责人		复核人		检验人	

六、结果分析

（1）DNA Marker 降解　DNA Marker 降解可能是由于核酸酶污染或者保存不当，可以在每次吸取时更换灭菌枪头，勿将电泳缓冲液带入管中；用后密闭于 4℃ 保存，避免多次反复冻融；不可加热。

（2）DNA Marker 无法正确分离　DNA Marker 无法正确分离可能是由于琼脂糖质量差或者电泳缓冲液多次使用后失效，可以在备料时使用质量可靠的琼脂糖制胶，电泳时用新配制的电泳缓冲液。

（3）DNA 条带暗淡　DNA 条带暗淡可能是由于核酸样品浓度过低或者降解，在制备样品时可以使用不含核酸酶的试剂和耗材，同时加样时增加上样量。

（4）条带模糊或弥散　条带模糊或弥散可能是由于电泳缓冲液多次使用后失效；核酸部分降解；核酸样品纯度差；含有 DNA 结合蛋白或高浓度的盐分；电压过低，电泳时间过长；染色时间过长或拍照前放置过久。可以通过更换缓冲液；使用不含核酸酶的试剂和耗材制备样品；酚/氯仿抽提或乙醇沉淀去除蛋白质、盐分等杂质；根据凝胶大小和电泳缓冲液类型，使用适当的电压进行电泳，电泳结束后及时观察、拍照等方法解决。

（5）条带缺失　条带缺失可能是由于 DNA 条带分子量过大，分子量接近的 DNA 条带没有分开；电泳缓冲液使用不当，电泳时间过长或电压过高，DNA 走出凝胶；电极插反。可以选择适当的电泳液进行电泳，TBE 缓冲液适用于分析较小分子量的 DNA 片段，大片段分子不能完全分离，TAE 缓冲液不适用于分离很小的 DNA 片段；另外可以通过缩短电泳时间；调整电压；正确连接电极方向等去调整自己的实验方法。

（6）条带大小不正确　条带大小不正确可能是由于核酸降解或形成聚合物；λ DNA 酶切 Marker 的 cos 位点复性；相同分子量的 DNA 片段由于结构或序列的差异而有不同的迁移率；梳子变形；点样孔不在同一水平线上。可以通过加热处理或重新制备样品，电泳前 65℃ 加热 5min，冰上冷却 5min 以后再上样；判断 DNA 分子是否有特殊结构，如缺口、超螺旋、二聚体等；使用完好的梳子制胶等方法解决。

（7）带型异常　带型异常可能是由于不同样本的上样条件不同；上样量过大或过小；核酸样品纯度差，含有 DNA 结合蛋白或高浓度的盐分；电泳缓冲液未完全浸没凝胶；电压过高或电泳时间过长致使凝胶过热和 DNA 变性；凝胶中加入荧光染料造成染色不均；凝胶中有气泡或污染物；点样孔质量差。可以选用相同的上样缓冲液，上样量尽可能接近；选择合适大小的上样孔，样品应完全覆盖点样孔底部；以酚/氯仿抽提或乙醇沉淀去除蛋白质、盐分等杂质；上样和电泳时，确保缓冲液始终能完全覆盖凝胶；根据凝胶大小和电泳缓冲液类型，使用适当的电压进行电泳；加入荧光染料时充分混匀或电泳结束后再染色；使用纯水和洁净容器制胶；缓慢灌胶，并赶除气泡；待凝胶完全凝聚后再取出梳子等方法解决。

（8）小片段扩散，条带模糊、粗　小片段扩散可能是由于错误选择了低浓度凝胶，观察大片段要用低浓度凝胶，观察小片段要用高浓度凝胶；琼脂糖质量不好，即使是使用高浓度凝胶，质量不好的琼脂糖分离小片段也容易扩散，换用质量好的琼脂糖制胶等方法解决。

七、注意事项

① 进行实验操作时，需佩戴一次性手套，避免污染引起样品 DNA 降解。

② 根据 DNA 分子量大小配制不同浓度的琼脂糖凝胶，凝胶厚度应适宜，不宜太厚，否则影响检测灵敏度，也不宜太薄，容易导致样品泄漏。

③ 制备凝胶时，倒胶一定要把握好胶的温度，不要高于 60℃ ，温度太高会使制板变形，倒胶的温度也不可太低，否则会使胶凝固不均匀；倒胶速度也不可太快，否则容易出现

气泡。

④ 胶要凝固好后才能拔梳子，拔梳子方向要竖直向上，不要弄坏点样孔。

⑤ 点样时枪头下伸，不要将样品点到样品孔之外，不要将胶戳漏，点样孔内不能有气泡，缓冲液不要太多。

⑥ 核酸染料一般都有微毒性，切勿用手直接接触，更不要污染环境，胶勿乱扔。

⑦ 电泳时，注意电泳仪正负极，勿将凝胶放反。

⑧ 使用凝胶成像仪时，紫外照射不宜过长否则会使 DNA 断裂，成像的条带变模糊。

八、任务评价

任务完成后，按表 4-10 进行琼脂糖凝胶电泳分离、鉴定及纯化核酸样品任务评价。

表 4-10　琼脂糖凝胶电泳分离、鉴定及纯化核酸样品任务评价表

班级：		姓名：		组别：		总分：	
序号	评价项目		评价内容		分值	评价主体	
						学生	教师
1	职业素养		正确穿戴实验服及手套		5		
			良好的沟通协调能力		5		
			保持整洁有序的操作台面		5		
			具备责任心和谨慎态度		5		
2	任务单分析		自主查阅资料，学习琼脂糖凝胶电泳原理及要求		10		
3	制订计划		技术要求细则		10		
			琼脂糖凝胶电泳流程完整度		10		
4	任务实施		试剂配制准确度		10		
			分工有效合理		5		
			操作规范、结果有效		30		
5	工作记录		填写完整工作记录		5		
合计					100		
教师评语：							
						年　月　日	

任务三

文库样本质检——Qubit 法文库样本及酶切产物定量检测

>> **任务描述** 某基因检测企业实验技术部收到了主管部门的核酸样品序列测定指令，要求对送检的某核酸样品 DNA 进行测序，根据测序流程，前期已完成文库构建及酶切环节，确保上机测序的文库浓度等质量符合要求。学生从指导教师处领取工作任务单后，阅读并分析任务单，明确工作内容、试验条件、相关要求及协作事项，通过查阅《Qubit 荧光定量检测操作规程》相关技

Qubit荧光
定量实操

术资料，制订检测工作计划和方案。学生通过独立或协作方式依据操作规程完成物料工具准备、供试品无菌取样、无菌操作（制样及上样）、Qubit 工作液配置、标准曲线绘制、定量反应液的配制、样本浓度读取、记录与分析、清洁整理等工作，并及时规范填写相关工作记录和书写检测工作报告，最后交指导教师审核。

在对某文库样品进行 Qubit 定量检测过程中，要严格遵守基因检测行业管理规范、检验工作流程，注重生物安全，达到国家及行业检验标准的相关要求。

一、任务单分析

>> **引导问题** Qubit 法定量检测核酸样品浓度与传统紫外分光光度法有什么不同，又有哪些优势？

1. 领取 Qubit 法文库样本及酶切产物定量检测任务单（表 4-11），根据引导问题，进行文献查找和小组讨论，明确使用 Qubit 法定量检测操作的方法及原理，并列出工作要点，确定合格文库浓度及酶切产物浓度的评价标准。

2. 自主查阅技术文件等相关资料，结合教学实际条件和情况，制订可行的 Qubit 法定量检测文库浓度及酶切产物浓度工作计划和工作方案。

表 4-11 Qubit 法文库样本及酶切产物定量检测任务单

合同编号：×××		委托方单位：××		单位地址：×××	
委托方联系人：×××		联系电话：×××		送样日期：××年××月××日	
	样品编号	样品类型	样品体积	样品来源	其他特殊说明
样本详情	GT001	基因组 DNA	200μL	唾液	无
	GT002	基因组 DNA	200μL	唾液	无
	GT003	基因组 DNA	200μL	唾液	无
	GT004	基因组 DNA	200μL	唾液	无
	GT005	基因组 DNA	200μL	唾液	无

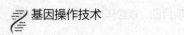

受理信息	受理人：×××　　　　　　　　受理编号：×××　　　　　　　　受理日期：××年××月××日		
	包装情况：☑完好　□破损　□污染		
	运输方式：□室温　☑冷藏　□其他：		
	记录完整性：☑完整　□缺项：		
	备注：		

二、制订计划

≫ 引导问题　进行 Qubit 法文库样本及酶切产物定量检测需要做哪些准备工作？包括采样、试剂、仪器维护等方面的分析。任务过程中有哪些步骤需要在低温下进行，如何防止样本降解及污染，以及如何减少定量误差？

　　1. 学生对所查资料进行归纳总结，小组内进行沟通讨论，分析 Qubit 法文库样本及酶切产物定量检测的技术要求。

　　2. 小组讨论制订 Qubit 法文库样本及酶切产物定量检测任务实施方案，填写 Qubit 法文库样本及酶切产物定量检测任务实施方案表（表 4-12），明确组内分工。

表 4-12　Qubit 法文库样本及酶切产物定量检测任务实施方案表

工作任务名称		
技术要求细则		
仪器设备		
试剂耗材		
样本来源		
样本质量要求		
产物质量要求		
Qubit 法文库样本及酶切产物定量检测流程及分工	提取步骤	负责人
备注		

三、任务准备

≫ 引导问题　每一个流程中所需要的设备、耗材和试剂都有哪些？配制好的试剂应该如何保存？有哪些试剂可以提前配制，有哪些需要现配现用？

1. 主要设备及耗材

　　离心机，Qubit 荧光定量分析仪，离心管（1.5mL）及离心管架，移液枪 10μL、200μL、1000μL 及枪头，烧杯，标签纸，记号笔等。

2. 试剂

ddH$_2$O、TE 缓冲液（10mmol/L Tris-HCl，1mmol/L EDTA，pH=8.0）、双链 DNA 超敏检测试剂盒（荧光法）（dsDNA HS Assay Kits）（缓冲液，S1，S2，荧光染料）。

四、任务实施

>> 引导问题　本任务包括几个环节？每个环节大约耗时多久？如何安排实验的时间和分工？

① 配制检测工作液：用 200μL 移液枪吸取 597μL dsDNA HBS 缓冲液（HS buffer）至 1.5mL 离心管，用 10uL 移液枪吸取 3μL Qubit dsDNA Regent 至 1.5mL 移液管中，混匀。

② 准备对应的 Qubit Assay Tubes，用记号笔标号。

③ 配制待检标准液：分别用 200μL 移液枪吸取 190μL 的检测工作液到两个标号为 1、2 的定量管中，用 20μL 移液枪再分别加入 10μL S1、S2 标准品到 1、2 号定量管中。

④ 配制待检样品：用 200μL 移液枪吸取 199μL 的检测工作液到样品定量管中，再用 2.5μL 移液枪吸取 1μL 样品文库 DNA 到样品定量管中。

⑤ 每管做好标记，振荡混匀，短暂离心。

⑥ 标准液检测：打开仪器电源，进入仪器自检。自检完毕后，进入主程序界面。选择 dsDNA → dsDNA High sensitivity →将配置好加入了标准的反应液放入 Qubit 荧光定量分析仪，点击 read standards，分别测量标准液 1 号和 2 号管，进行校准。

⑦ 样品检测：将配制好加入了样本的反应液放入 Qubit 荧光定量分析仪，选择 dsDNA → dsDNA High sensitivity → Run samples →选择原始样本的体积 1μL → Read tube，读取样本的浓度并记录。

⑧ 清理实验台面，关闭仪器电源，拔掉电源线。

五、工作记录

>> 引导问题　Qubit 法文库样本及酶切产物定量检测的结果及其表述应该包含哪些内容？

完成 Qubit 法文库样本及酶切产物定量检测后，应尽快完成后续任务，填写工作记录表（表 4-13）。

表 4-13　Qubit 法文库样本及酶切产物定量检测报告单

编号：　　　　　　　　　　　　　　　　　　　　　　　　年　　月　　日

送检单位			样品名称		
检测单位			检验方法		
检测日期					
检测项目					
检测现象					
检测结果	样品溶液的 DNA 的含量：DNA（ng/μL）=				
结论					
技术负责人		复核人		检验人	

六、注意事项

① 不要将 Qubit 荧光定量分析仪暴露在阳光直射处。

② 定期清洗：用干净的湿布擦拭 Qubit™ 4 荧光计表面。断开电源线，用蘸有 LCD（液晶显示屏）清洁剂的软布轻轻擦拭来清洁触摸屏。注：用力过大会损坏触摸屏；要立即把屏幕擦干；为避免划伤触摸屏不要使用研磨性清洁剂或材料。

③ 消毒仪器：断开荧光计和触摸屏的电源电缆，用软布轻蘸 70%乙醇、70%异丙醇或10%的漂白剂（0.6%次氯酸钠）进行清洁。

④ 仪器自带的布不建议与乙醇或异丙醇一起使用；要确保清洁液不进入电源按钮、电源入口、样本槽、USB 驱动器端口；切勿将任何液体直接倾倒或喷在仪器上，以免仪器通电时使用人员触电。

七、任务评价

任务完成后，按表 4-14 进行 Qubit 法文库样本及酶切产物定量检测任务评价。

表 4-14 Qubit 法文库样本及酶切产物定量检测任务评价表

班级：		姓名：		组别：	总分：	
序号	评价项目	评价内容		分值	评价主体	
					学生	教师
1	职业素养	正确穿戴实验服及手套		5		
		良好的沟通协调能力		5		
		保持整洁有序的操作台面		5		
		具备责任心和谨慎态度		5		
2	任务单分析	自主查阅资料，学习 Qubit 法文库样本及酶切产物定量检测原理及要求		10		
3	制订计划	技术要求细则		10		
		Qubit 法文库样本及酶切产物定量检测流程完整度		10		
4	任务实施	试剂配制准确度		10		
		分工有效合理		5		
		操作规范、结果有效		30		
5	工作记录	填写完整工作记录		5		
合计				100		
教师评语：						
					年　　月　　日	

样本交叉污染案例

某医院在对职工进行核酸筛查时，出现了假阳性结果，即一名职工的初次检测结果为阳性，但后续多次检测结果均为阴性，最终被认定为假阳性。这一事件可能是由实验室内阳性样本的污染，或者是样本保存不当导致的交叉污染。此事件凸显了在核酸检测过程中实验室操作细节的重要性，强调了对检测的严格管理和质量控制的必要性。它也提醒了实验室工作人员必须采取严格的预防措施，避免样本被污染，确保检测结果的准确性，这对于疫情防控和公共卫生安全至关重要。

› **素养园地**

PCR 之父——凯利·穆利斯

凯利·穆利斯（Kary B.Mullis）是美国的生物化学家，被誉为 PCR（聚合酶链式反应）的发明者和 PCR 之父。PCR 是一种重要的分子生物学技术，被广泛应用于基因检测、疾病诊断、法医学和基因工程等领域。

凯利·穆利斯于 1944 年 12 月 28 日出生在美国北卡罗来纳州，他在美国佐治亚理工学院获得了化学学士学位，并在加州大学伯克利分校获得了博士学位。他在伯克利分校攻读博士期间，开始了对 PCR 的研究。穆利斯于 1983 年首次提出了 PCR 的概念，并于 1985 年发表了关于 PCR 的重要论文。他的贡献使得 PCR 技术得以广泛应用，并获得了 1993 年诺贝尔化学奖。

没有 PCR（聚合酶链式反应）技术，就没有现代分子生物学。在发明 PCR 技术之前，人们在 DNA 复制方面面临着很多困难和限制。传统的 DNA 复制方法需要耗费大量时间和资源，而且很容易出现错误。而 PCR 技术的出现，不仅实现了 DNA 高效快速的复制，还解决了许多实验中的技术难题。PCR 技术是一种在体外复制 DNA 的方法，它通过反复进行 DNA 的变性、退火和延伸，快速、准确地扩增目标 DNA 片段，在短时间内扩增出大量的 DNA，从而用在病原体的检测、基因突变的筛查、遗传疾病的诊断等方面。这项技术的发明，极大地促进了分子生物学、基因组学和生物医学研究的发展，让生物学进入全新的时代。

凯利·穆利斯的发明改变了分子生物学的面貌，为科学家们提供了一种强大的工具。他的成就不仅对科学界有着深远的影响，也对医学和生物工程领域产生了巨大的推动作用。

› **练习题**

一、选择题

1. 影响琼脂糖凝胶电泳分离 DNA 片段的基本因素有（　　）。

A.DNA 分子大小　　　B.DNA 分子构型　　　C. 琼脂糖凝胶浓度

D. 电源电压　　　　　E. 电泳缓冲液的组成及其离子强度

2. 常用的电泳缓冲液有（　　）。

A.TAE　　　　　　　B.TBE　　　　　　　C.TPE

3. DNA 质量检测中的 OD_{260}/OD_{280} 比值大于 1.9，代表可能存在（　　）污染。

A. 蛋白质和酚类　　　B. 盐离子　　　　　　C.RNA　　　　　　D. 多糖

4. 核酸具有紫外吸收能力的原因是（　　）。

A. 嘌呤和嘧啶环中有共轭双键　　　　　B. 嘌呤和嘧啶中有氮原子

C. 嘌呤和嘧啶中有硫原子　　　　　　　D. 嘌呤和嘧啶连接了核糖

5. 下列电泳技术说法正确的是：（　　）。

A. 琼脂糖凝胶配置复杂，且具有强神经毒性

B. DNA 分子越大，在脉冲电场中重新定向时间越长，迁移越慢

C. 毛细管电泳是一类以毛细管为分离通道、高压直流电场为驱动力的新型气相分离技术

D. 琼脂糖凝胶电泳分辨率比聚丙烯酰胺凝胶电泳高

6. DNA 质量检测中的 OD_{260}/OD_{230} 比值低于 2，代表可能存在（　　）污染。

A. 蛋白质　　　　　B. 酚类　　　　　　C. 盐和小分子杂质　　　D. 多糖

7. 使用 Nanodrop^{TM} 测 DNA 的纯度时，OD_{260} 代表（　　）的吸收峰。

A. 蛋白质　　　　　B. 酚类　　　　　　C. 核酸　　　　　　　D. 多糖

8. 电泳时对支持物的一般要求是除不溶于溶液、结构均一而稳定外，还应具备（　　）。

A. 导电、不带电荷、没有电渗、热传导度小

B. 不导电、不带电荷、没有电渗、热传导度大

C. 不导电、带电荷、有电渗、热传导度大

D. 导电、不带电荷、有电渗、热传导度大

E. 导电、带电荷、有电渗、热传导度小

9. 96 个样品打断后检测电泳的时候，拍照结果发现某一个样品没有条带，可能原因有（　　）。

A. 此样品上样量太少，导致肉眼不可见　　　B. 样品孔有问题，部分样品漏出去了

C. 点样的时候部分样品漂出孔外　　　　　　D. 染胶时间太短

10. 常见的 DNA 探针标记方法有（　　）。

A. 切口平移法　　　B. 随机引物法　　　　C. 光敏生物素标记法

D.T4 聚合酶替代法　　E.3'端标记法　　　　F.5'末端标记法

11. 核酸恒温扩增技术不包括（　　）。

A. 环介导恒温扩增（LAMP）技术　　　　B. 链置换扩增（SDA）技术

C. 依赖核酸序列的扩增（NASBA）技术　　D. 聚合酶链式反应（PCR）技术

12. 环介导恒温扩增（LAMP）技术的优点不包括（　　）。

A. 反应温度恒定　　　　　　　　　B. 反应时间短

C. 不易区分非特异性扩增　　　　　D. 特异性高

13. 关于环介导恒温扩增（LAMP）的产物检测，不正确的是（　　）。

A. 凝胶电泳检测　　　　　　　　　B. 荧光定性检测

C. 焦磷酸镁比浊法检测　　　　　　D. 蛋白质印迹法（Western blot）检测

14. 关于重组酶聚合酶扩增（RPA）技术的描述，不正确的是（　　）。

A. 反应温度一般在 37～42℃　　　　　B. 反应需要 4 条引物

C. 可通过凝胶电泳法对产物进行检测　　D. 反应可在 20min 内完成

15.关于依赖核酸序列的扩增（NASBA）技术的描述，不正确的是（　　）。

A. 反应过程分为非循环相和循环相　　　　B. 扩增效率高

C. 不需要引物　　　　　　　　　　　　　D. 以 RNA 为模板

二、简答题

1. 琼脂糖凝胶电泳检测 DNA 的原理是什么？

2. 琼脂糖凝胶电泳槽中的电泳液为什么要经常更换？

3. 在配胶过程中，可以添加的荧光染料有哪些？

4. 简述定量 PCR 检测操作的全过程。

5.TaqMan 定量 PCR 扩增的原理是什么？

6. 简述环介导恒温扩增（LAMP）技术检测 DNA 病毒的原理。

7. 画出依赖核酸序列的扩增（NASBA）技术检测 RNA 病毒的原理图。

项目五　高通量测序

‹ **学习目标**

知识目标　1. 学习并掌握 DNA 纳米球（DNA nanoball，DNB）的制备原理。
　　　　　2. 了解 DNB 测序原理及常见测序类型。
　　　　　3. 熟悉高通量测序仪基本构成。

能力目标　1. 能正确完成 DNB 制备实验并明确实验过程中各步骤的作用。
　　　　　2. 会区分 DNB 测序中的 SE 测序及 PE 测序。
　　　　　3. 能熟练完成高通量测序上机操作。

素质目标　1. 养成从原理端对实验问题进行排查的能力。
　　　　　2. 培养对高通量测序技术的兴趣。

‹ **项目说明**

　　本项目为 DNB 测序技术测序平台的上机环节，双链 PCR 文库需要经过环化、滚环扩增制备 DNB 后方可在 DNB 测序平台中进行测序。通过本项目的学习，帮助同学们掌握 DNB 测序原理，同时通过实操的体验，帮助同学们快速掌握 DNB 测序实验操作技能，成为一名优秀的测序技术员。

‹ **必备知识**

　　高通量测序作为生物学领域一项重要的科学技术，它的发展体现了科技创新的重要性。科技创新是推动社会进步和经济发展的重要驱动力，而高通量测序技术的出现正是科技创新的一个典型例子。它的出现不仅提高了基因测序的效率和准确性，还降低了成本，为基因组学的发展和应用提供了强有力的支持。另外，高通量测序技术的应用也体现了科学精神和探索精神。科学精神是指追求真理、勇于创新、严谨求实的科学态度。高通量测序技术的应用需要科学家们具备扎实的专业知识和严谨的实验方法，同时也需要他们具备不断探索和创新的精神。只有不断地进行实验验证和数据分析，才能揭示基因组的奥秘，为人类的健康和生命质量提供更好的保障。

　　高通量测序技术应用广泛，不但可以用于基因组学、转录组学、表观遗传学等领域的科学研究，还可以在临床诊断、药物研发、农业育种、病原检测、法医鉴定等领域发挥巨大的作用。它可以帮助科学家们深入了解生物基因序列，揭示基因功能和调控机制，研究疾病的发生机制，推动个性化医学的发展，促进农业育种，在环境保护和病原监测等方面也有广泛应用。高通量测序技术的快速、准确和高通量的特点，为科学研究和应用提供了强有力的支持。

人类基因组计划（human genome project，HGP）是一项历史性的国际科学研究项目，主要目的是识别人类基因组中大约 30 亿个 DNA 碱基对的序列，并找出全部人类基因的位置和结构。这个项目对测序技术的发展产生了重大影响，也对遗传疾病的理解、个性化医疗、药物开发等领域产生了重要影响。

"人类基因组计划"与"曼哈顿计划""阿波罗登月计划"并称为人类 20 世纪的三大壮举。20 世纪三大科学工程都是在美国的主导下自上而下实施的。在人类基因组计划中，我国以参与国的身份投入其中，迈出了中国在生命科学研究领域的重要一步。

第一代测序技术：20 世纪 70 年代，Frederick Sanger 和 Walter Gilbert 分别发明出了第一代 DNA 测序技术，Sanger 测序法和 Gilbert 测序法。Sanger 测序法（又称链终止法）使用 ddNTPs 来终止 DNA 链的合成，从而确定序列。Gilbert 测序法则是基于化学修饰和断裂的方法。这些技术虽然准确，但效率低、成本高。HGP 最初主要依赖于 Sanger 测序法，但随着技术的进步，后期引入了更快速、成本更低的自动化测序技术。

第二代测序技术：21 世纪初，随着测序应用和通量需求的增加，开始出现了第二代或"高通量"测序技术。其中包括了 Illumina（桥式扩增）、Roche 454（焦磷酸测序）、Ion Torrent（半导体测序）和华大智造的 DNBSEQ 技术，这些技术方法的出现大大提高了测序的速度，并且降低了测序的成本。

第三代测序技术：近年来，第三代测序技术，如 PacBio（单分子实时测序）和 Oxford Nanopore（纳米孔测序）开始流行。这些技术允许更长的读段长度、更快的测序速度，并可以直接检测 DNA 修饰。

目前，测序技术仍在快速发展，未来的重点可能在于进一步降低成本、提高准确性和读段长度，以及开发新的测序方法，如基于光学或电子技术的方法。

这些技术的发展极大地推动了基因组学、遗传学和生物医学等领域的进步，使得人人基因组测序成为可能，并在诸如个性化医疗、疾病研究等方面具有重大意义。随着技术的进一步发展，测序数据的应用范围和深度预计将会持续扩大。

华大智造基因测序仪采用先进的 DNBSEQ 核心技术，通过仪器气液系统先将 DNA 纳米球（DNA nanoball，DNB）泵入到规则阵列载片（patterned array）并加以固定，然后再将测序模板及测序试剂泵入。泵入后的测序模板与载片上的 DNB 的接头互补杂交，在 DNA 聚合酶的催化下，测序模板与测序试剂中带荧光标记的探针相结合。接下来，通过激发荧光基团发光，不同荧光基团所发射的光信号被仪器相机采集，经过处理后可转换为数字信号，传输到计算机进行再次处理，最终获取待测样本的碱基序列信息。

所有与 DNB 相关的测序技术都属于 DNBSEQ。DNBSEQ 测序技术主要包括：DNA 单链环化和 DNB 制备（make DNB）、规则阵列载片、DNB 加载（load DNB）、联合探针锚定聚合测序法（combinatorial probe-anchor synthesis，cPAS）、双端测序技术（pair-end），以及配套的流体和光学检测技术、碱基识别（basecall）算法等。

与其他测序技术相比，DNBSEQ 测序技术具有滚环复制扩增带来的错误累积低和规则阵列载片带来的信号密度高等原理性优势，大幅提高了测序准确性；而且，基于 DNBSEQ 测序平台的产出数据重复序列率低（Dup 率低）、有效数据利用率高、标签跳跃（index hopping）少，能有效降低"张冠李戴"的情况。此外，结合 PCR free 等建库方法，DNBSEQ 测序平台拥有更好的 SNP 和插入/缺失（InDel）准确性。

DNB制备原理

一、DNB 制备原理

1.DNA 单链环化

将带有特定接头序列的双链 DNA（double-stranded DNA，dsDNA），通过高温变性形成单链 DNA（single-stranded DNA，ssDNA），环化引物（Splint Oligo）与 ssDNA 的两端在退火后互补配对，在连接酶的催化下，ssDNA 的首尾相连接，形成单链环状 DNA（single-strand circular DNA，sscirDNA）（图 5-1）。

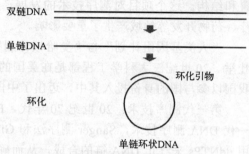

图 5-1　DNA 单链环化原理示意图

2.DNB 制备

以单链环状 DNA 为模板，加入 DNB 扩增引物后，在 DNA 聚合酶作用下进行滚环扩增（rolling circle amplification，RCA），将单链环状 DNA 扩增到 100～1000 拷贝后，形成 DNA 纳米球，称为 DNB。DNB 通过单链 DNA 浓度质控后，就可以用于下一步的上机测序。该方法操作简单，且不需要昂贵的定量设备和耗材。DNB 的制备使得文库模板在测序时可检测的碱基信号成倍增加，显著增加了碱基信号的可检测性（图 5-2）。

基于 RCA 的线性扩增技术是以原始的 DNA 单链环为模板，使用保真性极高的聚合酶，使得在 DNB 的所有拷贝的同一个位置上出现相同错误的概率几乎为零。RCA 扩增技术有效避免了 PCR 扩增错误指数积累的问题，从而大大提高了测序的准确性。

一步法 DNB 制备：基于 DNA 单链环化及常规 DNB 制备原理，将该两部分的相关试剂及流程合并优化后可实现一步法 DNB 制备，一步法 DNB 制备使得 DNB 制备时间显著缩短。

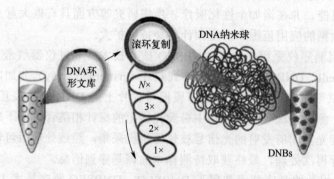

图 5-2　DNB 制备原理示意图

二、DNB 测序原理

DNB测序原理

1. 规则阵列载片和 DNB 加载

采用先进的半导体精密加工工艺，在载片表面形成结合位点阵列，实现 DNB 的规则排

146

列吸附。所有活性位点间距保持整齐一致，每个位点只固定一个 DNB，使不同 DNA 纳米球的光信号不会互相干扰，这不仅保证了测序的准确度，而且还提高了测序载片的利用效率，提供了极好的成像效率和最优的试剂用量。

DNB 在酸性条件下带负电，在表面活化剂的辅助下，通过正负电荷的相互作用，被加载到载片中有正电荷修饰的活性位点的过程，称为 DNB 加载。DNB 与载片上活化位点的直径大小相当，尽可能避免了多个 DNB 结合到同一个位点的情况，大大提高了 DNB 的有效利用率（图 5-3）。

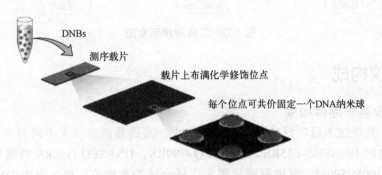

图 5-3 规则阵列载片和 DNB 加载示意图

2.cPAS 技术

在 DNA 聚合酶的催化下，将分子锚（测序引物）和带信号标记的探针在 DNB 上进行聚合，洗脱掉未结合的探针后，利用高分辨率成像系统对信号进行采集、读取和识别，从而获得当前待测碱基的序列信息，然后加入再生洗脱试剂，去除信号基团，进入下一个循环的检测。每进行一个测序反应循环，将依次获得每个有效 DNB 的一个碱基的数据（图 5-4）。

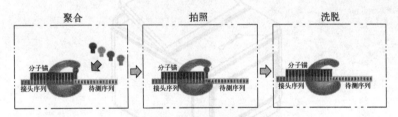

图 5-4 cPAS 技术示意图

3.二链测序

在完成一链测序后，加入具有链置换功能的 DNA 聚合酶和正常 dNTPs 进行 DNA 二链合成反应，在持续的延伸过程中，当遇到双链结构时，在 DNA 聚合酶的解旋作用下，完成边解旋边复制的反应，形成大量的单链 DNA 作为二链测序的模板，然后杂交二链测序引物，开始二链的 cPAS 测序。利用 DNA 聚合酶的链置换特性，实现了 DNB 的双端测序，而且重新合成的二链拷贝数更多，能够获得更强的信号，有效提高了测序的准确性（图 5-5）。

4.碱基识别算法

根据各个通道的光信号强度完成碱基识别并计算每个碱基的质量得分。通过对已有数据模型的训练，建立信号的特征和测序错误的对应关系，在进行碱基识别时，可根据每个碱基的信号特征输出预估的错误率。

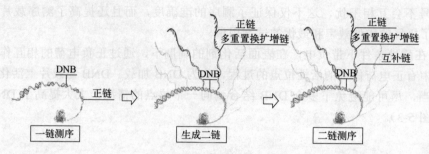

图 5-5　二链测序示意图

三、测序仪构成

1. 测序仪基本硬件构成

DNBSEQ 测序技术已广泛应用于多款低、中、高通量测序仪，不同测序仪对应通量也有所不同，比如 DNBSEQ-E25RS、DNBSEQ-G99RS、DNBSEQ-G50RS 的测序通量分别为25M、80M、100M/500M，可根据通量需求选择合适的测序仪。以下将以 DNBSEQ-E25RS 桌面型基因测序仪为例介绍测序仪构成，不同测序仪构成有所差异。

DNBSEQ-E25RS 基因测序仪由主机（图 5-6～图 5-8）和计算模块（图 5-9～图 5-11）组成。其中主机包括主体模块、外壳模块、显示模块、电源模块、控制模块和随机软件。各部件功能说明见表 5-1。

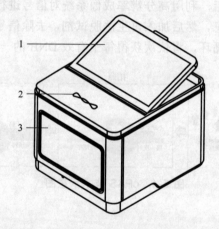

序号	名称	说明
1	显示屏	显示信息，点击屏幕可进行界面操作，不使用时可折叠
2	状态指示灯	显示仪器当前的状态
		绿色：表示仪器正在运行中
		蓝色：表示仪器处于待机状态
		黄色：表示仪器出现警告信息，仪器仍可运行
		红色：表示仪器出现故障，仪器停止运行
3	试剂仓	放置试剂槽与测序载片

图 5-6　测序仪前视图

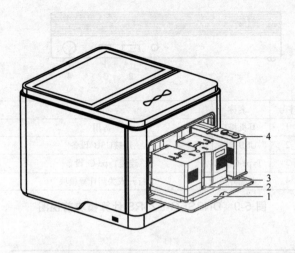

序号	名称	说明
1	试剂仓门	可自动打开,手动闭合
2	DNB加载口	用于加载DNB
3	托架	装载载片、试剂槽与废液盒
4	废液盒	收集测序过程中产生的废液

图 5-7　测序仪试剂仓示意图

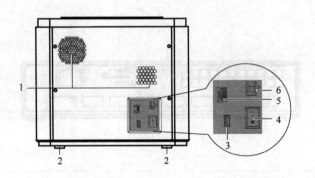

序号	名称	说明
1	仪器出风孔	仪器散热
2	固定脚	支撑主机,确保仪器放置平稳
3	USB接口	连接扫码枪
4	电源开关	打开或关闭仪器电源
5	网络接口	通过网线连接计算模块
6	电源接口	连接电源线

图 5-8　测序仪后视图

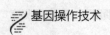

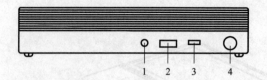

序号	名称	功能
1	耳机接口	备用
2	USB接口	连接USB 设备
3	Type-C接口	连接Type-C 设备
4	电源开关	打开或关闭计算模块

图 5-9　DNBSEQ-E25RS 计算模块前视图

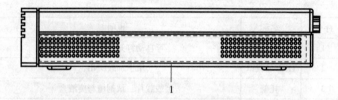

序号	名称	功能
1	散热孔	用于计算模块散热

图 5-10　DNBSEQ-E25RS 计算模块侧视图

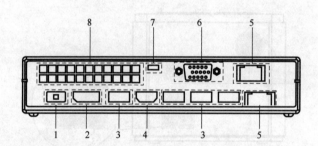

序号	名称	功能
1	电源适配器接口	连接电源适配器
2	DP接口	连接备用显示器
3	USB3.0接口	连接USB设备
4	HDMI接口	连接备用显示器
5	网口	连接仪器主机和其他网络，仪器主机通过网线连接2号口
6	VGA接口	连接备用显示器
7	安全锁插槽	接入安全锁
8	散热孔	散热

图 5-11　DNBSEQ-E25RS 计算模块后视图

表 5-1　测序仪各部件功能说明

部件		功能
主机	主体模块	负责试剂储存、样本加载、数据采集等
	外壳模块	负责对整个测序仪的主要模块起到固定支撑、遮蔽光线的作用
	显示模块	负责显示仪器的控制界面和相关信息以及用户交互
	电源模块	负责基因测序仪电力供应，为系统及模块供电
	控制模块	负责集成系统控制，完成与主体模块的通信及数据储存
	随机软件	与硬件协同工作，控制仪器，完成测序载片中信号的检测
计算模块		负责处理原始数据，计算获得碱基序列（适用于所有机型），或进行生信分析

2. 测序仪控制软件概述

测序仪控制软件与硬件协同工作，通过约定通信协议和特定物理接口，对仪器的气路、液路、温度、机械等部件进行控制，完成对测序载片中信号的检测，并将图形信息转换为标准格式的碱基序列文件，再通过图形化界面引导不同类型的用户完成不同的实验。

（1）登录界面

开机后，系统进入登录界面（图 5-12）。

（2）测序主界面

登录完成后，屏幕进入测序主界面（图 5-13）。

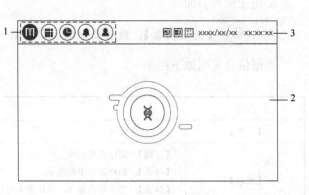

序号	名称
1	导航按钮区
2	操作区
3	状态栏

图 5-12　登录界面

图 5-13　测序主界面

① 导航按钮区

导航按钮区说明如下：

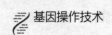

图标	说明
(M)	主页图标，点击显示测序主界面，可进行测序流程操作
(田)	功能图标，点击显示其他功能入口，包括【设置】【关于】【关机】，其中【设置】仅管理员可见
(钟)	历史回顾图标，点击可查看历史回顾界面
(铃)	日志图标，点击可查看日志信息
(人)	账号图标，点击可查看当前用户信息和注销用户

a. 日志界面

点击(铃)，查看相关日志，双击单条日志可查看完整日志内容。

界面控件说明如下：

项目	说明
【时间】	表示操作时间
【类型】	表示操作类、警告类和错误类日志
【详情】	表示操作结果

b. 历史回顾界面

点击(钟)>【历史回顾】，查看及管理历史数据。

界面信息说明如下：

项目	说明
【任务】	显示任务编号
【状态】	【完成】：测序正常结束 【终止】：测序进程手动终止 【异常】：测序异常退出，或仪器未在规定时间内返回报告 【运行】：测序正在运行中，该数据无法查看
【占用空间】	显示该任务数据所占空间
【报告】	点击【查看】，可查看报告
【详情】	点击【查看】，可查看详情
【删除】	删除选中的历史数据
【刷新】	刷新历史数据
【导出】	导出选中的历史数据

② 操作区

操作区用于显示操作流程。点击 ⊗ 开始测序流程。

③ 状态栏

状态栏图标及说明如下：

图标	说明
A T C G	ATCG 循环闪烁，计算模块连接中
A T C G	计算模块已连接
A T C G	计算模块断开连接，十几秒后再次连接，根据连接结果，软件会自动切换到连接成功或尝试连接
xxxx/xx/xx xx:xx:xx	显示日期与时间
🌡	显示设备温度，绿色表示正常，红色表示异常
🌡	显示环境温度，绿色表示正常，红色表示异常

‹ 项目实施

DNB制备实操

任务一

DNB 制备

>> **任务描述**　在前面的任务中，我们已经完成了客户所提供样本的个体识别或其他双链文库的制备，为适应 DNBSEQ-E25RS 测序平台的测序，现在测序技术员需要对双链 PCR 文库进行 DNB 制备，以完成对客户提取送检样本的 DNB 制备操作任务。DNB 制备是 DNB 测序前的重要准备工作，DNB 制备的质量直接决定了 DNB 测序的数据质量。DNB 为长单链 DNA 分子，其分子量大，结构疏松且不稳定。因此，DNB 制备需要严格遵守相关操作规程，确保高质量完成制备。

一、任务单分析

>> **引导问题**　如何利用双链 PCR 文库，制备出适配于 DNBSEQ-E25RS 测序平台的 DNB 文库？

　　1. 学生领取 DNB 制备任务单（表 5-2），根据所使用的测序平台，查询测序仪公司相关技术资料、操作说明书及文献资料，明确 DNB 制备所需试剂及其原理，并列出工作要点，确定构建合格 DNB 文库所需条件。

　　2. 结合课程实际条件和情况，制订可行的 DNB 制备工作计划和工作方案。

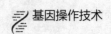

表 5-2　DNB 制备任务单

	合同编号：×××		委托方单位：××		单位地址：×××	
	委托方联系人：×××		联系电话：×××		送样日期：××年××月××日	
文库详情	文库编号	文库浓度	混合体积	DNB 浓度		其他特殊说明
	GT001					无
	GT002					无
	GT003					无
	GT004					无
	GT005					无
	受理人：×××		受理编号：×××		受理日期：××年××月××日	
文库信息	包装情况：☑完好　□破损　□污染 保存方式：□室温　☑冷藏　□其他： 记录完整性：☑完整　□缺项： 备注：					

二、制订计划

>> 引导问题　结合 DNB 特性，在所使用的耗材中，会使用到哪些特殊耗材？

1. 学生对所查资料进行归纳总结，小组内进行沟通讨论，分析 DNB 制备任务的技术要求。

2. 小组讨论制订 DNB 制备任务实施方案，填写 DNB 制备任务实施方案表（表 5-3），明确组内分工，准备实验所需设备及试剂和耗材。

表 5-3　DNB 制备任务实施方案表

工作任务名称		
仪器设备		
试剂耗材		
PCR 文库来源		
PCR 文库要求		
DNB 质量要求		
DNB 制备流程 及分工	操作步骤	分工
备注		

以下介绍一步法 DNB 制备投入量计算。

>> 引导问题　如果需要同时测序的所有样本文库下机后保持相同的数据量,如何正确进行一步法 DNB 投入量的计算?

① 学生进行分组,以小组为单位,所有小组成员共同完成一次一步法 DNB 制备。

② 为了确保每个学生所建文库测序后获得尽可能相同的测序数据量,在文库片段大小一致的条件下,应对每个文库进行等质量混合,需根据双链 DNA 文库浓度定量结果进行投入体积的计算。

③ 对于个体识别文库制备 DNB,每个一步法 DNB 反应仅需要投入 30ng 双链 DNA 混合文库,根据需要混入的文库数量计算单个文库混入质量,再根据每个需要混入的文库浓度计算其混入体积。当计算的单个文库的混入体积低于移液器量程时,为保证移液精度,应同时以适当的系数 n 扩大每个文库混合体积后,取其中 30ng 的混合产物(体积 V)进行后续的一步法制备,参考 DNB 反应文库混合量计算表 1(表 5-4)。

④ 对于全基因组或转录组等非扩增子文库制备 DNB,可根据以下公式进行计算:

$$文库投入体积 V(\mu L) = 片段长度 \times 330 \times 2 \times 40/c/10^6$$

式中,片段长度为建库后对文库进行片段大小检测得到;c 为文库浓度,ng/μL;330 为碱基平均分子量(330g/mol)。

参考 DNB 反应文库混合量计算表 2(表 5-5)。

表 5-4　DNB 反应文库混合量计算表 1

文库名称	文库浓度/ (ng/μL)	文库投入体积 1/μL	放大系数	放大系数后文库混合 体积 2/μL	DNB 反应 30ng 混合产 物投入体积 V/μL
1		=30/文库数量/文库浓度	n	=文库混合体积 1×n	
2			n		文库混合体积 1 累加之 和
3			n		
...			n		

表 5-5　DNB 反应文库混合量计算表 2

文库名称	文库浓度/ (ng/μL)	文库投入体积 1/μL	放大系数	放大系数后文库混合 体积 2/μL	DNB 反应混合产物投入 体积 V/μL
1		=片段长度 ×330×2×40/10⁶	n	=文库混合体积 1×n	
2			n		文库混合体积 1 累加之 和
3			n		
...			n		

三、任务准备

>> 引导问题　DNB 制备试剂中,每个试剂的作用是什么?

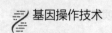 基因操作技术

结合 DNB 制备原理进行小组讨论，将讨论结果填入表 5-6 中。

表 5-6　DNB 制备主要试剂

试剂	用途
TE 缓冲液	
DNB 制备缓冲液	
DNB 聚合酶混合液 Ⅰ（OS）	
DNB 聚合酶混合液 Ⅱ（OS）	
DNB 终止缓冲液	

1. 主要设备及耗材准备

冰盒、PCR 仪、PCR 管、小型离心机、涡旋振荡仪、移液器、常规移液器吸头、阔口移液器吸头、Qubit 荧光定量分析仪、单链 DNA 定量试剂 Qubit ssDNA Assay Kit、Qubit 定量管、口罩、手套等。

2. 试剂配制

将 TE 缓冲液、DNB 制备缓冲液、DNB 聚合酶混合液 Ⅰ（OS）、DNB 聚合酶混合液 Ⅱ（OS）、DNB 终止缓冲液置于冰上解冻后备用。

四、任务实施

》引导问题　DNB 制备实验过程中的每个步骤对应 DNB 制备原理中的哪一步？

（1）配制反应混合液　用新 PCR 管按下表制备反应混合液，然后使用涡旋振荡仪振荡混匀 5s，短暂离心 5s。

试剂名称	单管加入量/μL
DNB 制备缓冲液	20
TE 缓冲液	$20-V$
文库 DNA	V
总体积	40

（2）引物杂交　将 PCR 管置于 PCR 仪中，按如下条件进行杂交（热盖 100°C）。

温度	时间
热盖（100°C）	启动（On）
95°C	3min
57°C	3min
4°C	维持（Hold）

（3）加入聚合酶混合液　PCR 仪达到 4℃后取出 PCR 管，离心 5s 后置于冰盒上，加入如下混合液，使用涡旋振荡仪振荡混匀 5s，短暂离心 5s。

注意：请勿将 DNB 聚合酶混合液Ⅱ（OS）置于室温，也勿长时间触碰管壁。

组分	加入量/μL
DNB 聚合酶混合液Ⅰ（OS）	40
DNB 聚合酶混合液Ⅱ（OS）	4

（4）滚环扩增　迅速将 PCR 管置于 PCR 仪中，按如下条件反应，到达 4℃时立即取出 PCR 管置于冰上，加入 20μL DNB 终止缓冲液，使用移液器（需预先将量取体积调至 60μL）和阔口移液器吸头缓慢吹打混匀 5～8 次。

注意：禁止离心、振荡及剧烈吹打。

温度	时间
热盖（35℃）	启动（On）
30℃	25min
4℃	维持（Hold）

（5）测定 DNB　每管将产出 104μL 的 DNB 产物，取出 2μL 使用 Qubit ssDNA Assay Kit 和 Qubit 荧光定量分析仪或同等功能的仪器试剂测定 DNB 浓度并记录。浓度在 8～40ng/μL 范围内为合格，否则需重新制备 DNB。

（6）存储 DNB　DNB 应置于 4℃下保存，并须在 48h 内使用。

五、工作记录

>> 引导问题　若 DNB 浓度不合格，可能的原因是什么？

DNA 制备记录表如表 5-7 所示。

表 5-7　DNA 制备记录表

	试剂组分名称	单个反应理论使用量/μL	单个反应实际使用量/μL	确认打√
DNB 制备	文库 DNA	V		
	TE 缓冲液	$20-V$		
	DNB 制备缓冲液	20		
	□ 95℃ 3min，57℃ 3min；4℃维持；热盖 105℃。仪器号：			
	试剂组分名称	单个反应理论使用量/μL	单个反应实际使用量/μL	确认打√
	DNB 聚合酶混合液Ⅰ（OS）	40		
	DNB 聚合酶混合液Ⅱ（OS）	4		
	□ 30℃ 25min；4℃ 维持；热盖 35℃。仪器号：			
	取出 PCR 管置于冰上，加入 20μL DNB 终止缓冲液，使用阔口移液器吸头轻轻吹打混匀			
	DNB 浓度/（ng/μL）			备注
	检验结果：□合格　□不合格	操作人：		操作时间：

六、任务评价

任务完成后，按表 5-8 进行 DNB 制备任务评价。

表 5-8 DNB 制备任务评价表

班级：		姓名：		组别：		总分：	
序号	评价项目	评价内容		分值	评价主体		
					学生	教师	
1	职业素养	正确穿戴实验服及手套		5			
		良好的沟通协调能力		5			
		保持整洁有序的操作台面		5			
		具备责任心和谨慎态度		5			
2	任务单分析	自主查阅资料，学习 DNB 制备原理及质量要求		5			
3	制订计划及试剂耗材准备	技术要求细则		10			
		DNB 制备流程完整度		10			
4	一步法 DNB 制备投入量计算	正确计算各文库混合体积		5			
5	任务实施	试剂配制准确度		10			
		分工有效合理		5			
		DNB 质量合格		30			
6	工作记录	填写完整工作记录		5			
合计				100			
教师评语：							
						年　月　日	

技能要点

① 滚环扩增时间决定了 DNB 的大小，由于测序载片中的可供 DNB 加载的修饰位点大小及间距为固定值，DNB 大小决定了它是否能以最佳的状态加载到载片上，因此，应严格按照操作规范的滚环扩增时间进行反应。

② DNB 聚合酶在 30℃下即可进行反应，因此在加入 DNB 聚合酶混合液时务必将反应体系置于冰盒上，体系配制完成后应迅速将其置于 PCR 仪进行滚环扩增反应。反应结束后，应立即加入 DNB 终止缓冲液进行反应的终止。

③ DNB 具有不稳定的性质，在 DNB 反应结束后，切勿对其进行振荡及剧烈吹打，混合及吸取应使用阔口移液器吸头进行，且应避免将其置于 0℃以下保存。

异常处理

DNB 浓度不合格时，应执行如下操作：检查所用 DNB 制备试剂盒是否过期；进行 DNB 定量的复核；检查反应液总体积是否正确，检查是否漏加试剂；检查 PCR 仪是否存在控温异常情况。

课堂小思考

1. 可能造成 DNB 浓度过低的原因有哪些？

2. 双链 DNA 文库变性成两条单链后，两条单链是否都可制备单链环？

任务二

SE 测序

≫ 任务描述　单端测序（single-end sequencing，简称 SE 测序）是两种高通量测序类型之一，用于获取目标样本中的单端序列信息。在 SE 测序中，只有文库的一端被测序，而另一端则未被测序，常用于变异检测等场景。在完成 DNB 制备之后，技术员需要使用华大智造的 DNBSEQ-E25RS 桌面测序仪对个体识别 DNB 文库进行 SE 测序，用以获得测序数据进行下一步的生物信息学分析。如图 5-14 与图 5-15 分别为 SE 测序原理示意图和 SE 测序实验流程图。

①一链测序引物　　　　　②SE Barcode 测序引物

一链测序

3′　　　　　　　　　　　　　　　　　5′

图 5-14　SE 测序原理示意图

　登录系统

　选择SE测序方案

　装载载片、试剂槽、废液盒与样本

　回顾参数

　SE测序

　处理测序载片、试剂槽与废液盒

图 5-15　SE 测序实验流程图

一、测序任务单

≫ 引导问题　测序类型中的 SE50+10 或 SE50+10+10 分别表示什么意义?若在测序过程中

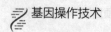

错用 Barcode 拆分列表会导致什么后果?

DNBSEQ-E25RS 单端测序任务单如表 5-9 所示。

表 5-9　DNBSEQ-E25RS 单端测序任务单

文库个数:	1	送测组别:	××	组负责人:	××	送库人:	××
基本信息							
序号	文库名	文库类型	文库物种	DNB 体积/μL	DNB 浓度/（ng/μL）	上机 DNB 使用量/μL	Barcode 号
1	个体识别文库	DNA	人	102	20	99	××-××
测序要求							
序号	文库名	测序类型	特殊引物	是否拆分	Barcode 拆分列表	上机优先级	备注
1	个体识别文库	SE50+10	否	是	MGI Single	1	
软件及试剂版本要求							
序号	文库名	控制软件版本	basecall 版本	测序试剂版本	备注		
1	个体识别文库	××	××	××			

二、准备测序试剂槽

≫ 引导问题　信号因子 1 和信号因子 2 在测序中的作用是什么?

复习 DNB 测序原理,进行小组讨论。

① 取出 SE100 试剂槽,标签朝上,竖直向上放置在桌面上(图 5-16)。

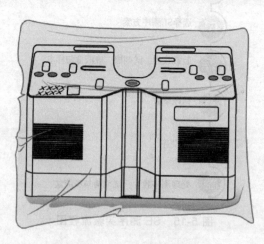

图 5-16　竖直向上放置试剂槽

② 根据下表,提前将带包装的测序试剂槽解冻备用。同步取出信号因子缓冲液置于 2~−8℃冰箱解冻备用。

型号	解冻方式	
FCL SE100	2~8℃冰箱	15~25℃室温
解冻时间/h	8	3.5~4.5

a. 如果解冻温度低于表中范围，可适当延长解冻时间。

b. 水浴解冻试剂槽会带来液体渗入试剂槽的风险，应避免水浴解冻。

c. 如果是过夜解冻，试剂盒内的其他组分需继续置于−25~−15℃条件下。

③ 试剂槽解冻完成后，摇晃试剂槽，检查是否已无冰块。若有，需继续置于室温下直至冰块完全融化。

a. 出现包装袋鼓起、试剂槽上端包装破损或试剂泄漏（非冷凝水情况）时，切勿使用该试剂槽，并迅速将该试剂槽转移至指定垃圾桶。

b. 如果是试剂泄漏，液体会明显呈现出颜色，液体从试剂槽底部，尤其是底部盖板流出，或流出的液体会浸湿整个试剂槽底部。

c. 如果是冷凝水，液体一般出现在试剂槽的侧面和四个底角周围。此时，可用无尘纸擦干液体。

④ 双手握住试剂槽两侧，上下颠倒 20 次并拍击桌面 10 次，再上下颠倒 10 次并拍击桌面 10 次，如图 5-17 和图 5-18 所示。握住试剂槽底部中间用力甩 1 次。剪开试剂槽外包装袋。

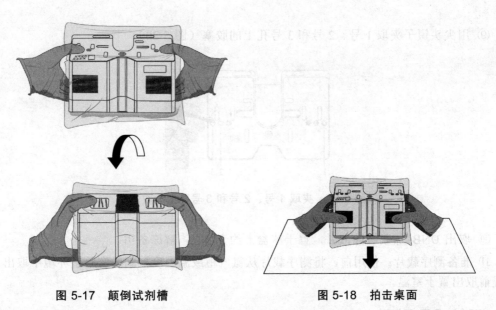

图 5-17　颠倒试剂槽　　　　　　　　　图 5-18　拍击桌面

⑤ 用涡旋振荡仪振荡混匀融化后的信号因子 1 和信号因子 2 约 5s。短暂离心 4~5s 后备用。

⑥ 根据下表，将相应体积的信号因子 1 和信号因子 2 加入信号因子缓冲液中，制备成信号因子混合液。

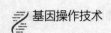
试剂盒型号	FCL SE100
信号因子 1	15μL
信号因子 2	10μL
信号因子缓冲液	10mL

⑦ 用移液器吸取信号因子混合液润洗信号因子 1 和信号因子 2 的试剂管各一次。盖上信号因子混合液瓶的盖子，上下颠倒 10~15 次，混匀试剂。过程中勿剧烈振荡，避免气泡产生。

⑧ 按照图 5-19 放置试剂槽，用尖头镊子夹取 MSP 孔上的胶塞，将胶塞置于指定垃圾桶（图 5-19）。用吸头将混好的信号试剂混合液全部加入孔中（夹掉胶塞后，不可再上下翻转试剂槽）。

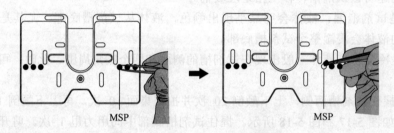

图 5-19　夹取 MSP 孔上的胶塞

⑨ 用尖头镊子夹取 1 号、2 号和 3 号孔上的胶塞（图 5-20）。

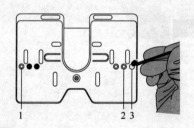

图 5-20　夹取 1 号、2 号和 3 号孔上的胶塞

⑩ 取出 DNB 加载缓冲液Ⅱ，置于冰盒上约 30min，解冻备用。

⑪ 准备测序载片：使用前，将测序载片从氮气柜或温湿度控制的实验室环境中取出，无须提前取出置于室温。

三、开始 SE 测序

>> 引导问题　如何选择适合待测文库的 SE 测序读长？

1. 登录系统

操作步骤如下：

① 确保测序仪主机和计算模块均已接通电源，测序仪主机与计算模块之间网线连接正常。

② 打开测序仪主机电源，系统进入登录界面。

③ 输入用户名和密码后，点击【登录】。

小提示：默认用户名为 user，密码：123。

2. 选择测序方案

操作步骤如下：

① 点击 🖫 ，进入定制测序方案界面（图 5-21）。

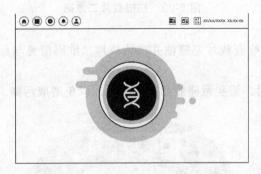

图 5-21　主界面

② 此时，试剂仓进行初始化，即仓门自动打开，托架自动弹出。

③ 点击【测序方案】下拉列表，选择"SE100"测序方案（图 5-22）。

图 5-22　定制测序方案

④ 点击【读长 1】文本框，在弹出的软键盘上手动输入一链读长"50"。

⑤ 点击【Barcode】下拉列表，选择 Barcode 为"MGI Single"。

⑥ 确认方案无误后，点击 ⓞ 进入下一步。

⑦ 如需放弃本次实验，点击 ⓞ。软件返回至测序主界面，仪器进行卸载。

小提示：若进入输入 DNB 序列号的界面后放弃本次实验，将导致已装载的测序试剂槽和测序载片报废。

3. 装载载片、试剂槽与废液盒

操作步骤如下：

① 用扫码枪扫描测序载片塑料包装上的二维码。如扫码失败，可点击【载片序列号】文本框，在弹出的软键盘上手动输入外包装标签上的信息（图 5-23）。

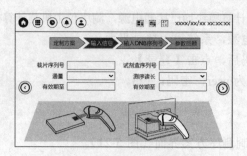

图 5-23　扫描载片二维码

② 撕开载片包装，检查载片完整性并确认载片二维码信息与标签上的序列号是否一致（图 5-24）。

小提示：握住载片时，避免触碰载片上的小孔，以免造成污染。

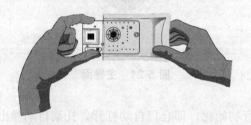

图 5-24　检查载片

③ 托架卸载完成后，手捏旋转阀，将测序载片上的定位孔对准载片装载架上的定位柱进行安装（图 5-25）。

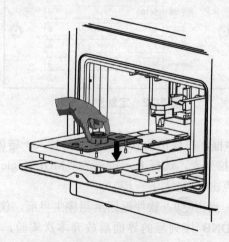

图 5-25　安装载片

④ 取出准备好的测序试剂槽，用扫码枪扫描试剂槽上的二维码（图 5-26）。

如扫码失败，可点击【试剂盒序列号】文本框，在弹出的软键盘上手动输入外塑料包装标签上的信息。

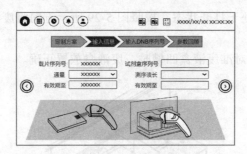

图 5-26　扫描试剂槽二维码

⑤ 卸下试剂槽底部保护盖，检查并确认试剂槽底的胶塞无脱落或歪斜（图 5-27）。

小提示：如试剂槽底的胶塞脱落或歪斜，需将胶塞对准孔位，拧紧胶塞后使用。

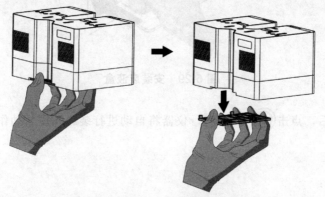

图 5-27　卸下试剂槽底部保护盖

⑥ 将试剂槽对准定位柱，放在测序载片上（图 5-28）。

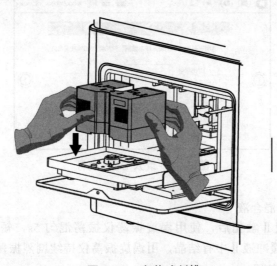

图 5-28　安装试剂槽

小提示：如需二次安装试剂槽，需确保试剂槽底部中间的胶塞无脱落或歪斜。

⑦ 确保废液盒胶塞处于打开状态，按照图5-29所示方向将废液盒放在托架上，并卡入限位装置。

小提示： 定位夹刚好对准废液盒凹槽时，废液盒放置正确。

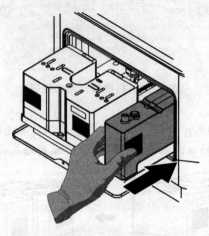

图5-29 安装废液盒

⑧ 安装完成后，点击 ⊙【确定】，仪器将自动进行装载和压紧动作。点击 ⊙，进入下一步。

4.装载样本

操作步骤如下：

① 用扫码枪扫描样本管上的二维码。如扫码失败，可点击【DNB 编号】文本框，在弹出的软键盘上手动输入样本信息（图5-30）。

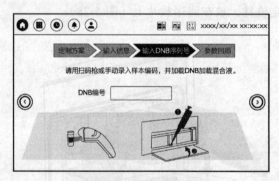

图5-30 录入 DNB 编号

② 准备 DNB 加载混合液

a.DNB 加载缓冲液Ⅱ融化后，使用涡旋振荡仪振荡混匀5s，短暂离心后置于冰盒备用。如发现 DNB 加载缓冲液Ⅱ中有结晶，用涡旋振荡仪持续剧烈振荡1～2min 至沉淀重新溶解，短暂离心后方可使用。

b.取出一个新的1.5mL 离心管，按表5-10所示配制 DNB 加载混合液。该 DNB 加载混合液需现配现用。

表 5-10　DNB 加载混合液

组分	体积/μL
DNB 加载缓冲液 II	33
DNB	99
总体积	132

c.用阔口仪液器吸头（不带滤芯）缓慢吹打 DNB 加载混合液 5～8 次。切勿离心、振荡及剧烈吹打。

③ 用移液器将制备好的 DNB 加载混合液加入测序载片的 DNB 加载口（图 5-31）。

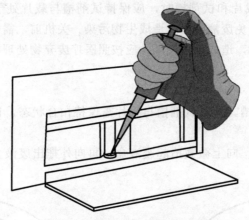

图 5-31　加样 DNB 加载混合液

小提示：为避免产生气泡，用阔口仪液器吸头尖抵住 DNB 加载口，用移液器将 DNB 样本缓慢注入。

④ 手动关闭仓门。

⑤ 点击 ⊙ 进入下一步。

5. 回顾参数

仔细核对如图 5-32 所示的每一项信息。

图 5-32　核对参数

如有误，点击⊙返回至相应界面进行修改。如无误，确认计算模块已连接后，点击"运行"【确定】进行测序。

6. 开始测序

开始测序后，进入测序进行中界面。

① 如需查看第一循环报告，待 DNB 加载完毕后，【DNB 加载中】会显示为【进度】。第一循环结束后，第一循环报告会显示在界面上。

② 如需查看测序指标，点击【指标】。

③ 如需强制停止，点击⊙。停止后无法恢复，需谨慎操作。

7. 移除载片、试剂槽与废液盒

测序完成后，移除载片和试剂槽时，应保持试剂槽与载片处于扣合状态，并确保试剂槽始终处于水平状态，以免废液溢出，造成生物污染。关机前，需确保试剂槽与废液盒已取出，以免遗留在仪器内部，造成部件损坏。应按照医疗废弃物处理标准处理载片、试剂槽、废液、废液盒和样本管。

操作步骤如下：

① 移除载片和试剂槽。此时试剂槽与载片需保持扣合状态，试剂槽保持水平状态（图5-33）。

② 塞住废液盒塞子，向上微微抬起废液盒，再向外拖出废液盒，取下废液盒至指定位置（图 5-34）。

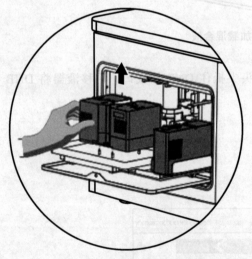
图 5-33 移除载片与试剂槽

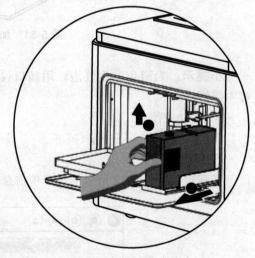
图 5-34 移除废液盒

③ 点击⊙回到主界面。

四、工作记录

任务完成后，填写个体识别 DNB 文库测序工作记录表（表 5-11）。

表 5-11 个体识别 DNB 文库测序工作记录表

序号	步骤	操作	已完成打√
1	解冻 SE100 试剂槽	放入 2～8℃冰箱解冻 8h 或室温解冻 3.5～4.5h	
2	检查试剂槽	检查试剂槽是否破损,摇晃确认是否完全解冻	
3	试剂槽底部排气泡	双手握住试剂槽两侧,上下颠倒 20 次并拍击桌面 10 次,再上下颠倒 10 次并拍击桌面 10 次。握住试剂槽底部中间用力甩 1 次。剪开试剂槽外包装袋	
4	解冻信号因子 1 和信号因子 2	用涡旋振荡仪振荡混匀融化后的信号因子 1 和信号因子 2 约 5s。短暂离心 4～5s 后备用	
5	制备信号因子混合液	将相应体积的信号因子 1 和信号因子 2 加入信号因子缓冲液中,盖上盖子轻轻上下颠倒混匀	
6	将信号因子混合液加入试剂槽	用尖头镊子夹取 MSP 孔上的胶塞后将混好的信号试剂混合液全部加入孔中,并夹走 1、2、3 号孔上的胶塞	
7	取出 DNB 加载缓冲液Ⅱ及载片备用	取出 DNB 加载缓冲液Ⅱ解冻,载片备用	
8	登录测序仪	确保测序仪主机和计算模块连通,登录测序仪	
9	选择测序方案	选择测序方案"SE100",读长 1 为"50",Barcode 为 MGI Single	
10	装载载片、试剂槽与废液盒	装载载片、试剂槽(卸下试剂槽底部保护盖)与废液盒并扫码录入信息	
11	准备 DNB 加载混合液及加载 DNB	按照 DNB 加载缓冲液Ⅱ 33μL+DNB 99μL 混合准备 DNB 加载混合液,用阔口移液器吸头混匀后全部加入 DNB 加载口	
12	回顾参数	回顾参数确认无误后开始测序	
13	测序完成后移除耗材	测序完成后移除废液盒、试剂槽和载片	

五、任务评价

按表 5-12 进行 SE 测序任务评价。

表 5-12 SE 测序任务评价表

班级:		姓名:	组别:		总分:	
序号	评价项目	评价内容	分值		评价主体	
					学生	教师
1	职业素养	正确穿戴实验服及手套	5			
		良好的沟通协调能力	5			
		保持整洁有序的操作台面	5			
		具备责任心和谨慎态度	5			

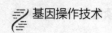

续表

序号	评价项目	评价内容	分值	评价主体	
				学生	教师
2	任务单分析	自主查阅资料，学习 SE 测序原理及注意事项	5		
3	任务实施	试剂槽解冻及试剂配制准确度	5		
		测序信息录入准确度及试剂耗材摆放准确度	20		
		DNB 加载体系配制准确度	20		
		DNB 混匀操作规范度	20		
4	工作记录	填写完整工作记录	10		
	合计		100		
教师评语：					年　　月　　日

技能要点

① 开始实验前，应充分熟悉 SE 测序原理，并严格按照实验流程进行操作。

② 试剂槽充分解冻后才可使用，使用前需要进行摇晃，仔细听是否仍存在冰块撞击试剂槽壁的声音。

③ 在测序时，DNBSEQ-E25RS 试剂槽的试剂出口位于槽的底部，须时刻警惕在底部产生气泡，使用前需按照操作流程拍击桌面清除底部气泡。若底部气泡清除不彻底导致测序过程中气泡进入测序载片，将影响测序质量。

④ 将 DNB 加至加载口时应杜绝产生气泡，以免影响测序质量。

⑤ 开始测序前，应检查废液盒是否清空。

⑥ 试剂和废液中的化学成分会刺激皮肤、眼睛或黏膜，可能造成人身伤害。因此，在操作过程中，操作者需遵守实验室安全操作规定，并穿戴好个人防护装备，包括实验室防护服、防护帽、眼镜、口罩、手套和鞋套等。

异常处理

1. 关于试剂盒暂存

① 如试剂槽已经融化，但不能按时使用，最多可再冻融一次。

② 如试剂槽已经融化，但不能按时使用，可放在 2～8℃ 冰箱内暂存，并于 24h 内使用。使用前需要按照"准备测序试剂槽"中的操作重新混匀试剂槽。

③ 如试剂槽已经融化，且按照"准备测序试剂槽"的操作将信号因子混合液加至 MSP 孔中，但不能按时使用，可将试剂槽置于 25℃室温暂存，并于 2h 内使用。

④ 如试剂槽已经融化，且已将多重链置换反应（MDA）混合液加至 MDA 孔中，但不能按时使用，可将试剂槽置于室温暂存，并于 2h 内使用。

2. 试剂槽底部胶塞歪斜或脱落时，执行如下操作：

① 将试剂槽保持在水平状态。

② 确认胶塞歪斜或脱落的孔位。

③ 用尖头镊子夹住胶塞，对准相应孔位，拧紧胶塞。

④ 拧紧其他胶塞。

课堂小思考

1. 单次 DNB 测序理论 reads 数据产量由什么决定？

2. 为什么长读长测序试剂槽规格可以向短读长测序类型兼容？如 SE100 试剂槽可用于测 SE50。

DNB测序实操

任务三

PE 测序

»» 任务描述 双端测序（paired-end sequencing，简称 PE 测序）是除 SE 测序外的另一种高通量测序类型，用于获取目标样本中的双端序列信息。在 PE 测序中，通过测序仪在文库的两个方向上读取碱基序列，生成两个配对的序列片段。PE 测序的优势在于可以提供更多的信息，例如确定 DNA 或 RNA 片段的方向、检测插入片段的长度、提高序列的准确性和覆盖度等。这使得 PE 测序在基因组组装、转录组分析、变异检测和结构变异等研究中得到广泛应用。首先需要对提取自小鼠肿瘤组织的 RNA 所建 DNB 文库进行测序，实施策略为使用华大智造的 DNBSEQ-E25RS 桌面测序仪进行 PE 测序，用以获得测序数据进行下一步的生物信息学分析。如图 5-35 与图 5-36 分别为 PE 测序原理示意图和 PE 测序实验流程图。

图 5-35 PE 测序原理示意图

图 5-36 PE 测序实验流程图

171

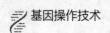

一、测序任务单

>> 引导问题　什么情况下可以选择不拆分 Barcode？

DNBSEQ-E25RS 双端测序任务单如表 5-13 所示。

表 5-13　DNBSEQ-E25RS 双端测序任务单

文库个数：	1	送测组别：	××	组负责人：	××	送库人：	××
基本信息							
序号	文库名	文库类型	文库物种	DNB 体积/μL	DNB 浓度/（ng/μL）	上机 DNB 使用量/μL	Barcode 号
1	小鼠肿瘤RNA 文库	RNA	小鼠	102	20	99	××-××
测序要求							
序号	文库名	测序类型	特殊引物	是否拆分	Barcode 拆分列表	上机优先级	备注
1	小鼠肿瘤RNA 文库	PE150	否	否	—	1	
软件及试剂版本要求							
序号	文库名	控制软件版本	basecall 版本	测序试剂版本	备注		
1	小鼠肿瘤RNA 文库	××	××	××			

二、准备测序试剂槽

>> 引导问题　相比于 SE 测序，PE 测序在操作上多了什么步骤？其作用是什么？

复习二链测序原理，进行小组讨论。

① 取出 PE150 试剂槽，标签朝上，竖直向上放置在桌面上（图 5-37）。

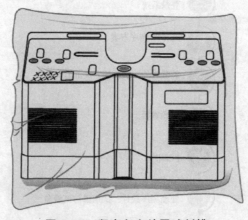

图 5-37　竖直向上放置试剂槽

② 根据下表，提前将带包装的测序试剂槽解冻备用。同步取出信号因子缓冲液置于 2～8℃冰箱解冻备用。

型号	解冻方式	
FCL PE150	2～8℃冰箱	15～25℃室温
解冻时间/h	12	4.5～5

a. 如果解冻温度低于表中范围，可适当延长解冻时间。

b. 水浴解冻试剂槽会带来液体渗入试剂槽的风险，应避免水浴解冻。

c. 如是过夜解冻，试剂盒内的其他组分需继续置于−25～−15℃条件下。

③ 试剂槽解冻完成后，摇晃试剂槽，检查是否已无冰块。若有，须继续置于室温下直至冰块完全融化。

a. 出现包装袋鼓起、试剂槽上端包装破损或试剂泄漏（非冷凝水情况）时，切勿使用该试剂槽，并迅速将该试剂槽转移至指定垃圾桶。

b. 如果是试剂泄漏，液体会明显呈现出颜色，液体从试剂槽底部，尤其是底部盖板流出，或流出的液体会浸湿整个试剂槽底部。

c. 如果是冷凝水，液体一般出现在试剂槽的侧面和四个底角周围。此时，可用无尘纸擦干液体。

④ 双手握住试剂槽两侧，上下颠倒 20 次并拍击桌面 10 次，再上下颠倒 10 次并拍击桌面 10 次，如图 5-38 和图 5-39 所示。握住试剂槽底部中间用力甩 1 次。剪开试剂槽外包装袋。

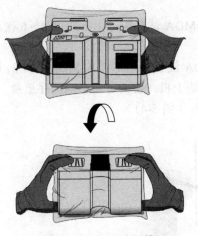

图 5-38　颠倒试剂槽

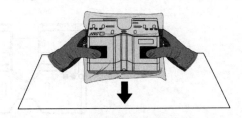

图 5-39　拍击桌面

⑤ 用涡旋振荡仪振荡混匀融化后的信号因子 1 和信号因子 2 约 5s。短暂离心 4～5s 后备用。

⑥ 根据下表，将相应体积的信号因子 1 和信号因子 2 加入信号因子缓冲液中，制备成信号因子混合液。

试剂盒型号	FCL PE150
信号因子 1	31.5μL
信号因子 2	21μL
信号因子缓冲液	21mL

⑦ 用移液器吸取信号因子混合液润洗信号因子 1 和信号因子 2 的试剂管各一次。盖上信号因子混合液瓶的盖子，上下颠倒 10～15 次，混匀试剂。过程中勿剧烈振荡，避免气泡产生。

⑧ 按照图 5-40 放置试剂槽，用尖头镊子夹取 MSP 孔上的胶塞，将胶塞置于指定垃圾桶（图 5-40）。用吸头将混好的信号试剂混合液全部加入孔中（夹掉胶塞后，不可再上下翻转试剂槽）。

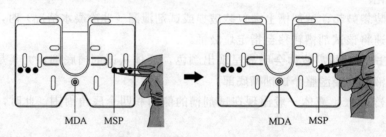

图 5-40 夹取 MSP 孔上的胶塞

⑨ 配制 MDA 体系

a. 上下颠倒混匀 MDA 测序酶混合液，瞬时离心。

b. 用移液器取 50μL MDA 测序酶混合液，加至 MDA 试剂中，上下颠倒 5～6 次。过程中勿剧烈振荡，避免气泡产生。

c. 用干净的吸头戳破 MDA 孔，将混匀后的 MDA 混合液全部加入 MDA 孔中。加入时确保不引入气泡。MDA 混合液加入试剂槽后，需尽快上机，否则可能影响测序质量。

⑩ 用尖头镊子夹取 1 号、2 号和 3 号孔上的胶塞（图 5-41）。

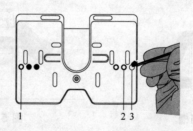

图 5-41 夹取 1 号、2 号和 3 号孔上的胶塞

⑪ 取出 DNB 加载缓冲液 II，置于冰盒上约 30min，解冻备用。

⑫ 准备测序载片：使用前，将测序载片从氮气柜或温湿度控制的实验室环境中取出，无须提前取出置于室温。

三、开始 PE 测序

>> 引导问题　　如何为测序文库选择适合的 PE 测序读长？

1. 登录系统

操作步骤如下：

① 确保测序仪主机和计算模块均已接通电源，测序仪主机与计算模块之间网线连接正常。

② 打开测序仪主机电源，系统进入登录界面。

③ 输入用户名和密码后，点击【登录】。

小提示：默认用户名为 user，密码为 123。

2. 选择测序方案

① 点击（🧬），进入定制测序方案界面（图 5-42）。

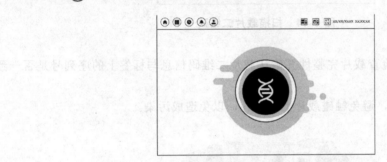

图 5-42　主界面

② 此时，试剂仓进行初始化，即仓门自动打开，托架自动弹出。

③ 点击【测序方案】下拉列表，选择"PE150"测序方案（图 5-43）。

图 5-43　定制测序方案

④ 【读长 1】及【读长 2】文本框均默认读长为"150"，也可进行手动编辑，手动输入的读长不得大于其支持的最大读长，如需减小，也可手动编辑。

⑤ 点击【Barcode】下拉列表，选择 Barcode 为"/"。

⑥ 确认方案无误后，点击（⊙）进入下一步。

⑦ 如需放弃本次实验，点击（⊙）。软件返回至测序主界面，仪器进行卸载。

小提示：若进入输入 DNB 序列号的界面后放弃本次实验，将导致已装载的测序试剂槽和测序载片报废。

3. 装载载片、试剂槽与废液盒

① 用扫码枪扫描测序载片塑料包装上的二维码。如扫码失败，可点击【载片序列号】文本框，在弹出的软键盘上手动输入外包装标签上的信息（图 5-44）。

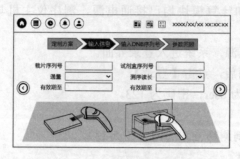

图 5-44　扫描载片二维码

② 撕开载片包装，检查载片完整性并确认载片二维码信息与标签上的序列号是否一致（图 5-45）。

小提示：握住载片时，避免触碰载片上的小孔，以免造成污染。

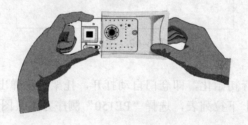

图 5-45　检查载片

③ 托架卸载完成后，手捏旋转阀，将测序载片上的定位孔对准载片装载架上的定位柱进行安装（图 5-46）。

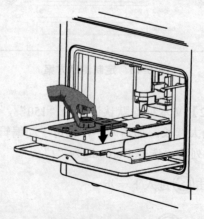

图 5-46　安装载片

④ 取出准备好的测序试剂槽，用扫码枪扫描试剂槽上的二维码（图 5-47）。如扫码失败，可点击【试剂盒序列号】文本框，在弹出的软键盘上手动输入外塑料包装标签上的信息。

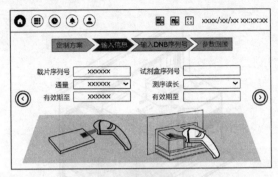

图 5-47　扫描试剂槽二维码

⑤ 卸下试剂槽底部保护盖，检查并确认试剂槽底的胶塞无脱落或歪斜（图 5-48）。
小提示：如试剂槽底的胶塞脱落或歪斜，需将胶塞对准孔位，拧紧胶塞后使用。

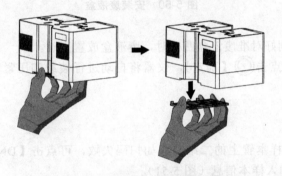

图 5-48　卸下试剂槽底部保护盖

⑥ 将试剂槽对准定位柱，放在测序载片上（图 5-49）。

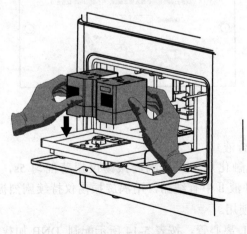

图 5-49　安装试剂槽

小提示： 如需二次安装试剂槽，需确保试剂槽底部中间的胶塞无脱落或歪斜。

⑦ 确保废液盒胶塞处于打开状态，按照图 5-50 所示方向将废液盒放在托架上，并卡入限位装置。

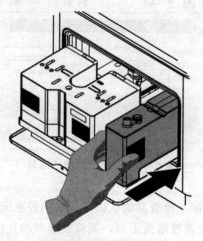

图 5-50　安装废液盒

小提示： 定位夹刚好对准废液盒凹槽时，废液盒放置正确。

⑧ 安装完成后，点击◉【确定】，仪器将自动进行装载和压紧动作。点击◉，进入下一步。

4. 装载样本

操作步骤如下：

① 用扫码枪扫描样本管上的二维码。如扫码失败，可点击【DNB 编号】文本框，在弹出的软键盘上手动输入样本信息（图 5-51）。

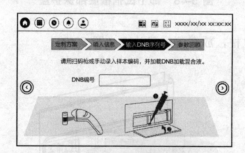

图 5-51　录入 DNB 编号

② 准备 DNB 加载混合液

a.DNB 加载缓冲液Ⅱ融化后，使用涡旋振荡仪振荡混匀 5s，短暂离心后置于冰盒备用。如发现 DNB 加载缓冲液Ⅱ中有结晶，用涡旋振荡仪持续剧烈振荡约 1～2min 至沉淀重新溶解，短暂离心后方可使用。

b. 取出一个新的 1.5mL 离心管，按表 5-14 所示配制 DNB 加载混合液。该 DNB 加载混合液需现配现用。

表 5-14 DNB 加载混合液

组分	体积/μL
DNB 加载缓冲液 Ⅱ	33
DNB	99
总体积	132

c.用阔口移液器吸头（不带滤芯）缓慢吹打 DNB 加载混合液 5～8 次。切勿离心、振荡及剧烈吹打。

③ 用移液器将制备好的 DNB 加载混合液加入测序载片的 DNB 加载口（图 5-52）。

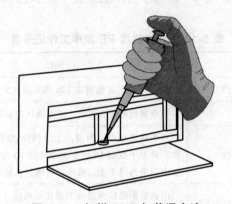

图 5-52 加样 DNB 加载混合液

小提示：为避免产生气泡，用阔口移液器吸头尖抵住 DNB 加载口，用移液器将 DNB 样本缓慢注入。

④ 手动关闭仓门。

⑤ 点击 ⊙ 进入下一步。

5.回顾参数

仔细核对如图 5-53 所示每一项信息。

图 5-53 核对参数

如有误，点击 ⊙ 返回至相应界面进行修改。如无误，确认计算模块已连接后，点击"运行"【确定】进行测序。

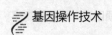

6. 开始测序

开始测序后，进入测序进行中界面。

① 如需查看第一循环报告，待 DNB 加载完毕后，【DNB 加载中】会显示为【进度】。第一循环结束后，第一循环报告会显示在界面上。

② 如需查看测序指标，点击【指标】。

③ 如需强制停止，点击⊙。停止后无法恢复，需谨慎操作。

④ 移除试剂槽、载片与废液盒。

四、工作记录

任务完成后，填写 DNB 文库 PE 测序工作记录表（表 5-15）。

表 5-15　DNB 文库 PE 测序工作记录表

序号	步骤	操作	已完成打√
1	解冻 PE150 试剂槽	放入 2～8℃冰箱解冻 12h 或室温 4.5～5h 解冻	
2	检查试剂槽	检查试剂槽是否破损，摇晃确认是否完全解冻	
3	试剂槽底部排气泡	双手握住试剂槽两侧，上下颠倒 20 次并拍击桌面 10 次，再上下颠倒 10 次并拍击桌面 10 次。握住试剂槽底部中间用力甩 1 次。剪开试剂槽外包装袋	
4	解冻信号因子 1 和信号因子 2	用涡旋振荡仪振荡混匀融化后的信号因子 1 和信号因子 2 约 5s。短暂离心 4～5s 后备用	
5	制备信号因子混合液	将相应体积的信号因子 1 和信号因子 2 加入信号因子缓冲液中，盖上盖子轻轻上下颠倒混匀	
6	将信号因子混合液加入试剂槽	用尖头镊子夹取 MSP 孔上的胶塞后将混好的信号试剂混合液全部加入孔中，并夹走 1、2、3 号孔上的胶塞	
7	配制 MDA 体系	用移液器取 50μL MDA 测序酶混合液，加至 MDA 试剂中，上下颠倒 5～6 次，戳破 MDA 孔膜后全部加入	
8	取出 DNB 加载缓冲液Ⅱ及载片备用	取出 DNB 加载缓冲液Ⅱ解冻，载片备用	
9	登录测序仪	确保测序仪主机和计算模块连通，登录测序仪	
10	选择测序方案	选择测序方案 "PE150"，读长 1 为 "150"，读长 2 为 "150"，Barcode 为 "/"	
11	装载载片、试剂槽与废液盒	装载载片、试剂槽（卸下试剂槽底部保护盖）与废液盒并扫码录入信息	
12	准备 DNB 加载混合液及加载 DNB	按照 DNB 加载缓冲液Ⅱ 33μL+DNB 99μL 混合准备 DNB 加载混合液，用阔口移液器吸头混匀后全部加入 DNB 加载口	
13	回顾参数	回顾参数确认无误后开始测序	
14	测序完成后移除耗材	测序完成后移除废液盒、试剂槽和载片	

五、任务评价

任务完成后，按表 5-16 进行 PE 测序任务评价。

表 5-16　PE 测序任务评价表

班级：			姓名：		组别：		总分：	
序号	评价项目	评价内容				分值	评价主体	
							学生	教师
1	职业素养	正确穿戴实验服及手套				5		
		良好的沟通协调能力				5		
		保持整洁有序的操作台面				5		
		具备责任心和谨慎态度				5		
2	任务单分析	自主查阅资料，学习 PE 测序原理及注意事项				5		
3	任务实施	试剂槽解冻及试剂配制准确度				5		
		测序信息录入准确度及试剂耗材摆放准确度				20		
		DNB 加载体系配制准确度				20		
		DNB 混匀操作规范度				20		
4	工作记录	填写完整工作记录				10		
合计						100		
教师评语：								
						年　　月　　日		

技能要点

① 开始实验前，应充分熟悉 PE 测序原理，并严格按照实验流程进行操作。

② 试剂槽充分解冻后才可使用，使用前需要进行摇晃，仔细听是否仍存在冰块撞击试剂槽壁的声音。

③ 混合好的 MDA 体系加至 MDA 孔位时，应缓慢加入，加入后拍击桌面确保液体落入管子的底部，避免液体在管中贴壁悬空导致 MDA 反应体系在测序过程中无法进入载片，影响二链测序。

④ 在测序时，DNBSEQ-E25RS 试剂槽试剂的出口位于槽的底部，须时刻警惕在底部产生气泡，使用前需按照操作流程拍击桌面清除底部气泡。若底部气泡清除不彻底导致测序过程中气泡进入测序载片，将影响测序质量。

⑤ 将 DNB 加至加载口时应杜绝产生气泡，以免影响测序质量。

⑥ 开始测序前，应检查废液盒是否清空。

⑦ 试剂和废液中的化学成分会刺激皮肤、眼睛或黏膜，可能造成人身伤害。因此，在操作过程中，操作者需遵守实验室安全操作规定，并穿戴好个人防护装备，包括实验室防护服、防护帽、眼镜、口罩、手套和鞋套等。

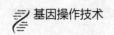

课堂小思考

1. 在 PE 测序中，配对二链测序开始时，为什么相较一链尾部的测序质量会有比较大的提升？

2. 在进行不同应用文库测序时，是否都可以使用同一个 Barcode 方案进行数据拆分？

3.PE 测序可以和 SE 测序采用相同序列的 Barcode 测序引物吗？

能力拓展

高通量测序仪的维护

高通量测序仪作为高精尖的科研设备，其性能和准确性在很大程度上依赖于其日常的维护和管理。高通量测序仪的维护工作是确保其能长期、稳定、高效运行的关键。这些设备不仅代表着显著的经济投资，更是实验室宝贵的科研资源。合理的维护不仅可以延长设备的使用寿命，还能保证实验数据的准确性和可靠性，减少由设备故障引起的实验失败的风险。在实际操作中，高通量测序仪的维护涉及多个方面，包括但不限于定期的清洁、软件更新、硬件检查、试剂更换以及故障排除。每个步骤都需要精确、专业的操作，以确保设备处于最佳状态。

设备维护的重要性在于，任何微小的疏忽都可能导致实验结果的偏差，甚至完全失效。例如，测序仪的光学系统若受到尘埃或污染物的影响，可能会导致读数错误；软件的过时可能导致数据处理的不准确；而试剂的不当储存则可能影响测序反应的效率。此外，设备的日常维护还包括了对操作人员的培训，以确保每位使用者都能熟练、正确地操作设备，并遵循标准的操作程序。

总的来说，对高通量测序仪的维护是一个综合性的工作，需要实验室管理者、设备操作者和技术支持人员的共同努力。通过系统的维护计划和及时的故障处理，可以最大限度地发挥高通量测序仪的性能，保证科研工作的顺利进行。在科学研究日益依赖精确数据的今天，高通量测序仪的维护工作无疑是实验室管理中不可或缺的一环。

1. 主机维护/清洁

高通量测序仪的清洁需按照制造商提供的指南，同时结合实验室的实际情况进行。要定期对仪器的外部表面进行清洁。使用无尘布或适当的清洁剂轻轻擦拭仪器表面，去除灰尘和污渍。重要的是要避免使用任何可能损害设备表面或能渗透到内部电子组件的侵蚀性清洁剂。建议在开机状态下，每月清洁一次，用棉球蘸 75%酒精擦拭载片托架，确保托架上无液体及结晶残留。

对于仪器的内部，特别是光学组件，如镜头和激光器，需要更高的精细度和专业性。通常，这些部分的清洁应按照制造商的具体指导进行，可能需要使用专业的光学清洁工具和溶剂。进行内部清洁时，需格外小心，以免损坏敏感的光学元件或影响设备的校准。

环境控制也是清洁工作的一部分。确保测序仪周围的环境干净、温度和湿度适宜，避免将仪器置于灰尘多的环境中，以减少内部积尘的可能性。此外，要避免仪器直接暴露在阳光下，或置于可能产生振动和电磁干扰的地方。

2. 故障处理

在仪器使用过程中，若检测到异常状况，软件界面上会出现弹窗，显示故障编码及名称。同时，状态指示灯会以不同颜色显示不同状态。点击【确定】，关闭故障对话框，处理当前故障，调整状态指示灯颜色为正常。

表 5-17 列出了部分故障及处理方法。如出现其他说明书未提及的故障，应及时进行记录并联系仪器供应商技术支持。

表 5-17　故障编码解释及其处理方法

故障编号	故障现象	处理方法
0x10002	配置文件缺失	仪器自检错误，联系技术支持
0x1106	装载电机执行动作超时	
0x1107	装载电机初始化失败	
0x1206	压紧电机执行动作超时	
0x1207	压紧电机初始化失败	
0x1306	旋转电机执行动作超时	仪器部件错误，关闭弹框后再次尝试。如问题仍无法解决，请联系技术支持
0x1307	旋转电机初始化失败	
0x1606	注射泵电机执行动作超时	
0x1706	温控执行动作超时	
0x1753	载片温度数据异常	
0x2108	采图模块运行失败	

3. 存储与运输

测序仪应严格按照供应商规定，以 DNBSEQ-E25RS 为例，应遵循表 5-18 操作及运输/存储环境要求。

表 5-18　操作及运输/存储环境要求

项目	描述	
操作环境	温度	15～30℃
	相对湿度	20%～80%，无冷凝
	大气压力范围	70～106kPa
	污染等级	2 级
	使用场地	室内使用（温湿度波动会影响测序稳定性。仪器不使用时也须维持所需环境要求。因此，建议在实验室中安装冷暖空调及除湿或加湿设备）
运输/存储环境	温度	−20～50℃
	相对湿度	15%～85%，无冷凝

需要注意的是，若测序仪长期不使用，在使用前，应进行维护性清洗及使用前硬件维护性检查。如有运输需求，需要联系供应商技术支持。

生物芯片技术

生物芯片技术，作为 21 世纪生物科学与芯片技术融合的产物，已经成为现代生物学研究的一项革命性工具。这项技术通过微阵列平台高效地并行分析成千上万的生物分子，为生命科学研究提供了前所未有的速度和规模。自 20 世纪 90 年代初生物芯片首次被引入科学界以来，它们已经在基因组学、蛋白质组学、细胞组学等多个领域展现了巨大的潜力和应用价值。

生物芯片技术的核心在于它能够在极小的芯片上固定大量的生物探针，如 DNA、RNA、蛋白质或小分子，使得它可以在微小的体积中进行大规模的生物分析实验。这种技术的出现极大地推进了基因表达分析、疾病标志物的发现、药物筛选以及个性化医疗等研究领域的发展。通过生物芯片，科学家们能够在单一实验中分析数以千计的样本与分子之间的相互作用，这在传统实验方法中是难以想象的。

随着计算机科学和纳米技术的进步，生物芯片的分析能力和精确度得到了极大的提升。现代生物芯片不仅能够进行高通量的数据采集，而且还能够通过先进的数据处理和生物信息学分析，揭示复杂的生物网络和调控机制。这为理解生物系统的复杂性、疾病的分子机制以及新药的开发提供了强大的工具。

生物芯片技术代表了现代生物科学的一个重要发展方向，它将分子生物学的深度与信息科学的广度结合起来，为我们探索生命的奥秘、解决健康问题提供了一个强大而灵活的平台。随着技术的不断成熟和应用的不断拓展，生物芯片无疑将在未来的生物医学研究和临床诊断中发挥更加重要的作用。

生物芯片技术的发展历史是一段充满创新和变革的旅程。它从简单的概念发展成为一种能够同时分析成千上万个生物分子的强大工具，对生物科学和医学研究产生了深远的影响。

一、基因芯片技术

1.早期的探索

生物芯片技术的早期探索阶段是一个从基础概念到初步实验的关键转换期，这一阶段为后来的技术创新和应用发展奠定了基础。在 20 世纪 80 年代，生物学和工程学的交叉促进了生物芯片概念的孕育，其中几项关键技术的发展对生物芯片的早期探索起到了至关重要的作用。

聚合酶链式反应（PCR）：是一种革命性的分子生物学技术，由 Kary Mullis 在 1983 年发明。PCR 使得从极少量的 DNA 样本中快速、大量复制特定 DNA 片段成为可能。这一技术成为了后续生物芯片实验中检测和分析基因的基础工具。PCR 的发明不仅极大地推进了分子生物学的研究，也为生物芯片技术的发展提供了重要的技术支持。

微阵列技术的原型：20 世纪 80 年代末到 90 年代初，科学家们开始尝试将小规模的核酸探针固定在固体表面上，用于检测特定的核酸序列。这些实验可以视为微阵列技术的原型，它们展示了在一个固定平台上同时进行多个分子检测的潜力。这些早期的尝试虽然规模较小，灵敏度和特异性有限，但它们提供了在一个固定表面上进行高通量分子分析的可能性。

芯片技术与微加工技术的结合：早期生物芯片的探索也得益于微电子学领域的发展。半导体工业中的光刻和微加工技术为生物芯片的制造提供了技术平台。通过将这些技术应用于生物分子的固定化和模式化，科学家们开始制造出早期的生物芯片原型，这些原型能够在微小的区域内固定大量不同的生物探针，从而实现高通量的分子分析。

早期的挑战与创新：早期生物芯片技术的探索面临着多方面的挑战，包括如何有效地固定生物分子在固体表面上、如何保持生物分子的活性以及如何提高探测的灵敏度和特异性等。为了解决这些问题，科学家们进行了一系列的创新尝试，比如开发了不同的表面化学处理方法来提高生物分子的固定效率和稳定性，以及引入了新的标记和检测技术来提高信号的可检测性。

2.DNA 微阵列的诞生

DNA 微阵列技术的诞生是分子生物学和基因组学领域的一个重大突破，它标志着生物芯片技术的实质性发展。这项技术允许同时监测数千到数万个基因的表达情况，为基因表达分析、疾病研究、药物开发等领域提供了强大的工具。

在 DNA 微阵列诞生之前，基因表达的分析主要依赖于低通量的技术，如北方印迹 northern blotting 和 RT-PCR，这些方法虽然具有较高的特异性和灵敏性，但它们时间消耗大、效率低，且无法实现大规模的基因表达分析。

DNA 微阵列技术的诞生，可以追溯到 20 世纪 90 年代初期。这项技术的关键在于使用微光刻技术或机械加工技术在固定表面上精确地放置成千上万个不同的 DNA 探针。这些探针可以是已知基因的特定序列，它们固定在微阵列上，形成一个有序的模式。当含有未知 DNA 或 RNA 样本的溶液被施加到微阵列上时，通过互补碱基配对原理，目标分子与相应的探针特异性结合。

关键的开创性工作是由斯坦福大学的 Patrick O.Brown 教授和他的研究团队进行的。他们开发了一种方法，利用机器直接在玻璃片上打印微小的 DNA 探针点阵，这一技术后来被称为 DNA 微阵列。这种方法允许在很小的空间内并行分析成千上万个基因的表达。

DNA 微阵列技术的出现极大地推动了基因组学和转录组学的发展。它不仅能够在全基因组水平上分析基因表达模式，还可以用于疾病标志物的发现、药物作用机制的研究以及个体化医疗等领域。此外，这项技术还推动了其他相关技术的发展，如 RNA 微阵列和蛋白质微阵列，进一步扩展了生物芯片技术的应用范围。

3. 商业化与技术发展

随着 DNA 微阵列技术的成功示范和其在科研中的广泛应用，这一技术很快引起了商业界的关注，其商业化进程与技术发展紧密相连、相互促进。20 世纪 90 年代中后期，随着生物信息学和基因组学的快速发展，DNA 微阵列技术显示出巨大的商业潜力。初期的商业化努力主要集中在开发和销售预制的微阵列芯片，这些芯片针对特定物种的基因组，如人类、小鼠、酵母等。这些预制芯片使得即使是没有能力自己制造微阵列的实验室也能够利用这项技术进行研究。

几家企业在微阵列技术的商业化方面起了领头作用，其中包括 Affymetrix ［现为 Thermo Fisher Scientific（赛默飞世尔科技公司）的一部分］、安捷伦科技有限公司（Agilent Technologies Inc.）和 Illumina。这些公司通过不断的技术创新和市场拓展，成为领域内的主要参与者。

Affymetrix：Affymetrix 是微阵列技术商业化的先驱之一，以其 GeneChip 芯片而闻名，这种芯片采用光刻技术精确控制探针的位置和密度，能够在单片芯片上分析成千上万个基因。

Agilent Technologies：Agilent 推出了基于墨水喷射打印技术的微阵列，这种技术允许在更灵活的设计下制造芯片，满足不同研究者的特定需求。

Illumina：虽然 Illumina 更为人熟知的是其在高通量测序的领先地位，但该公司也提供了一系列微阵列产品，用于基因表达分析、单核苷酸多态性（SNP）分型等应用。

商业化的推进伴随着一系列技术创新，这些创新不仅提高了微阵列的性能，也降低了成本，扩大了应用领域。例如，新的标记和检测技术提高了微阵列的灵敏度和特异性，自动化的芯片处理和数据分析软件简化了操作流程，使得微阵列技术更加用户友好。

随着技术的成熟和成本的降低，微阵列技术开始在生物医学研究之外的领域得到应用，如农业研究、环境监测和法医学。特别是在个性化医疗和癌症研究中，微阵列技术在疾病诊断、预后评估和治疗选择中发挥了重要作用。

4. 微阵列技术实验流程

微阵列技术是一种用于同时检测成千上万个基因表达的强大工具，详细的实验流程因样本类型（DNA 或 RNA）和具体的实验设计而异。如下是一个更加详细化的通用步骤描述，适用于处理这两种类型的样本。

（1）微阵列芯片的设计与制造

① 探针选择与设计：基于目标基因序列，设计特定的短链 DNA 片段（探针），并通过化学合成方法制备。

② 芯片布局：将成千上万个不同的探针精确地固定在微阵列芯片的玻璃或硅片表面，每个探针都对应一个特定的基因或转录本。

（2）样本准备

① DNA 样本

a. 提取：使用柱色谱或磁珠法从细胞或组织中提取 DNA，并通过光谱光度计或荧光定量法评估 DNA 的量和质。b. 标记：通过将荧光标记的核苷酸（如 Cy3 或 Cy5 标记的 dNTP）整合到 DNA 样本中来标记 DNA。这通常通过 PCR 扩增或随机引物扩增实现。c. 纯化与浓缩：使用 DNA 纯化试剂盒去除未整合的荧光标记物和其他杂质，然后浓缩 DNA 至适合杂交的浓度。

② RNA 样本

a. 提取：使用基于柱色谱的试剂盒从样本中提取总 RNA 或 mRNA，并通过凝胶电泳或纳米孔技术评估 RNA 的完整性。b. 反转录与标记：将提取的 RNA 通过反转录酶转录为 cDNA，并在此过程中加入荧光标记的 dUTP（如 Cy3 或 Cy5），以便将荧光标记整合到 cDNA 中。c. 纯化与浓缩：去除未反应的标记物和酶，浓缩 cDNA 至适合杂交的浓度。

（3）杂交

① 预处理：对微阵列芯片进行预杂交处理，以减少非特异性结合并阻断未被探针覆盖的芯片表面。

② 混合与杂交：将标记的 DNA 或 cDNA 与杂交缓冲液混合，然后将混合物施加到微阵列芯片上。在恒温条件下孵育，通常为 16～20h，以促进探针与目标序列的特异性结合。

③ 洗涤：使用一系列洗涤步骤去除非特异性或部分结合的标记样本，通常涉及不同强度的洗涤缓冲液。

（4）信号检测与获取

① 扫描：使用特定波长的激光扫描仪扫描微阵列芯片，以激发并检测不同探针位置处的荧光信号。

② 图像获取：记录荧光信号产生的图像，每个探针点的亮度反映了对应基因的表达水平。

（5）数据分析

① 图像分析：使用专门的软件对扫描图像进行处理，识别每个探针点，测量其强度，并将其转换为数值数据。

② 标准化与校正：对数据进行背景校正和标准化处理，以便在不同样本或实验之间进行比较。

③ 统计分析与生物信息学解释：应用统计方法识别显著差异表达的基因，并利用生物信息学工具进行功能注释和通路分析。

（6）特别注意事项

① 标记策略的选择：选择直接标记还是间接标记（如通过扩增介入标记）取决于样本类型和实验目的。

② 控制与重复：包括适当的正负对照，并进行多重技术和生物重复以确保数据的可靠性。

③ 数据处理与分析：对数据进行适当的预处理和质量控制步骤，确保分析结果的准确性。

这个详细的流程概述提供了从样本的准备到数据分析的全面视角，展示了进行 DNA 或 RNA 微阵列实验所需的细节步骤。每一步都至关重要，且需要精确控制实验条件以确保结果的可靠性和重复性。

二、蛋白质芯片技术

蛋白质芯片技术，也称为蛋白质微阵列技术，是继 DNA 微阵列之后生物芯片技术的又一重要发展。这项技术利用了与 DNA 微阵列相似的概念，但焦点转向了蛋白质——所有生物过程的关键执行者。蛋白质芯片的出现不仅丰富了生物芯片技术的内容，也为研究蛋白质的功能、相互作用及其在疾病中的角色提供了平台。

（1）蛋白质芯片的概念　蛋白质芯片上固定的是具有特定识别能力的蛋白质或抗体，它们可以是酶、受体、抗原或其他任何类型的蛋白质。这些蛋白质作为探针，用于捕获和检测样品（如血液、细胞裂解物）中的目标蛋白质。通过这种方式，蛋白质芯片能够在高通量的情况下分析多个蛋白质的表达、修饰状态和相互作用。

（2）技术多样化　蛋白质芯片技术的发展伴随着技术的多样化，主要体现在芯片类型、蛋白质的固定方式、检测方法等方面。

① 芯片类型：根据蛋白质的来源和功能，蛋白质芯片可以分为多种类型，包括抗体芯片、抗原芯片、受体芯片等。不同类型的芯片针对不同的研究需求和应用场景。

② 蛋白质的固定方式：蛋白质可以通过物理吸附、共价结合或生物亲和力标签等方式固定在芯片表面。不同的固定方式影响蛋白质的活性和芯片的稳定性。

③ 检测方法：蛋白质芯片的检测方法多种多样，包括荧光标记、质谱分析、电化学检测等。这些方法各有优势，可以根据研究目的和样品特性选择适合的检测方法。

（3）应用领域　蛋白质芯片技术的多样化推动了其在多个领域的应用，包括：①疾病

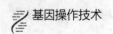

标志物的发现，蛋白质芯片用于筛选和验证疾病相关的蛋白质标志物，这对于早期诊断和疾病监测具有重要意义。②药物靶点的鉴定和验证，通过分析蛋白质相互作用网络，蛋白质芯片帮助鉴定潜在的药物靶点，并评估候选药物的效果。③功能基因组学和系统生物学，蛋白质芯片提供了分析蛋白质功能、揭示基因表达调控网络的强大工具。

蛋白质芯片技术的发展和技术多样化极大地促进了蛋白质研究的深入和精细化，为理解生命过程的复杂性、疾病的机制以及新药的开发提供了新的视角和工具。随着新技术的不断涌现和已有技术的不断完善，蛋白质芯片技术在生物科学和医学研究中的应用将更加广泛和深入。

三、微流控芯片技术

微流控芯片技术，也常称为 Lab-on-a-Chip（LOC）技术，是一种将实验室的常规功能集成到微型芯片上的技术。这一研究自 20 世纪 90 年代初期兴起以来，经历了快速的发展和演变，已成为生物医学研究、临床诊断、化学分析和环境监测等多个领域的关键技术。

微流控芯片技术的早期探索始于 20 世纪 80 年代末到 90 年代初，当时的研究主要集中在微型化化学反应器和分析系统的开发上。这一时期的关键突破包括微型泵和阀门的设计、微流道的制造技术以及微型检测系统的集成等。这些早期的微流控系统开发多数基于硅和玻璃材料，并借鉴了微电子行业的加工技术。

进入 21 世纪，微流控芯片技术迎来了快速的技术创新和应用多样化。其中，聚合物材料［如聚二甲基硅氧烷（PDMS）］的使用大大降低了芯片的制造成本和复杂度，使得这项技术更加普及。此外，数字微流控技术的出现，即基于微滴的流控系统，为实验提供了更高的灵活性和精确度。

数字微流控技术是微流控领域的一次重要进展，它通过对流体单元的离散化和数字化操作，实现了更高级别的精准控制和灵活性增加。这一技术的发展可以追溯到对微流体动力学的深入理解和微流控系统设计的创新，以下介绍数字微流控发展的主要阶段。

1. 早期微流控技术

微流控技术最初是基于连续流体流动的，依赖精细的通道设计和外部泵系统来控制流体。这些系统能够实现对微小体积样本的操控和分析，但在流体的精确控制和大规模并行处理方面存在局限。

2. 微滴微流控的兴起

微滴微流控技术的出现是微流控领域的一个重要转折点。这种技术通过生成、操纵和融合微滴来控制流体，使得每个微滴都可以作为一个独立的反应单元。微滴的生成和操作不依赖于复杂的外部泵系统，而是通过微流控装置内部的通道设计和表面处理来实现。微滴技术的应用极大地增强了实验的灵活性和吞吐量，为高通量实验提供了可能。

3. 数字微流控的诞生

数字微流控是在微滴微流控的基础上发展起来的，它进一步强调了对流体单元（通常是微滴）的数字化控制。数字微流控技术的核心在于使用集成的电子设备对每个微滴进行精确控制，包括生成、移动、分裂和融合等操作。这种控制方式类似于数字逻辑中的二进制系统，微滴的存在或不存在代表了数字信号的 1 和 0，从而实现了对复杂流体操作的高度编程和自动化。

4. 技术的关键进展

电控微滴操作：通过电场控制微滴的移动和操作成为数字微流控技术的关键。这种方法利用电泳、电渗和电润湿等效应来精确控制微滴，无须物理泵或阀门。

微滴编码和检测：为了实现对大量微滴的独立控制和分析，研究人员开发了多种微滴编码技术，如使用不同颜色的荧光染料、磁性或化学标记。同时，集成的检测系统如荧光检测、质谱分析等被用于实时监测微滴中的反应和成分。

集成和自动化：数字微流控设备的集成化和自动化是其重要的发展方向。这包括将微流控芯片与自动化的样本处理、数据收集和分析软件相结合，实现从样本输入到结果输出的全流程自动化。

随着技术的成熟，微流控芯片开始在多个领域展现出其独特的价值。在生物医学研究中，微流控系统在细胞培养、单细胞分析、组织工程和药物筛选等方面被使用。在临床诊断领域中，微流控芯片用于快速检测疾病标志物、进行基因测序和血液分析等。环境监测和食品安全检测也开始利用微流控技术进行快速和现场分析。

（1）生物医学研究

① 单细胞分析：微流控技术可以对单个细胞进行捕获、培养和分析，使研究人员能够研究细胞间的异质性，以及单细胞内的复杂生物过程。

② 基因组学和转录组学：通过微流控芯片进行 DNA 和 RNA 的提取、扩增和测序，可以大幅度提高处理速度和减少样本及试剂的需求。

③ 蛋白质分析：微流控芯片可以用于蛋白质的分离、定量和功能分析，如通过微流控电泳或免疫分析。

（2）临床诊断

① 移动便携检测设备：微流控芯片技术能够开发出便携式、易于使用的诊断设备，使得其在资源有限的设置中也能进行快速、准确的疾病检测。

② 癌症诊断：通过捕获和分析循环肿瘤细胞（CTCs）或循环肿瘤 DNA（ctDNA），微流控技术为非侵入式癌症诊断提供了工具。

③ 传染病检测：微流控平台可以用于快速检测病原体 DNA/RNA，提高传染病的诊断速度和准确性。

（3）环境监测

① 水质分析：微流控设备能够在现场快速检测水样中的污染物和病原体，这对于保护公共卫生和环境具有重要作用。

② 空气质量监测：集成微流控传感器可以监测空气中的有害物质，如挥发性有机化合物（VOCs）和颗粒物。

（4）食品安全

① 病原体检测：微流控系统可以用于快速检测食品中的细菌和病毒，以减少食源性疾病的风险。

② 食品品质分析：通过分析食品样品中的化学成分，如添加剂和污染物，微流控技术可以保证食品的安全和品质。

（5）药物开发

① 药物筛选：微流控平台可以用于高通量筛选，通过在微小的流体中测试成千上万个药物候选物，加快药物的发现和开发过程。

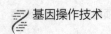

② 药物代谢和毒性测试：微流控芯片上的人工器官系统（如"肝芯片"）可以模拟药物在人体中的代谢过程，评估其安全性和有效性。

微流控芯片技术之所以能够在这些领域中取得突破性应用，主要得益于其能够在微小尺度上精确控制和操纵流体，同时能够实现高通量和自动化的实验流程。这些特性不仅使得实验更加高效，还允许在更加复杂和接近生理条件的环境中进行实验，从而提高实验结果的相关性和可靠性，如图 5-54 为一款基于数字微流控的高通量文库自动化制备系统。

微流控芯片技术最新的发展趋势包括系统的进一步集成化和智能化。微流控芯片不仅集成了多种实验步骤，还开始整合数据处理和分析能力，实现从样本处理到结果输出的一体化操作。此外，与数字技术的结合（如物联网、人工智能）为实时监控、远程操作和数据分析提供了可能。

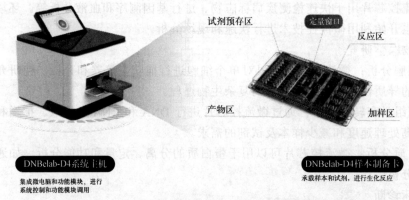

图 5-54　DNBelab-D4 基于数字微流控的样本制备系统

展望未来，微流控芯片技术预计将继续沿着更高的集成度、更广的应用范围以及更深的跨学科融合方向发展。特别是在个性化医疗、细胞疗法、疾病早期诊断和新药开发等领域，微流控技术都将发挥重要作用。同时，随着制造技术的进步和成本的进一步降低，预计这些高级功能的微流控系统将更加普及和可访问。

微流控芯片技术的发展是多学科交叉融合的典范，它集成了微电子学、材料科学、流体力学、生物化学和计算机科学等多个领域的知识和技术，展现了强大的科技创新能力和广泛的应用前景。

‹ 案例警示

国产测序仪里程碑事件

华大智造与 Illumina 的专利之争是基因测序技术领域的一个重要事件。Illumina 是全球基因测序仪市场的主导者，而华大智造则是在挑战其市场地位。自 2019 年以来，Illumina 在多个国家/地区起诉华大智造专利或商标侵权。2022 年，美国特拉华州法院对华大智造诉 Illumina 专利侵权案作出判决，判华大智造胜诉，Illumina 需赔偿 3.34 亿美元。这一判决不仅为华大智造带来了巨额赔偿，也标志着中国企业在国际专利纠纷中的胜利，提升了国产基因测序设备在全球市场的竞争力和影响力。这一事件也展示了中国在生命科学领域自主创新能力的提升，以及在全球科技竞争中日益增长的实力。

‹ **素养园地**

测序与基因组学之父——F.Sanger

弗雷德里克·桑格（Frederick Sanger）是"基因组学之父"，他于 1918 年 8 月 13 日出生，在 2013 年 11 月 19 日去世。到现在为止，是唯一一位在化学领域里面获得两次诺贝尔奖的英国生物化学家。

在 1950 年代末和 1960 年代初，桑格发明了一种被称为"Sanger 测序法"的方法，该方法被广泛应用于 DNA 的测序，为基因组学的发展做出了巨大贡献。这种方法基于 DNA 链延伸反应，通过在 DNA 复制过程中加入特殊的 ddNTP（二脱氧核苷酸）标记，使得每个合成的 DNA 链终止于特定的位置，从而确定 DNA 的序列。这项技术的发展极大地推动了基因组学和遗传学的研究，为后续的基因测序项目打下了基础。除了在测序技术上的贡献，桑格还参与了多个重要的科研项目。他负责完成了人类基因组的第一个测序工作，成功测序了人类线粒体基因组和大肠杆菌基因组。这些工作为后续的基因组研究奠定了基础，使得科学家能够更加深入地了解基因的结构和功能。

桑格的杰出贡献使得他获得了两次诺贝尔化学奖。他在 1958 年因发明蛋白质测序方法（尤其是获得了胰岛素的氨基酸序列）而获得了诺贝尔化学奖，这项方法对于研究蛋白质结构和功能至关重要。

弗雷德里克·桑格是一位伟大的科学家，他的工作对于基因组学和测序领域的发展产生了深远的影响。他的贡献使得我们能够更好地理解基因的结构和功能，为研究人类遗传疾病和推动医学进步提供了重要的工具和基础。

项目六　检测结果分析与解读

学习目标

知识目标　1. 掌握常用高通量测序下机指标。
　　　　　2. 熟悉个体识别高通量测序生物信息分析数据指标。
　　　　　3. 了解单核苷酸多态性的概念及其应用。
能力目标　1. 能控制个体识别高通量测序数据质量。
　　　　　2. 会生物信息分析并能合理进行任务的投递。
　　　　　3. 会分析与解读下机报告。
素质目标　1. 培养批判性思维能力。
　　　　　2. 养成有效沟通和撰写报告的能力。

项目说明

本项目旨在通过对个体识别高通量测序数据的学习，帮助同学们掌握高通量测序数据质控及分析技能，主要包括以下几个方面：

学习高通量测序技术中常用的下机指标，包括数据量、Q30、测序错误率、拆分率等。通过了解这些指标的含义和计算方法，能够准确评估测序数据的质量和可靠性。

学习个体识别高通量测序数据的质控方法，包括数据过滤、去除低质量序列等。同时，还将学习生物信息分析的基本流程，包括序列比对、变异检测等。

通过学习个体识别高通量测序数据的生物信息分析指标，如比对率、覆盖率、均一性等指标的特点和应用，能够初步评估文库及测序的质量情况。

学习单核苷酸多态性（SNP）的概念、类型和分析方法，同时学习 SNP 在 DNA 特征识别领域的应用。

通过本课程项目的学习，学生将掌握个体识别高通量测序分析及结果解读的基本理论和实践技能。这将为学生在基因组学、医学和生物信息学等领域的研究和实践提供坚实的基础。

必备知识

高通量测序技术的广泛应用也极大地推动了人们对基因信息的深入研究和理解，它的发展为人类基因组研究和医学诊断带来了巨大的突破。

高通量测序检测结果的分析与解读对疾病诊断、遗传病风险评估、新基因发现与研究、个体化医学的实现以及科学研究的推动都具有重要的意义。它为医学和科学领域带来了巨大的进展和机遇，对人类健康和生活质量的提高具有重要的影响。

一、高通量测序数据常见名词及释义

高通量测序数据
常见名词及释义

理解高通量测序数据常见名词及释义对于正确解读和分析测序数据十分重要。在高通量测序中，涉及许多专业术语和名词，这些名词和术语代表了测序数据的不同特征和性质，对研究人员来说，理解这些名词的含义是进行数据分析和解释的基础。

首先，理解这些常见名词可以帮助我们准确地描述和解释测序数据，从而更好地解释实验结果。其次，理解这些常见名词可以帮助我们评估测序数据的质量和可靠性，这对于排除测序偏差以及准确解读结果至关重要。此外，理解这些常见名词还可以帮助我们选择合适的数据处理和分析方法，不同的测序数据特征需要采用不同的分析策略。

总之，理解高通量测序数据常见名词及释义对于正确解读和分析测序数据至关重要。通过深入理解这些名词，我们可以更好地利用高通量测序技术，推动生命科学领域的研究和应用。

1. 原始数据产出

原始数据产出即测序完成后获得的原始下机数据量，有两种展示形式，一种是以 reads 组数来表示，常用数量单位为 M。另一种则以 base 个数来表示，常用数量单位为 G。reads 数据量与 base 数据量之间可互相转换，即 base 数据量=reads 数据量×测序读长，如 SE100 测序下机 reads 数据量为 25M，则其 base 数据量=25×100/1024≈2.44G。PE150 测序下机 reads 数据量为 25M，则其 base 数据量=25×150×2/1024≈7.32G。测序仪的理论 reads 数据产量由载片的规格决定。

2.Fastq 格式

Fastq 格式是一种常用的存储测序数据的文件格式。它包含了测序数据中的碱基序列以及每个碱基的质量值。Fastq 文件通常由四行组成：

Fastq 示例：

```
@K200000051L1C001R0130000121
GACTTCTAAACATAGGTGCAAAA
+
ICF6CICBCBICCC4HCHICCBCICEC
```

第一行以符号"@"开头，后面跟着一个唯一的标识符，用于标识序列的名称或编号在同一份 Fastq 文件中不会重复出现。

第二行是碱基序列，由 A、T、C、G、N 碱基字母组成（N 表示测序时无法被识别出来的碱基）。

第三行以符号"+"开头，可以包含与第一行相对应的标识符，也可以是省略的。

第四行是质量值序列，由 ASCII 字符表示每个碱基的质量值。质量值表示测序数据的可靠性和准确性。每个碱基的质量值与其对应的碱基一一对应。质量值越高，表示测序数据的质量越好，错误率越低。

3.Q20/Q30

Q20/Q30 是高通量测序中常用的质量评估指标。Q20 是指测序数据中碱基的错误率不超过 1%。Q30 是指测序数据中碱基的错误率为 0.1%。

较高的 Q20 或 Q30 值表示更高的测序准确性。在测序数据中，通常用 Q20（%）/Q30（%）来表示碱基识别质量值>20/>30 的碱基占所有碱基的比例。碱基质量值（base quality score，Q-score）是该碱基测序错误率的体现，在下机数据中每个序列的每个碱基都有一个质量值信息，我们通过识别这个质量值信息就可以了解到这个碱基被识别出错的概率是多少。质量值=$-10\lg(P)$，P 为该碱基的测序错误率。

这些质量评估指标是通过测序仪生成的测序数据中的质量值来计算的。质量值是根据测序数据中每个碱基的信号强度和噪声水平来确定的。较高的信号强度和较低的噪声水平会产生更高的质量值，表示更高的测序准确性。

Q20 和 Q30 是评估测序数据质量的重要指标，对确保测序结果的准确性和可靠性非常关键。在高通量测序中，还会展示开始时第一个测序循环的 Q30，测序过程中的 Q30 以及测序完成后的总的 Q30 统计结果。通常测序时要求测序数据的 Q30 值达到一定的标准，以确保高质量的测序结果。

4. 数据拆分率

在高通量测序中，Barcode（也称为 index）通常是一段短的 DNA 序列，在文库构建过程中，会给每个文库分配 Barcode 用于区分样本，它的作用是在测序中将不同样本的 reads 标记起来，它们可以在测序过程中被识别和记录。在混合测序中，测序仪可以根据每个 reads 测得的 Barcode 序列将 reads 标记上 Barcode 号，从而将包含有相同 Barcode 的 reads 合并到同一 Fastq 文件中，同时达到将不同样本的数据进行区分的目的。通过这种方式，可以实现多个样本的并行测序，不仅能提高测序效率还能节约成本。

可识别 Barcode 的 reads 数量除以未识别 Barcode 的 reads 数量即为数据拆分率。数据拆分率可用于对文库或测序质量进行判断。

5. 参考基因组

参考基因组（reference genome）是指在基因组研究中作为比对和分析标准的一个基因组序列。它是一个代表性的、完整的基因组序列，通常是某个物种的基因组序列。

参考基因组在基因组测序和分析中起着重要的作用。它可以作为测序数据的比对标准，通过将测序数据与参考基因组进行比对，可以确定测序数据中的碱基位置和基因组结构。参考基因组还可以用于基因注释，即将测序数据中的基因与参考基因组中的已知基因进行比对和标注，从而确定基因的功能和特征。

6. 比对率

比对率（mapping rate）是指在基因组测序中，测序数据中成功比对到参考基因组的序列数目占总序列数目的比例。它是衡量测序数据中对参考基因组的匹配程度的指标。

比对率可以反映测序数据的质量和准确性。较高的比对率通常表示测序数据中的序列能够较好的与参考基因组进行匹配，说明测序数据的质量较高。相反，较低的比对率可能意味着测序数据中存在较多的测序错误、测序片段过短或与参考基因组不匹配的情况。

7. 测序深度

测序深度是指在高通量测序中，对于一个特定的碱基位置，测序仪所测得的该碱基的读数次数。它反映了测序数据中每个碱基的覆盖程度和可靠性。测序深度通常以×倍表示，对于单个碱基的测序深度为 20×，表示该碱基被测序次数为 20 次；对于区域的平均测序深度为 20×，则表示该区域的所有碱基平均每个碱基被测序的次数为 20 次。

　　测序深度越高，意味着该碱基的测序结果越可靠，因为多次测序可以减少测序误差的影响。同时，较高的测序深度还可以提供更多的信息，例如可以检测低频变异或检测基因拷贝数变异等。测序深度的选择需要根据具体的研究目的和样本特点来确定。对于常见的基因组测序，通常需要较高的测序深度，以确保覆盖整个基因组的大部分区域。而对于转录组测序，由于转录本的表达水平差异较大，通常需要较低的测序深度即可。

　　测序深度的选择还需要考虑成本和数据分析的需求。较高的测序深度会产生更多的数据量，增加数据存储和分析的成本。因此，在实际应用中，需要根据研究目的、样本特点和预算等因素综合考虑，选择适当的测序深度。

8. 目标区域覆盖度

　　目标区域覆盖度（coverage rate）是指在基因组测序中，测序数据中目标区域被测到的程度。通常还会有 1× coverage rate、10× coverage rate 以及 100× coverage rate 的表示方式，用来表示测序数据中，测序深度达到 1×、10× 以及 100× 的碱基的比例。

　　目标区域覆盖度的高低对后续的数据分析和解读非常重要。较高的覆盖度可以提供更准确和更可靠的基因组信息，有助于检测和解读基因变异、寻找潜在的致病突变等。因此，在实际应用中，需要根据研究目的和需求，选择合适的测序深度和测序策略，以达到所需的目标区域覆盖度。

9. 重复序列

　　高通量测序中测序重复序列即 duplicate reads，这些重复序列在总测序序列中的占比简称为 dup rate。由于 PCR 扩增或其他原因，导致同一 DNA 片段被多次放大和测序，这些重复序列可能会对后续的数据分析和解读产生影响。dup rate 的计算通常以百分比形式表示，例如 10% 的 dup rate 表示测序数据中有 10% 的序列是重复的。较低的 dup rate 表示测序数据中的重复序列较少，数据质量较高；而较高的 dup rate 则表示测序数据中的重复序列较多，数据质量较低。

　　控制 dup rate 对于高通量测序非常重要。较高的 dup rate 可能导致数据分析的偏差，降低数据的可靠性和准确性。因此下游生信分析中这些重复序列是需要去除的，这也就意味着 dup rate 越高，数据利用率越低，测序成本浪费的也就越多。因此，在实际应用中，需要采取一些措施来降低 dup rate，例如优化 PCR 扩增条件、提高文库构建时的样本投入量或采用 PCR free 的建库方式。

10. InDel

　　InDel 是指在基因组序列中发生的插入（insertion）或缺失（deletion）事件。这些变异涉及的核苷酸长度可以从一个到数千个。插入是指在基因组中增加额外的核苷酸序列；缺失则是指从基因组中去除一部分核苷酸序列。相对于单核苷酸多态性，InDel 涉及的序列变化更大，因此可能对基因或基因产物的功能产生更显著的影响。

二、单核苷酸多态性

　　单核苷酸多态性（single nucleotide polymorphism，SNP）是指基因组中单个碱基的变异，是遗传学研究中最常见的遗传变异形式之一。

单核苷酸多态性

20 世纪 80 年代初：SNP 的概念被首次提出。当时，研究人员开始意识到基因组中存在大量的单核苷酸变异，并开始研究其在遗传学和人类疾病中的作用。

20 世纪 90 年代：随着人类基因组计划的启动，SNP 的研究进入了一个新的阶段。研究人员开始开发高通量的 SNP 检测技术，以便在整个基因组中快速、高效地鉴定和分析 SNP。

2001 年：国际人类基因组计划完成，人类基因组的参考序列得以确定。这为 SNP 的研究和应用提供了重要的基础。

2005 年：国际人类基因组单体型图计划（HapMap 计划）启动。该计划旨在建立人类基因组中常见 SNP 的高分辨率图谱，以帮助研究人员更好地理解 SNP 的分布和遗传特征。

2007 年：HapMap 计划完成。该计划提供了人类基因组中超过 300 万个 SNP 的详细信息，这为研究人员在人类遗传学、疾病研究和个体识别等领域提供了重要的资源。

21 世纪 10 年代：随着高通量测序技术的发展，SNP 的研究进入了一个新的时代。现代的测序技术可以快速、准确地鉴定和分析大规模的 SNP，为研究个体基因组学、群体遗传学和复杂疾病等提供更多的机会。

目前，SNP 已成为遗传学和基因组学研究中的重要工具。它在个体识别、亲缘关系分析、疾病易感性研究、药物反应预测等方面发挥着重要作用。随着技术的不断进步和研究的深入，SNP 的研究和应用将继续推动遗传学和生物医学领域的发展。等位基因分为纯合子和杂合子，纯合子是指一个在某个特定基因座上的两个等位基因相同，杂合子则相反。以 SNP 位点为例，如 AA\GG\CC\TT 为纯合子，AT\CG\AC\CA 等为杂合子。

在生物信息学和遗传学研究中，有几个常用的单核苷酸多态性数据库，这些数据库为研究人员提供了关于 SNPs 的丰富信息，包括它们的位置、频率、相关疾病和功能影响。下面是一些常用的 SNP 数据库：

dbSNP（database of single nucleotide polymorphisms）：dbSNP 是由美国国立生物技术信息中心（NCBI）维护的一个数据库，其提供广泛的 SNP 数据，包括 SNP 的位置、验证状态和频率信息。

1000 Genomes Project（千人基因组计划）：这是一个国际研究项目，旨在建立最全面的人类遗传变异数据库。该项目提供了不同人群中 SNP 的详细信息。

Ensembl：这是一个基因组资源数据库，提供了广泛的遗传信息，包括 SNP 的位置和功能注释。

HapMap Project：国际人类基因组单体型图计划旨在开发一个全面的人类单倍体型图谱，其中包括大量的 SNP 信息。

GWAS Catalog：全基因组关联研究（GWAS）目录提供了关于已发表的 GWAS 研究和相关 SNP 的信息。

ExAC（exome aggregation consortium）：ExAC 数据库提供了来自多个大型外显子组测序项目的 SNP 和其他遗传变异的聚合数据。

gnomAD（genome aggregation database）：gnomAD 数据库收集并分析了来自多个研究的大量外显子组和基因组数据，提供了大量 SNP 和其他遗传变异的信息。

PharmGKB：这是一个药物基因组学知识库，提供了关于 SNP 和药物反应之间关系的信息。

ClinVar：这是一个关于人类遗传变异及其对人类健康影响的数据库，包括 SNP 和相关疾病的信息。

这些数据库都是生物信息学和遗传学研究中的重要资源，它们通过提供详细的 SNP 数据，帮助科学家和临床研究人员深入理解遗传变异与健康和疾病之间的关系。

SNP 可用于人表型的预测，即使用与目标表型相关 SNP 分析个体的基因型信息进行表型预测。一般包含以下步骤：

（1）数据收集　收集目标表型的相关数据和个体的基因型数据。表型数据可以包括临床测量数据、问卷调查数据等，而基因型数据则可以通过高通量测序或基因芯片等技术获取。

（2）数据清洗和预处理　对收集到的数据进行清洗和预处理，包括去除缺失值、异常值和离群值，进行数据标准化等，以确保数据的质量和一致性。

（3）SNP 选择　从基因型数据中选择与目标表型相关的 SNP。这可以通过关联分析、全基因组关联研究（GWAS）等方法来确定与表型相关的遗传变异。

（4）特征构建　根据选定的 SNP，构建用于表型预测的特征集。这可以是单个 SNP 的基因型编码，也可以是多个 SNP 的组合或其他特征的组合。

（5）模型训练　使用机器学习或统计学方法，根据特征集和目标表型数据，训练预测模型。常见的模型包括逻辑回归、支持向量机、随机森林等。

（6）模型评估和优化　对训练好的模型进行评估，使用交叉验证、ROC 曲线、精确度、召回率等指标来评估模型的性能。如果模型性能不理想，可以进行参数调整、特征选择等优化步骤。

（7）表型预测　使用训练好的模型，对新的个体基因型数据进行预测，得到其对应的表型预测结果。

本教材所使用个体识别试剂盒包含 25 个人类表型高度相关的 SNP，在后续的学习中将使用已训练的 HIrisPlex 模型进行表型预测。需要注意的是，使用表型相关 SNP 进行表型预测是一种关联性方法，它可以帮助我们理解遗传因素对表型的影响，但并不一定能够提供因果关系。此外，表型预测的准确性还受到多种因素的影响，包括样本大小、SNP 选择的准确性、模型的选择和优化等。因此，在进行表型预测时，需要谨慎解释和评估结果，并结合其他证据进行综合分析。

三、Linux 操作系统基本介绍

Linux 是一种广泛使用的开源操作系统，它基于 Unix，被设计用于提供一个稳定、多用户、多任务的环境。Linux 有许多不同的发行版，如 Ubuntu、Fedora、Debian 等。

提供图形用户界面（GUI）的 Linux 发行版 Ubuntu 使得 Linux 操作更加直观和用户友好。下面是一些基于 GUI 的 Linux 发行版的基本操作介绍。以 Ubuntu 为例，因为 Ubuntu 是最受欢迎的 Linux 发行版之一，具有易用的 GUI 和广泛的用户基础。

1. 桌面环境
Ubuntu 的默认桌面环境是 GNOME。桌面包括顶部面板、显示时间、网络和电源设置，以及左侧的快速启动栏。

2. 应用程序访问
活动概览：点击左上角的"活动"或按下 Super（Windows 键），可以查看正在运行的应用和虚拟桌面。

应用显示器：点击左侧快速启动栏底部的"显示应用程序"按钮，可以查看所有可用的应用程序。

3. 文件管理

文件浏览器：默认文件管理器叫"文件"，用于访问、管理和组织文件和文件夹。

操作文件：通过右键单击文件或文件夹，可以访问上下文菜单进行各种操作，如打开、复制、移动或删除。

4. 系统设置

设置访问：通过点击右上角的电源按钮，然后选择"设置"，可以访问系统设置。

配置网络：在"设置"中，可以配置 Wi-Fi、蓝牙和其他网络设置。

显示和声音：调整屏幕分辨率、亮度或声音设置。

5. 软件安装和更新

Ubuntu 软件中心：用于安装、更新和管理软件应用。可以通过搜索来找到新的应用程序并进行安装。

6. 终端使用

即使是 GUI 发行版，终端仍然是一个强大的工具，允许通过文本命令来控制和操作系统。可以通过搜索"终端"或使用快捷键 Ctrl+Alt+T 来启动。以下是一些常用的基本 Linux 命令及其使用方法的简介：

① 目录操作

pwd：显示当前目录（Print Working Directory）的路径。

cd：更改目录（Change Directory）。

进入某个目录：cd /path/to/directory

返回上一级目录：cd ..

返回用户的 home 目录：cd ～

ls：列出当前目录下的文件和文件夹（List）。

列出文件：ls

列出文件及详细信息：ls -l

列出所有文件（包括隐藏文件）：ls -a

② 文件操作

touch：创建一个新的空文件。

touch filename

cp：复制文件或目录（Copy）。

cp source destination

mv：移动或重命名文件或目录（Move）。

mv source destination

rm：删除文件或目录（Remove）。

删除文件：rm filename

删除目录及其内容：rm -r directoryname

③　查看和编辑文件

cat：查看文件内容（concatenate）。

cat filename

nano、vi、vim：文本编辑器，用于编辑文件。

nano filename

④　权限管理

chmod：更改文件或目录的权限（Change Mode）。

chmod 755filename

chown：更改文件或目录的所有者（Change Owner）。

chown username：groupname filename

⑤　获取帮助

man：显示命令的手册页（Manual）。

man command

command –help：显示命令的帮助信息。

command –help

⑥　系统信息

uname：显示系统信息。

uname -a

hostname：显示或设置系统的主机名。

hostname

⑦　文件和文本处理

grep：在文件中搜索字符串。

grep "text" filename

sed：编辑器，用于处理文本。

sed 's/old/new/' filename

awk：强大的文本分析工具。

awk '/pattern/ {action}' filename

sort：对文件中的行进行排序。

sort filename

diff：比较两个文件的不同之处。

diff file1file2

⑧　磁盘使用

df - 显示磁盘空间使用情况。

df -h

du - 显示目录或文件的磁盘使用量。

du -sh /path/to/directory

⑨　进程管理

ps：显示当前进程。

ps aux

top：实时显示进程动态。

top

kill：发送信号到进程。

kill PID

⑩ 网络工具

ping：测试与远程系统的连通性。

ping google.com

netstat：显示网络连接、路由表、接口统计等信息。

netstat -a

wget：从网络上下载文件。

wget [URL]

curl：与服务器交互和传输数据。

curl [URL]

⑪ 系统管理

sudo：以其他用户身份执行命令，通常用于执行需要管理员权限的命令。

sudo apt update

useradd/userdel：创建或删除用户。

useradd newuser

userdel olduser

chmod/chown：更改文件权限和所有权。

chmod 755file

chown user：user file

⑫ 归档和压缩

tar：创建和操作归档文件。

tar cvf archive.tar files

gzip/gunzip：压缩或解压缩文件。

gzip file

gunzip file.gz

⑬ 查找和定位文件

find：在目录树中查找文件。

find /path/to/dir -name "filename"

locate：使用预建的数据库快速查找文件的位置。

locate filename

需要注意的是，Linux 命令区分大小写，所以必须准确地输入命令。这些命令只是 Linux 终端提供的众多功能中的一小部分。随着对 Linux 的了解加深，会发现更多强大的命令和功能。

7.帮助和支持

可以通过在线论坛、问答网站和官方文档获得帮助和支持。

四、生物信息学分析简介

在 21 世纪的生物科学领域，生物信息学已经成为一个关键的交叉学科，它不仅改变了我们进行科学研究的方式，也极大地丰富了我们对生命现象的理解。随着高通量测序技术的快速发展，我们现在能够以前所未有的速度和精度获取大量生物数据。这些数据涵盖了从基因组序列到转录组表达模式，从蛋白质相互作用网络到表观遗传标记，为揭示生命的复杂性提供了宝贵的资源。然而，正是这些数据的庞大和复杂性，使得生物信息学分析成为科研过程中不可或缺的一环。

生物信息学的核心在于利用计算工具和统计方法来分析、解释这些生物数据。这不仅包括了基本的数据处理，如数据质量控制和序列比对，还包括了更为复杂的生物学解释，如变异检测、基因表达分析和系统生物学建模等。生物信息学的应用非常广泛，不仅帮助科学家们解析了基因组的奥秘，还在个性化医疗、药物设计、农业改良等多个领域发挥着重要作用。随着科技的进步，生物信息学的分析方法也在不断地发展和完善，使得我们能够更准确、更高效地处理和分析数据，从而揭开生命科学的新篇章。

要有效地进行生物信息学分析，需要对数据的来源和性质有深入理解，同时还需要掌握相关的计算和统计技术。例如，高通量测序数据分析是一个典型的生物信息学应用。这一过程通常包括数据质量控制、序列比对、变异检测、功能注释等多个步骤。每一个步骤都有其独特的目的和挑战，需要精确的策略和工具来完成。

数据质量控制是确保数据准确性的基础。在这一步骤中，我们需要评估原始测序数据的质量，剔除低质量的读段，以减少后续分析中的误差。序列比对是生物信息学分析中的另一个关键环节，这一步骤涉及将测序读段映射到参考基因组或转录组上，为后续的变异检测、基因表达分析等提供基础。变异检测是鉴定个体基因组中的遗传变异，如单核苷酸多态性和插入缺失等。这一步骤对于理解遗传多样性、疾病关联研究以及种群遗传学研究至关重要。功能注释则进一步解释这些变异在生物学上的意义，如变异是否位于编码区域，是否可能影响蛋白质功能等。

1. 数据质量控制（quality control，QC）

测序数据往往含有技术误差，如接头序列、低质量读段等，这些会影响后续分析的准确性。QC 的目的是评估测序数据的质量，并清除不合格的数据，以保证后续分析的准确性。

具体操作步骤如下：

使用 FastQC：

① 安装 FastQC 并运行，对 Fastq 文件进行质量检查。

② 查看输出报告，关注参数如 Q 分数分布、序列长度分布、GC 含量等。

③ 使用 Trimmomatic。

④ 安装并运行 Trimmomatic。

⑤ 根据 FastQC 报告，设定参数去除接头序列、剪切低质量端序列。

2. 比对（alignment）

比对是将测序得到的短读段（reads）对应到参考基因组上的过程。正确的比对对于后续变异检测、基因表达分析至关重要。

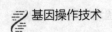

具体操作步骤如下：

下载参考基因组：

① 从 NCBI 或 Ensembl 等数据库下载相应物种的参考基因组。

② 使用 BWA 或 Bowtie2 进行比对。

③ 安装 BWA 或 Bowtie2。

④ 运行软件，将 QC 后的读段比对到参考基因组。

3.SNP 分型（SNP genotyping）

SNP 分型是确定样本在特定 SNP 位点的基因型（如 AA、AB、BB）。SNP 分型对于关联研究、种群遗传学研究等非常重要。

具体操作步骤如下：

使用 SAMtools/BCFtools 处理比对结果：

① 安装并运行 SAMtools/BCFtools，对比对后的 BAM 文件进行排序、索引。

② 使用 GATK 进行 SNP 鉴定。

③ 安装 GATK。

④ 运行 GATK 的 HaplotypeCaller 等工具，进行 SNP 的鉴定和过滤。

4. 表型预测

结合已知的基因型-表型关联数据，预测样本可能的表型。表型预测对于疾病预测、个性化医疗等领域极为重要。

具体操作步骤如下：

建立预测模型：使用统计软件（如 R、Python）分析 SNP 数据与已知表型之间的关联。

应用模型进行预测：将新的 SNP 数据应用到模型中，进行表型预测。

5. 数据可视化和撰写报告

数据可视化可以帮助我们更好地理解数据，展示分析结果。撰写报告是分享和交流研究成果的重要途径。

具体操作步骤如下：

① 使用 IGV 进行可视化：a. 安装 IGV。b. 加载比对、变异数据，观察关键区域。

② 撰写报告：使用 R Markdown、Jupyter Notebook 等工具整合代码、结果和解释。

在进行这些操作时，要确保理解每个步骤的目的和背景知识。这些步骤涉及复杂的生物信息学分析，因此建议实验者在实际操作中参考相关文献和在线教程，以获得更具体的指导。同时，这些步骤也可能需要根据具体研究目的和实验设计进行适当调整。

五、个体识别数据质控及生物信息分析原理

个体识别文库完成高通量测序后，需要进行数据的生物信息分析，通过生物信息分析可获得包括数据的基础质控、SNP 分型和根据 SNP 分型进一步解读的表型预测等一系列生物信息分析结果，该过程可通过部署在 Linux 系统上的数据分析软件 FIS_Traits 完成，其基本分析流程如图 6-1 所示。

1. 数据过滤、比对和质控

首先对低质量序列、含 N 较多的序列进行过滤操作，留下高质量的序列用于后续分析；

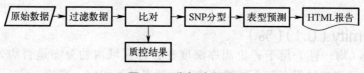

图 6-1 分析流程图

其次，将过滤后的序列回贴至自建参考序列，定位序列来源于参考序列的位置；随后，对目标区域的覆盖度情况进行统计；最终，输出原始数据量、过滤前后 Q20/Q30 比例、过滤比例、目标区域序列占比、目标区域中覆盖深度大于 100× 的位点占比以及 0.1× 深度均一性等指标，判定样本是否质控合格。

2.SNP 分型

基于贝叶斯遗传变异检测器，输出每个表型 SNP 位点的基因型，以及每个 SNP 位点的A、T、C、G 碱基深度，并根据深度信息进行位点质控。

3. 表型预测

依据 HIrisPlex 模型，预测个体瞳孔颜色、发色；依据特定 SNP 位点分型结果，预测个体耳垢类型、体味类型、乳糖耐受情况、肌肉性状、酒精反应和肤色。

4. 报告生成

以 python 脚本生成整体以及单个样本的 HTML 报告。

六、个体识别生物信息分析指标的意义

个体识别数据质控
及生物信息分析指标

对个体识别高通量测序数据进行生物信息分析后，将会生成专属于每个样本的网页版报告，报告中包含样本文库测序数据的质控结果，包含 RawReads（M）、Clean-Q30（%）、TargetOnMap（%）、Coverage>=100×（%）、Uniformity（0.1）（%）等指标，每个指标对该样本的数据质控都有重要意义。

1.RawReads（M）

RawReads 是指样本文库测序后获得的原始测序数据，数量单位为 M，RawReads 通常以 Fastq 格式存储。

2.Clean-Q30（%）

Clean-Q30 是指在测序数据处理过程中，对含测序接头或者含"N"比例过高的低质量reads 进行过滤，保留质量较高数据后达到 Q30 的碱基比例。数据过滤可以提高测序数据的质量和可靠性，减少错误和噪声的影响，从而提高后续的数据分析和解读的准确性。

3.TargetOnMap（%）

TargetOnMap 是指样本分析数据中，比对到目标区域的数据与比对到参考基因组的数据的比值。通常 TargetOnMap 用于评价目标区域捕获/扩增的特异性。高特异性意味着文库构建及测序情况良好；反之，意味着文库可能存在污染、扩增异常或高二聚体比例等风险，对分析结果会产生不利影响。

4.Coverage>=100×（%）

Coverage>=100×（%）是指测序数据中覆盖深度达到或超过 100 倍的比例。在个体识别数据生物信息分析中，为保证 SNP 分型的准确性及可靠性，将 SNP 分型的输出阈值设定为 100×，采用 Coverage>=100×（%）指标进行覆盖度的评价可间接判断 SNP 分型的检出

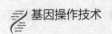

情况。

5.Uniformity（0.1）（%）

Uniformity（均一性）用于评价测序深度在目标区域内的分布是否均匀。换句话说，Uniformity 反映了测序过程中每个碱基被读取的频率是否相似。高的 Uniformity 意味着每个碱基都有相似的测序深度，而低的 Uniformity 则表示某些区域的测序深度明显高于其他区域。均匀的测序深度分布对于准确地检测变异和进行可靠的基因表达分析非常重要。同时，高的 Uniformity 数据的整体数据利用率更高，从而可帮助降低测序成本。Uniformity（0.1）（%）表示达到目标区域内所有碱基平均测序深度的 0.1 倍深度的碱基占所有碱基的比例。相应的也会存在 Uniformity（0.2）（%）或者 Uniformity（0.3）（%）的表示方式，指标中要求达到平均深度的倍数越高，表示其要求越高。

Uniformity 的影响因素包括测序方法、文库制备过程和测序平台的性能。例如，PCR 扩增过程中的偏差、文库中 DNA 片段的长度差异以及测序平台的技术限制都可能导致 Uniformity 的降低。

在实际应用中，高 Uniformity 的测序数据更有助于准确地检测低频变异、提高基因表达定量的可靠性，并降低由于测序深度差异引起的假阳性或假阴性结果的风险。因此，在高通量测序中，评估和优化 Uniformity 是确保测序数据质量和可靠性的重要步骤之一。通过选择适当的测序方法、优化文库制备过程和选择性能良好的测序平台，可以提高 Uniformity 并获得更可靠的测序结果。

‹ 项目实施

任务一

测序数据质量控制及生物信息分析任务投递

》任务描述 在前面的任务中已完成了个体识别文库的制备和 DNB 制备及上机测序，接下来需要对个体识别文库高通量测序下机报告进行评价，并搭配适用于个体识别文库的集成分析软件 "FIS_Traits" 进行个体识别高通量测序数据生物信息分析任务投递，以获得生信分析报告交付客户。

一、任务单分析

》引导问题 通过对下机报告的解读，我们可以获取到哪些信息帮助我们进行测序质量的评价？

领取下机数据质量控制及 "FIS_Traits" 分析任务投递任务单（表6-1），明确工作内容相关要求及注意事项，列出工作要点。

表 6-1 下机数据质量控制及"FIS_Traits"分析任务投递任务单

类别	项目	详细信息/任务描述
基本信息	数据名称	[××]
	数据从属人	[××]
	联系方式	[××]
	日期	[××]
测序数据信息	上机时间	[××]
	样本数量	[××]
	测序类型	[××]
	Barcode 信息	[××]
	数据存放路径	[××]
分析任务	下机数据质量控制	对测序下机各项指标进行解读，评估测序质量
	个体识别生信分析任务投递	使用"FIS_Traits"生信分析软件对下机数据进行生信分析任务投递

二、高通量测序下机报告分析

DNB测序下机
报告解读

>> 引导问题 下机报告中的各项指标与文库质量、测序质量是如何关联的？

高通量测序完成后，测序仪会自动对下机的测序数据进行总结，并输出该次测序所有数据的总结报告（图 6-2）。

下机报告路径：

/home/ecoli/Downloads/OnlineRsv/run****_xxx/basecall/OutputFq/xxx/L01 其中 **** 代表时间戳，xxx 代表芯片号，如：/home/ecoli/Downloads/OnlineRsv/run20230811174254_A1220704156/basecall/OutputFq/A1220704156/L01。

Category	Value
BaseCall Ver	1.0.1.5
Template Ver	1.002.002
Machine Ver	V2.5.5.12
Machine ID	R213100022024
Flow cell ID	A1220704156
Reagent ID	Q0123080100150
DNB ID	IDV2-1-48
Start Sequence Time	2023/08/11 17:42:53
Barcode Name	MGI_Single.txt
CycleNumber	70
ActivePixelsNum(M)	37.17
TotalReads(M)	26.15
LoadingRate%	80.17
ESR%	100
Q30%	98.45
Lag%	0.14
Runon%	0.09
SplitRate%	87.74

图 6-2 下机报告汇总表示例

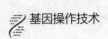

图 6-2 中相应指标意义如表 6-2 所示。

表 6-2　相应指标意义

项目	值	意义
BaseCall Ver	1.0.1.5	BaseCall 算法版本号
Template Ver	1.002.002	Summary Report 报告模板版本
Machine Ver	V2.5.5.12	仪器软件版本
Machine ID	R213100022024	仪器 SN 编号
Flow cell ID	A1220704156	当前测试载片 ID
Reagent ID	Q0123080100150	当前测试试剂盒 ID
DNB ID	IDV2-1-48	当前测试 DNB ID
Start Sequence Time	2023/08/11 17：42：53	当前测试开始时间
Barcode Name	MGI_Single.txt	当前测试所用 Barcode 列表
CycleNumber	70	当前测试总读长（含 Barcode）
ActivePixelsNum（M）	37.17	当前载片有效像素点数
TotalReads（M）	26.15	当前载片有效 Reads
LoadingRate%	80.17	DNB 加载率
ESR%	100	有效 Reads 数的比率
Q30%	98.45	当前测试下机测序数据的 Q30 比例
Lag%	0.14	当前测试测序过程滞后信号的比例
Runon%	0.09	当前测试测序过程超前信号的比例
SplitRate%	87.74	Barcode 拆分率

除此之外，下机报告中的图 6-3～图 6-7 在每次测序完成后仍需重点关注。

1. 测序过程 Q30 示意图

测序过程 Q30 监测示意图如图 6-3 所示。

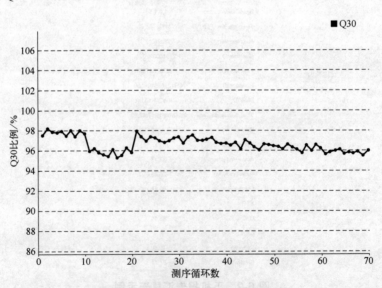

图 6-3　测序过程 Q30 监测示意图

图 6-3 中横坐标表示测序循环数，纵坐标表示 Q30 比例。监测每个循环 Q30 值的目的是了解测序过程中每个碱基的测序质量情况。通过监测 Q30 值，可以判断测序过程中是否存在碱基质量下降的情况，例如测序仪的信号强度下降、试剂的质量问题或者文库质量问题。如果某个循环的 Q30 值较低，可能意味着该碱基的质量较差，需要进一步检查并且采取适当的处理措施。

2.Barcode 拆分分布图

Barcode 拆分分布图如图 6-4 所示。

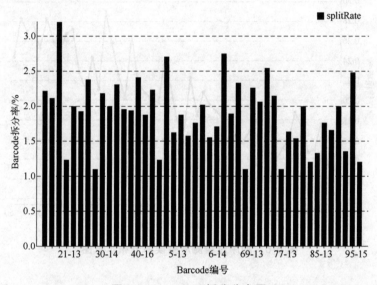

图 6-4 Barcode 拆分分布图

图 6-4 中横坐标表示 Barcode 编号，纵坐标表示该 Barcode 的拆分率。通过图 6-4 可清晰看见各 Barcode 数据的拆分情况。

3. 测序过程碱基分布示意图

测序过程碱基分布示意图如图 6-5 所示。

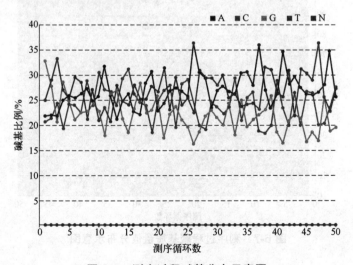

图 6-5 测序过程碱基分布示意图

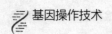

图 6-5 中横坐标表示测序循环数,纵坐标表示该循环数据中各碱基的比例。监测测序过程中的碱基分布可以提供关于数据质量、测序错误、均衡性和样本污染等方面的信息。这些信息对评估数据可靠性、纠正错误和优化测序过程非常重要。

4. 测序过程测序错误率分布示意图

测序过程测序错误率分布示意图如图 6-6 所示。

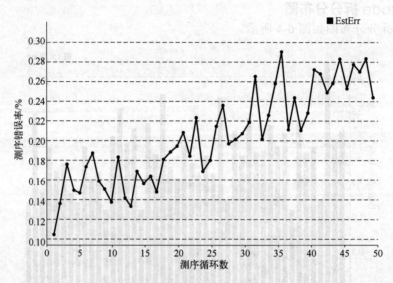

图 6-6　测序过程测序错误率分布示意图

图 6-6 中横坐标表示测序循环数,纵坐标表示该循环数预估的测序错误率。与监测过程 Q30 的目的相同,用于监测测序过程的质量。

5. 测序过程碱基质量值分布示意图

测序过程碱基质量值分布示意图如图 6-7 所示。

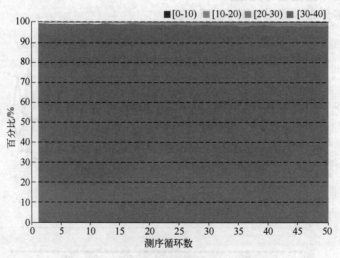

图 6-7　测序过程碱基质量值分布示意图

图 6-7 中横坐标表示测序循环数，纵坐标表示该循环数下，不同质量碱基的分布情况。与监测过程 Q30 和测序错误率目的相同，用于监测测序过程的质量。

三、生信分析任务投递

>> **引导问题**　　如何正确地找到自己的样本数据并为其投递分析任务？

个体识别分析任务投递

术语和定义

（1）【主程序路径】　此路径为 FIS.Traits 软件存放位置。

（2）【下机路径】　此路径为原始 Fastq 数据存放位置，建议下机根目录固定且可区分芯片号。

（3）【分析路径】　此路径为分析输出路径，建议分析根目录固定并使用分析日期&芯片号&识别标签的规则命名新建分析文件夹（避免使用中文、特殊字符与空格）。

（4）【分析列表】　此文件用于指定分析样本名称和 Fastq 路径，分析列表分为两列，列与列之间使用制表符（Tab）分隔。分析列表格式说明如表 6-3 所示。

表 6-3　分析列表格式说明

列号	描述	注意事项
第一列	样品名称	填写的样本名称要避免重复，避免使用中文、中文字符以及空格
第二列	Fastq 完整路径	需按照 Linux 文件路径规则填写，即以正斜杠（/）为目录

小提示：

① 【分析列表】必须为 TXT 格式，避免使用 Excel 格式；若需要，可先用 Excel 编辑完成列表后，再另存为以 Tab 分隔的 TXT 格式。

② 本教材均以 DNBSEQ-E25RS 配套服务器默认路径为例说明，真实环境运行时可按实际情况对应。

步骤一：数据及样本列表准备

① 根据建库实验过程中的 Barcode 记录，在【下机路径】中确认存在原始 Fastq 数据文件，【下机路径】即：/home/ecoli/Downloads/OnlineRsv/run****_xxx/basecall/ OutputFq/xxx/L01，其中****代表时间戳，xxx 代表芯片号，如：/home/ecoli/Downloads/ OnlineRsv/run20230811174254_A1220704156/basecall/OutputFq/A1220704156/L01。

② 在分析根目录（/home/ecoli/Desktop/Analysis/FIS_Traits）中，建议以分析日期+芯片号+识别标签的方式新建分析文件夹，确定【分析路径】，如：/home/ecoli/Desktop/Analysis/FIS_Traits/20230927.A1220704156.example。

③ 在【分析路径】中新建【分析列表】，如：/home/ecoli/Desktop/Analysis/FIS_Traits/20230927.A1220704156.example/sample.txt，具体内容示例如表 6-4。

表 6-4　分析列表示例

SampleA	/home/ecoli/Downloads/OnlineRsv/run20230811174254_A1220704156/basecall/OutputFq/A1220704156/L01/A1220704156_L01_15-15.fq.gz
SampleB	/home/ecoli/Downloads/OnlineRsv/run20230811174254_A1220704156/basecall/OutputFq/A1220704156/L01/A1220704156_L01_13-13.fq.gz

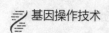基因操作技术

步骤二：命令与运行

主程序使用说明

FIS_Traits 软件用法简单，程序自动并行处理，并最终输出报告。

运行程序命令行：【Python3 软件路径】【主程序路径】 -i 【分析列表】 -d 【分析路径】。

运行程序

① 登录测序仪服务器主界面，测序仪服务器主界面如图 6-8 所示。

图 6-8　登录服务器主界面

② 在主界面，双击打开桌面【Analysis】文件夹，点击右键选择【Open in Terminal】。打开终端（图 6-9），终端界面如图 6-10 所示。

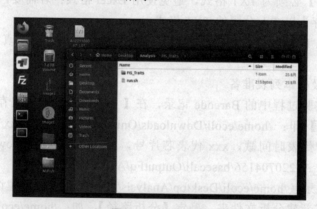

图 6-9　打开终端

图 6-10　终端界面

210

③　在终端界面，输入命令行（可参考 run.sh 文件内容），如下：/Pipeline/FIS.Traits/tools/python3/Pipeline/FIS.Traits/FIS.trait.py-i/home/ecoli/Desktop/Analysis/FIS.Traits/<u>20230927.A1220704156.example/sample.txt</u> -d/home/ecoli/Desktop/Analysis/FIS.Traits/<u>20230927.A1220704156.example</u>

小提示： 在实际应用中，可根据实际情况替换上面命令中<u>下划线部分</u>。

步骤三： 等待程序运行并查看结果

①　输出正确命令行后，点击【Enter】，终端会依次显示如下信息，当出现"Pipeline done"时即为整个程序运行完成。

```
Pipeline started at 2023-09-27 15:42:11
Step1：Find Fastq started at 2023-09-27 15:42:11
Step1：Find Fastq done at 2023-09-27 15:42:11
Step2：Fastq Clean started at 2023-09-27 15:42:11
Step2：Fastq Clean done at 2023-09-27 15:42:17
Step3：Alignment started at 2023-09-27 15:42:17
Step3：Alignment done at 2023-09-27 15:42:41
Step4：SNP Calling started at 2023-09-27 15:42:41
Step4：SNP Calling done at 2023-09-27 15:42:43
Step5：Traits Predict started at 2023-09-27 15:42:43
Step5：Traits Predict done at 2023-09-27 15:42:43
Step6：Basic Statistics started at 2023-09-27 15:42:43
Step6：Basic Statistics done at 2023-09-27 15:42:44
Step7：Result Report started at 2023-09-27 15:42:44
Step7：Result Report done at 2023-09-27 15:42:45
Step8：HTML Report started at 2023-09-27 15:42:45
Step8：HTML Report done at 2023-09-27 15:42:50
Pipeline done at 2023-09-27 15:42:50
```

小提示： 请勿关闭终端页面。预计等待时间约为 1～5min（与样本量有关）。

②　流程运行完成后，请在指定【分析路径】中查看结果。例如，在终端输入"cd /home/ecoli/Desktop/Analysis/FIS_Traits/20230927.A1220704156. example/03.Result"，可进入分析结果路径。或在主界面中双击打开桌面【Analysis】文件夹，点击【FIS_Traits】，选择目标文件夹，点击【03.Result】。

分析结果文件夹中，共包含三个子文件夹：01.Data（输入样本信息），02.Analysis（分析中间文件）和 03.Result（分析结果文件）。其中，在 03.Result 目录汇总了每个分析模块的最终结果，HTML 文件夹包含主报告和单样本报告。

四、工作记录

任务完成后，填写下机数据质量控制机分析任务投递工作记录表（表 6-5）。

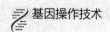

表 6-5　下机数据质量控制机分析任务投递工作记录表

记录人姓名：	日期：		
序号	项目	记录	备注
1	BaseCall Ver		
2	Machine Ver		
3	Machine ID		
4	Flow cell ID		
5	Reagent ID		
6	DNB ID		
7	Start Sequence Time		
8	Barcode Name		
9	CycleNumber		
10	TotalReads（M）		
11	Q30%		
12	SplitRate%		
13	待分析样品名称		
14	Barcode 号		
15	数据路径		
16	样本列表准备		
17	分析结果存放路径		
18	是否成功投递分析任务		

五、任务评价

任务完成后，按表 6-6 进行个体识别 DNB 文库测序任务评价。

表 6-6　个体识别 DNB 文库测序任务评价表

班级：		姓名：	组别：		总分：	
序号	评价项目	评价内容		分值	评价主体	
					学生	教师
1	职业素养	正确穿戴实验服及手套		5		
		良好的沟通协调能力		5		
		保持整洁有序的操作台面		5		
		具备责任心和谨慎态度		5		
2	任务单分析	自主查阅资料，学习高通量测序数据控制相关背景知识		5		

续表

序号	评价项目	评价内容	分值	评价主体	
				学生	教师
3	任务实施	下机报告获取熟练度	5		
		下机报告各数据指标解读准确度	20		
		生信分析信息表格准备准确度	20		
		分析任务成功投递	20		
4	工作记录	填写完整工作记录	10		
合计			100		
教师评语：				年 月 日	

技能要点

① 运行程序前应反复确认样本信息是否正确。

② 命令运行请注意文件路径的字母大小写，避免使用中文输入法。

③ 命令行中请注意空格。"-i"和"-d"字符前后均需要空格分隔。

④ 程序运行中，应避免在终端界面进行其他操作。

异常处理

若命令行运行失败，请仔细核查 Fastq 文件路径是否正确，文件是否使用 Tab 分隔。核查命令行输入是否有错误，空格使用是否恰当。

课堂小思考

1. 为什么相较于 windows 系统，空格的使用在 Linux 操作系统中尤为重要？

2. 如在 windows 系统中编辑，如何将输入文本改为 Linux 系统兼容的 TXT 格式文档？

3. 命令行中的"-i"和"-d"可以用大写吗？

任务二

生物信息分析结果解读

>> **任务描述**　在前面的任务中，我们已经完成了对客户样本的生信分析任务投递，接下来需要对分析后形成的分析报告进行解读。此阶段的重点在于深入理解报告中的数据，将复杂的生物信息学结果转化为易于理解的生物学含义。本任务中我们将对关键发现进行审查，包括生信数据质量控制、位点分型结果以及这些分型可能对样本所代表的生物体表型的指示。

一、任务单分析

领取检测结果分析与解读任务单（表 6-7），明确工作内容、相关要求及注意事项，列出工作要点。

表 6-7　检测结果分析与解读任务单

类别	项目	详细信息/任务描述
基本信息	数据名称	[XX]
	测序类型	SE50+10
	Barcode 信息	[XX]
	分析时间	[XX]
分析结果/报告解读	生信基础质控指标解读	对数据各生信基础指标进行解读
	表型结果解读	对各表型结果进行解读

二、分析报告的分析与解读

检测结果分析与解读

>> 引导问题　如何通过生信分析结果推断文库的质量？

分析结果目录

1. 分析结果路径为：【分析路径】/03.Result。分析结果目录结构如下：

```
|-- 20230927.R1.DataProduction.xlsx
|-- 20230927.R2.SNP.xlsx
|-- 20230927.R3.Trait.xlsx
|-- DataProduction
|   |-- DataProduction.xls
|   |-- list
|   |-- Region.summary
|   `-- SampleQC.log
|-- Html
|   `-- FinalResult
|-- SNP
|   |-- genotype.summary
|   `-- list
`-- Trait
    |-- list
`-- Total.traits
```

小提示：在目录结构树中，文件夹以灰底形式区分。xlsx 文件名称与分析时间有关，仅供参考。

2. 网页报告结果

① 网页报告结果路径为：【分析路径】/03.Result/Html/FinalResult。其中 main_cn.html/main_en.html 是中文/英文版主报告，Sub_web 目录下包括以样本名命名的单独文件夹，Summary 目录下包括主报告依赖的表格、图片等汇总信息。目录结构如下：

```
|-- main_cn.html
|-- main_en.html
|-- Sub_web
`-- Summary
```

②　全样本分析结果路径：【分析路径】/03.Result/Html/FinalResult/Summary，目录结构如下：

```
|-- 1_AllSampleQcSum.xlsx
|-- 2_BasicCount.xlsx
|-- 3_SampleList.xlsx
`-- 4_Image
  |-- Figure1.html
  |-- Figure2.html
  `-- src
      `-- echarts.min.js
```

③　单个样本分析结果路径：【分析路径】/03.Result/Html/FinalResult/Sub_web/样本名。目录结构如下（以 SampleA 为示例）：

```
.
|-- 0-QC
|   `-- 0-QC.xlsx
|-- 1-Trait
|   |-- Char.xlsx
|   `-- trait.xlsx
|-- 2-Image
|   |-- Char.html
|   `-- src
|       `-- echarts.min.js
|-- SampleA_cn.html
`-- SampleA_en.html
```

3. 结果文件解释

（1）总体样本结果

①　AllSampleQcSum.xlsx：该项结果汇总统计该分析批次每项质控指标下的通过率（表6-8），每项指标的含义如注释。

表 6-8　AllSampleQcSum.xlsx 表格示例

Item	Total	Pass	Pass-rate
RawReads>=0.5M	48	48	100.00%
Coverage（>=100×）	48	48	100.00%
Uniformity（0.1）	48	48	100.00%

条目注释：

【RawReads>=0.5M】：原始下机序列（reads）数，单位为 M。若某样本该指标大于或等于 0.5M，则该样本该指标为通过（Pass），最终可得到该指标整体样本通过率（Pass_rate）。

【Coverage（>=100×）】：目标区域中覆盖深度大于 100× 的位点比例。若某样本项指标大于或等于 95%，则该样本该指标为通过（Pass），最终可得到该指标在整体样本中通过率（Pass_rate）。

【Uniformity（0.1）】：测序深度大于平均深度的 10% 的碱基位点占目标区域碱基位点总数的比例。若某样本指标大于或等于 90%，则该样本该指标为通过（Pass），最终可得到该指标在整体样本中通过率（Pass_rate）。

② BasicCount.xlsx：该项结果汇总统计每个样本在各个质控指标下的具体值以及是否质控通过。若质控失败，则列出失败原因。每条质控条目具体含义如表 6-9。

表 6-9　BasicCount.xlsx 表格条目解释

条目	解释
SampleCode	样本名
RawReads（M）	原始下机序列（reads）数，单位为 M
Raw-Q20（%）	原始下机序列的碱基错误识别概率不大于 1% 的比例
Raw-Q30（%）	原始下机序列的碱基错误识别概率不大于 0.1% 的比例
Clean-Q20（%）	过滤后序列的碱基错误识别概率不大于 1% 的比例
Clean-Q30（%）	过滤后序列的碱基错误识别概率不大于 0.1% 的比例
FilterRate（%）	总共过滤掉的序列的比例
TargetOnMap（%）	比对上目标区域的数据与比对到参考基因组的数据的比值
Coverage>=100×（%）	目标区域中覆盖深度大于 100× 的位点比例
Uniformity（0.1）（%）	测序深度大于平均深度的 10% 的碱基位点占目标区域碱基位点总数的比例
SampleQC	样本质控是否合格，可能值为 PASS 或 FAIL。样本质控标准要求 Coverage≥100×（%）不低于 95%、Uniformity（0.1）（%）不低于 90%。满足以上条件的样本质控结果为 PASS，否则为 FAIL
SampleQCInformation	若 SampleQC 不通过，则此值列出具体质控失败信息，反之，该值为"-"

③ SampleList.xlsx：该项列出了分析样本列表，且包括每个样本的 SampleQC 以及 SampleQCInformation 结果。

④ Image：该项文件夹包括了总体样本质控的视图 HTML 网页，以及视图所需的框架 JS 文件。

a.Figure1.html，横坐标为样本名，左纵坐标是 Coverage（>=100×）/Uniformity（0.1）的刻度轴，右纵坐标是 RawReads 的刻度轴。图中可看出整体样本的 Coverage（>=100×）/Uniformity（0.1）/RawReads 的分布情况，可通过点击最上端的图例显示/隐藏该项。

b.Figure2.html，横坐标为样本名，纵坐标是 Clean-Q30/TargetOnMap 的刻度轴。图中可看出整体样本的 Clean-Q30/TargetOnMap 的分布情况，可通过点击最上端的图例显示/隐藏该项。

（2）单样本结果

① QC：该项文件夹包括 0-QC.xlsx 表格列出了单个样本质控信息列表。

② Trait：该项文件夹包括了 Char.xlsx 文件和 trait.xlsx 文件，Char.xlsx 文件列出了 25 个表型 SNP 位点分型结果以及 A、T、C、G 四碱基深度；trait.xlsx 文件列出了样本表型特征。具体详细字段解释如表 6-10 和表 6-11 所示。

表 6-10　Char.xlsx 表格条目解释

条目	解释
SNP_Marker	所检测的 SNP 位点
SNP_Genotype	该位点检测出的基因型。除正常分型结果外，可能存在位点分型为 NA，该情况代表该位点分型失败，可能的原因是该位点的深度小于 100× 或者未检出
AlleleRatio	等位基因深度比例值。若该位点为纯合或者野生型，则该值为 0，反之为一个数值小于 1 的四位小数
Type	该 SNP 位点的类型，可能值为野生型（WT）、纯合（Homo）、杂合（Hete）
TotalDepth	该 SNP 位点的总深度
A/T/C/G	分别为该位点的四碱基深度
QC_Info	若该位点的分型失败，则此值显示检出失败的具体原因，可能是值为未检出（Not Detected）、位点深度不足（Low Depth）、等位基因不平衡现象（Imbalance）。若等位基因频率小于 0.2，杂合位点会被判定为等位基因不平衡

表 6-11　trait.xlsx 表格条目解释

条目	解释
Sample Code	样本唯一编码
Eye Color	瞳孔颜色，输出格式为颜色预测概率，若无足够位点信息进行预测，则结果为未知表型（UNKnown_Trait）
Hair Color	头发颜色，输出格式为颜色预测概率，若无足够位点信息进行预测，则结果为未知表型（UNKnown_Trait）
Earwax Type	耳垢类型，可能值为湿型耳垢（Wet_Earwax）、干型耳垢（Dry_Earwax），或者未知表型（UNKnown_Trait）
Body Odour	体味情况，可能为有体味（Normal_Body_Odour）、无体味（No_Body_Odour），或者未知表型（UNKnown_Trait）
Lactose Intolerance	乳糖耐受情况，可能值为成人型乳糖不耐受（Adult_Type_Lactose_Intolerance）、乳糖耐受（Lactose_Tolerance），或者未知表型（UNKnown_Trait）
Muscle Performance	肌肉类型，可能值为速度型（Likely_sprinter）、耐力型（Likely_endurance），或者未知表型（UNKnown_Trait）
Alcohol Flush Reaction	酒精摄入脸红反应，可能值为喝酒会有脸红反应（Flushing_Reaction）、喝酒不会有或有较轻的脸红反应（Little_or_No_Flushing_Reaction），或者未知表型（UNKnown_Trait）
Skin Color	肤色，可能为先天肤色深（Dark-skinned）、先天肤色深浅度居中（Medium-skinned）、先天肤色浅（Light-skinned），或者未知表型（UNKnown_Trait）

③ 2-Image：该项文件夹包括了单样本 SNP 四碱基分布的视图 HTML 网页，以及视图所需的框架 JS 文件。Char.html，横坐标是 SNP 位点，纵坐标为位点四碱基深度比例，图中可看出每个 SNP 位点的等位基因比例分布，可通过点击最上端的图例显示/隐藏该项。

④ 单样本网页报告以及结果压缩包：样本名_cn.html 以及样本名_en.html 分别为样本名对应的单样本中英文网页报告。

（3）分析报告展示

① DNA 特征识别分析报告（全样本）：DNA 特征识别分析报告（全样本）展示如图 6-11 和图 6-12 所示。

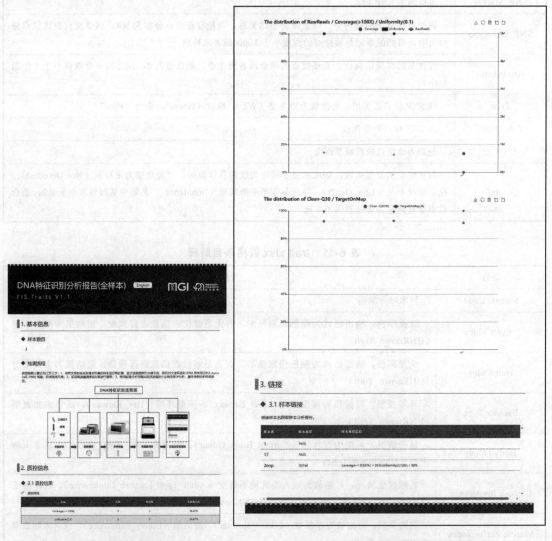

图 6-11　DNA 特征识别分析报告　　　　　图 6-12　DNA 特征识别分析报告
（全样本）展示 1　　　　　　　　　　　　（全样本）展示 2

② DNA 特征识别分析报告（单样本）：DNA 特征识别分析报告（单样本）展示如图 6-13 和图 6-14 所示。

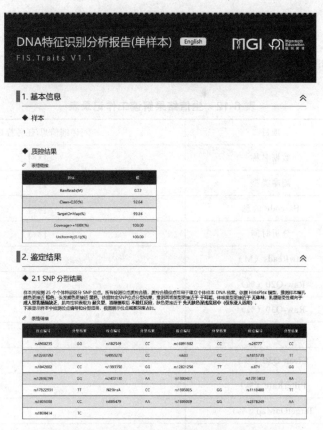

图 6-13　DNA 特征识别分析报告（单样本）展示 1

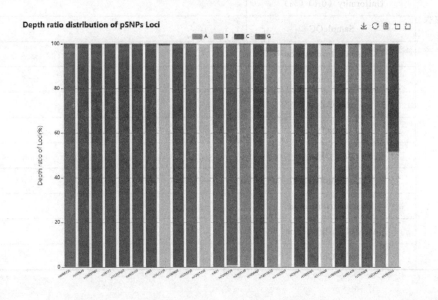

图 6-14　DNA 特征识别分析报告（单样本）展示 2

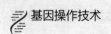

三、工作记录

任务完成后，填写生信结果解读工作记录表（表 6-12）。

表 6-12　生信结果解读工作记录表

类别	项目	详细信息/任务描述
基本信息	数据名称	[××]
	测序类型	[××]
	Barcode 信息	[××]
	分析时间	[××]
分析结果/报告解读	RawReads（M）	
	Raw-Q20（%）	
	Raw-Q30（%）	
	Clean-Q20（%）	
	Clean-Q30（%）	
	FilterRate（%）	
	TargetOnMap（%）	
	Coverage>=100×（%）	
	Uniformity（0.1）（%）	
	SampleQC	
	SampleQCInformation	
	EyeColor	
	HairColor	
	EarwaxType	
	BodyOdour	
	LactoseIntolerance	
	MusclePerformance	
	AlcoholFlushReaction	
	SkinColor	

四、任务评价

任务完成后，按表 6-13 进行生信结果解读工作评价。

表 6-13　生信结果解读工作评价记录表

班级:		姓名:		组别:		总分:	
序号	评价项目	评价内容		分值	评价主体		
					学生	教师	
1	职业素养	良好的沟通协调能力		5			
		保持整洁有序的操作台面		5			
		具备责任心和谨慎态度		10			
2	任务单分析	自主查阅资料，学习高通量测序生信报告相关背景知识		5			
3	任务实施	报告解读获取熟练度		5			
		生信报告各基础数据指标解读准确度		20			
		准确获取表型解读结果		20			
		分析任务成功投递		20			
4	工作记录	填写完整工作记录		10			
合计				100			
教师评语:							
						年　月　日	

技能要点

① 熟悉 Linux 操作系统的基本操作。

② 在解读报告之前，应充分熟悉并理解前面所学的常用生信术语，如测序深度、覆盖度等，熟悉每个指标的合理范围。

③ 能够识别潜在的偏差来源，如样本处理、数据收集或分析方法。

④ 能够理解和解读生物信息学报告中常见的数据可视化图表，如散点图、柱状图等。

⑤ 了解相关领域的最新研究动态和科学文献，以便将分析结果放在更广阔的科学背景下进行解读。

异常处理

① 数据质量问题：如果数据质量不达标（如测序深度低、覆盖率低），但扩增子均一性（Uniformity）良好，则可能原因是该文库所测数据量不足，需要重新测序。若 FilterRate 过高，则表明文库二聚体过高，这通常是由于引物加入量过高或起始模板投入量过低，需要对反应体系进行调整。

② 不一致的结果：如果结果与已知信息或预期显著不符（如与自己的实际表型不一致），则需考虑是否存在样本错乱或污染、实验错误、数据处理错误等问题。

③ 软件或分析错误：需要确认样本信息是否正确，样本 Fastq 数据是否存在，路径是否完整以及命令行是否按照要求正确输入。

④ 跨实验或跨平台的不一致性：如果不同实验或不同平台的结果不一致，则可能需要

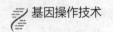

进行标准化处理或对比分析，以识别和解释这些差异（如 SNP 分型结果不一致，则可设计引物对该位点扩增后进行 Sanger 测序验证）。

课堂小思考

如何通过生信分析数据判断是否存在污染？

> **能力拓展**

出具检测报告

高通量测序检测报告在现代医学和生物学研究中扮演着至关重要的角色。这些报告提供了对基因组复杂性的深入洞察，使医生和研究人员能够准确识别和理解遗传变异、疾病机制以及个体间的生物学差异。这些报告不仅对精确的疾病诊断、个性化治疗策略的制定和药物反应的预测至关重要，还对科学研究、遗传病的早期预防和治疗具有深远影响。随着高通量测序技术的日益普及和发展，这些报告在推动医学前沿和改善公共卫生方面的作用愈发显著。

高通量测序的检测报告可以将数据结果进行高度概括，形成易读性更强的文件。通常测序平台或生物信息学分析系统会将所有的结果进行输出，报告撰写人需要从这些复杂结果中进行整理并提炼关键信息。测序检测报告通常分为科研和临床两个方向，科研性质的测序报告与临床报告在目的和内容上有所不同。科研测序报告更侧重于探索性研究、数据分析和科学发现，而不是直接的临床诊断和治疗建议。

一、科研检测报告可参考以下要素

1. 报告标题和项目信息

提供报告的基本识别信息，帮助读者快速了解研究的主题和背景。项目信息包括团队和资助来源，这有助于揭示研究的背景和支持机构。

标题：明确反映研究主题。

项目名称、编号（如果适用）。

研究团队名称和成员列表。

机构信息：包括实验室、大学或研究机构。

资助信息：列出所有资助或赞助机构。

2. 样本和实验设计

样本信息对验证研究的可重复性至关重要。实验设计说明了研究的目的、方法和预期目标，这是科学研究的核心部分。

样本详细信息：来源、采集方法、处理流程。

实验设计：研究的目的、假设和预期结果。

测序方法：详细描述测序平台和技术参数（如测序平台：MGISEQ-2000RS，测序类型：PE150）。

实验重复性：如有多个样本或重复实验，应描述其一致性。

3. 数据质量和预处理

确保数据质量是科学研究的基础。通过质量控制和预处理，可以保证数据的准确性和可靠性，这对于后续的分析至关重要。

原始数据量和质量指标：例如，Q30 分数、GC 含量。

数据预处理：详细说明数据过滤、质量控制步骤。

序列比对：使用的参考基因组、比对软件和参数。

4. 详细的测序结果和分析

详细的测序结果和分析是报告的核心部分，详细记录了测序的具体结果和生物信息学分析。这些数据和分析是提出新假设和理论的基础。

变异检测：详细列出所有重要变异，包括其生物学意义。

功能影响分析：变异如何影响蛋白质结构和功能。

生物信息学工具：使用的软件和数据库，以及它们的版本信息。

5. 数据解读和讨论

在数据解读和讨论这一部分中，研究者对结果进行解释，探讨其科学意义和实验中可能出现的偏差。这有助于提高研究的透明度和可信度。

结果解释：对主要发现的深入分析和讨论。

数据的潜在偏差和局限性分析。

与现有研究的对比：文献回顾和数据对比。

6. 结论和未来方向

结论和未来方向这部分总结研究的主要发现，并探讨未来的研究方向。这有助于明确研究的贡献并指导后续的科学探索，主要包括：

① 研究的主要结论和科学意义。

② 未来的研究方向和应用前景。

③ 潜在的研究合作和跨学科应用。

7. 参考文献和引用

参考文献和引用提供研究所依据的科学背景和相关文献，这是学术诚信和知识传承的重要体现。

详细列出引用的文献和研究成果来源。

8. 数据共享和附加信息

在科学研究中，数据共享是推动开放科学和加速知识传播的关键。附加信息，如伦理声明，确保研究遵循了适当的伦理和法律标准。

数据共享计划：数据访问方式，例如数据库链接。

实验室认证和质量控制信息。

伦理声明：特别是涉及人类或动物样本的研究。

其他备注：任何额外的重要信息或声明。

这些要素共同构成了一个完整、可靠、透明的科研测序报告，这不仅促进了科学知识的积累和传播，也保证了研究过程的严谨性和有效性。

注意事项

数据的透明度：确保数据处理和分析的透明度和可复现性。

跨学科合作：考虑与其他领域专家的合作可能性，如生物学、计算机科学、统计学等。

技术更新：考虑到生物信息学领域技术的快速发展，报告应反映最新的技术和方法。

可视化工具：使用图表和可视化工具来展示复杂的数据和结果，提高报告的可读性和理解性。

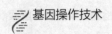

科研测序报告是一个动态的文档，需要根据研究的具体情况和领域的发展进行适当的调整和更新。这些报告不仅是科学发现的记录，也是知识传播和科学交流的重要工具。

二、临床检测报告可参考以下要素

1. 报告日期
［填写日期］

2. 患者/样本信息
包括患者的姓名、年龄、性别等，这是确保临床报告个体化的基础，对后续的诊断和治疗计划至关重要。提供样本的类型、采集时间和处理方法等细节，确保临床决策的准确性。

姓名：［填写姓名］

性别：［填写性别］

年龄：［填写年龄］

患者 ID：［填写患者 ID］

样本编号：［填写样本编号］

收集日期：［填写样本收集日期］

3. 临床信息
涵盖患者的症状描述、既往病史等，对理解基因测序结果的临床意义至关重要。

症状描述：［填写症状］

既往病史：［填写既往病史］

家族遗传病史：［填写家族遗传病史（如果有）］

当前治疗方案：［填写当前的治疗方案（如果有）］

4. 检测方法
检测方法描述了使用的测序平台和技术，这些信息对评估结果的准确性和可靠性非常重要。

技术平台：［填写技术平台，如 DNBSEQ-G99、Illumina HiSeq、Nanopore］

检测范围：［填写检测范围，如全基因组测序、外显子组测序、特定基因测序］

质量控制：［提供样本质量控制的结果］

5. 检测结果
测序结果的详细描述，是临床报告的核心部分，为诊断和治疗提供关键信息。

主要发现：［总结主要的遗传变异、突变等情况］

变异详述：

变异 1：［描述 1］（例如：基因、变异类型、临床相关性）

变异 2：［描述 2］

更多变异（如适用）

遗传变异分析：

每个变异的详细分析，包括其在基因组中的具体位置、遗传模式、已知或预测的功能影响。

变异与已知疾病或症状的关联分析。

基于公共数据库或已发布的研究对变异的频率信息进行分析。

6. 解释和建议

解释和建议提供对检测结果的专业解释和临床意义，以及基于这些结果的具体医疗建议。

结果解释：[提供关于检测结果的专业解释，包括变异对疾病的潜在影响]

临床意义：[讨论结果的临床意义，如诊断、预后、治疗选择]

患者管理建议：[基于结果的患者管理和后续护理建议]

遗传咨询：[建议进行遗传咨询，讨论遗传风险和家族成员可能的影响]

7. 附加信息

附加信息包括参考文献、实验室认证信息等，附加信息增加了报告的权威性和可信度。

参考文献：[提供用于解释和分析的相关科学文献]

实验室认证信息：[如有，提供实验室的认证和资格信息]

附加注释：[对结果的额外说明或重要注释]

8. 报告说明

报告说明通常包括对报告的适用范围和限制的说明，有助于指导医疗专业人员正确解读和应用报告内容。

示例：本报告仅供临床参考，最终诊断和治疗决定应由医疗专业人员做出。

报告中提到的所有遗传信息均为本次检测的结果，不代表个体的全部遗传信息。

对报告结果的任何疑问，请咨询遗传学专家或医生。

在实际应用中，报告内容可能需要根据特定的检测项目、实验室标准、患者需求以及法律法规进行相应的修改。此外，考虑到遗传信息的敏感性，确保处理和传递这些信息时遵循适当的隐私保护和伦理标准是非常重要的。

‹ 知识拓展

遗传病的分子生物学检验

遗传病，又称遗传性疾病，是由遗传因素引起的疾病。遗传因素通常指的是 DNA 序列中的变异或突变，这些变异可以在父母与子女之间传递，也可能是在个体生命早期或卵子与精子形成时发生的新突变。

遗传病的类型包括单基因遗传病、多基因遗传病（或复杂遗传疾病）、染色体遗传病，以及线粒体遗传病：

单基因遗传病：是由单个基因的变异引起的，遵循孟德尔遗传规律，例如囊性纤维化、镰状细胞贫血和杜氏肌肉营养不良。

多基因遗传病：是由多个基因的变异共同作用引起的，受环境因素影响较大，例如部分癌症、心脏病和糖尿病。

染色体遗传病：是由染色体结构或数目异常引起的，例如唐氏综合征（21-三体综合征）和克莱因费尔特综合征（性染色体异常）。

线粒体遗传病：是由线粒体 DNA（mtDNA）突变引起的，仅通过母系传递，如某些类型的视网膜病和肌病。

这些疾病可以通过遗传咨询、家族史调查、基因检测等方法进行诊断和风险评估。某些遗传病可以通过基因治疗、药物治疗、生活方式的改变等方法进行管理和治疗。

遗传病是由遗传信息改变导致的疾病，这种改变通常发生在个体的基因或染色体上。这些改变可以是遗传自父母的，也可以是在生命早期发生的新突变。对于很多遗传病，尽管其症状可以通过药物或其他治疗手段进行管理，但目前大多数遗传病仍无法根治。

由于遗传病对个人和社会都可能产生深远的影响，因此对遗传病的研究一直是医学研究的一个重要领域。这些研究包括了解疾病的遗传机制、发展有效的诊断方法、制定预防策略以及提供针对性的治疗。

在 20 世纪末至 21 世纪初，分子生物学和基因组学的进步极大地推动了遗传病研究的发展。人类基因组计划的完成为理解复杂的遗传病提供了基础，也促进了个性化医疗的发展。此外，随着生物技术的快速发展，诸如基因编辑和基因疗法等前沿科技开始被研究和应用于遗传病的治疗。

尽管技术进步给遗传病的治疗带来了希望，但遗传病的预防仍然是一个重要的公共卫生挑战。由于遗传病的特殊性，需要通过遗传筛查和风险评估等手段来进行预防。这就要求我们必须具备有效的检测和分析手段，以识别潜在的遗传风险和疾病的早期迹象。

分子生物学检验在这个过程中扮演着关键角色，因为它们可以在分子层面上检测遗传突变，为我们提供了一个预测和评估遗传病风险的强有力的工具。随着检测技术的提升和成本的降低，这些检验变得越来越普及，对促进遗传病的早期发现、及时干预以及治疗策略的制定都至关重要。

一、单基因遗传病的分子生物学检验

单基因遗传病，也称为孟德尔遗传病，是由单个基因的突变引起的疾病。这些疾病可以通过显性或隐性遗传模式在家族中传递，包括常染色体显性、常染色体隐性、性染色体显性和性染色体隐性四种主要的遗传模式。单基因遗传病的特点是每种疾病通常与特定的临床表型相关，这种表型通常在受影响的个体中具有一致性。

1. 单基因遗传病的特性

① 特定性：每种单基因遗传病通常与特定的基因突变相关联。

② 遗传模式：单基因病的遗传模式明确，可以是显性也可以是隐性，这取决于需要一个还是两个突变基因才能表现疾病表型。

③ 变异类型：可以是点突变、插入、缺失、重复或复杂的重排。

④ 表型影响：突变通常导致编码蛋白质的结构或功能改变，引起特定的疾病表型。

⑤ 临床表现：临床表现通常在个体间具有一致性，即使在不同家族中也是如此。

单基因遗传病通常与特定的基因突变相关，这使得分子检验技术成为直接而明确的诊断工具。它们能够精确地鉴定基因序列中的特定变异，从而确诊疾病。分子检验技术能够提供高度精确的结果，这对需要进行特定治疗或管理的遗传病来说至关重要。通过检测携带者状态或预测疾病风险，分子检验技术在预防和家庭规划方面发挥着重要作用。这对于希望了解其后代可能受到遗传病影响风险的家庭尤为重要。每种单基因遗传病都有其独特的基因突变模式，分子检验技术可以帮助患者制订个性化的治疗方案，这是现代医疗的趋势。对于某些单基因遗传病，分子检验还可被用于监测治疗效果，例如通过测量特定突变基因表达水平的变化监测治疗效果。

2. 常用单基因遗传病分子生物学技术

（1）PCR（聚合酶链反应）　PCR 原理：PCR 是一种分子生物学技术，用于在体外快速复制（放大）少量的 DNA 样本，生成数以百万计的 DNA 副本。它利用特定的短单链 DNA 分子（引物），与目标 DNA 序列特异性结合，然后通过 DNA 聚合酶的作用进行 DNA 链的延伸，从而在循环过程中指数级地增加特定 DNA 片段的数量。

实施流程：

① 样本准备：提取包含目标基因的 DNA。

② 设计引物：根据目标 DNA 序列设计一对特异性引物。

③ PCR 反应混合物准备：包含 DNA 模板、引物、DNA 聚合酶、四种脱氧核糖核苷酸（dNTPs）和缓冲液。

④ 热循环：包括初步变性（高温使 DNA 双链分离）、退火（引物与模板 DNA 结合的温度）、延伸（DNA 聚合酶合成新的 DNA 链）。

⑤ 产物检测：通过凝胶电泳分析 PCR 产物，确定目标片段是否被成功扩增。

⑥ 结果分析：通过观察凝胶电泳条带的存在与大小，确定特定 DNA 序列是否存在以及是否成功扩增。条带的大小与目标 DNA 片段的长度一致。

（2）Sanger 测序　Sanger 原理：Sanger 测序是一种 DNA 测序方法，通过合成 DNA 链的中断来确定 DNA 序列。它使用了特殊的终止子（ddNTPs），这些分子在加入新合成的 DNA 链时会阻止链的进一步延伸。

实施流程：

① 样本准备：提取含有目标基因的 DNA，并通过 PCR 方法进行扩增。

② 测序反应：加入引物、DNA 聚合酶、正常的 dNTPs 和带有标记的 ddNTPs 进行测序反应。

③ 电泳分析：将反应产物进行毛细管电泳，ddNTPs 的终止位置反映了 DNA 模板的序列。

④ 数据分析：通过检测不同长度 DNA 片段的终止点，软件可以自动读出 DNA 序列。

⑤ 结果分析：结果以一系列峰值的形式呈现，每个峰值代表 DNA 链的一个碱基，从而提供 DNA 片段的精确序列。

（3）实时荧光定量 PCR（quantitative real-time PCR，qPCR）　qPCR 原理：qPCR 是 PCR 的变种，允许在 PCR 过程中实时监测 DNA 的扩增。它通过使用荧光标记的探针或染料来检测 PCR 产物的量，从而实现对特定 DNA 序列的定量分析。

实施流程：

① 样本准备：与常规 PCR 类似，首先提取 DNA 样本。

② 反应混合物准备：除了常规 PCR 的组分外，还需加入荧光染料或探针。

③ 热循环：进行 PCR 扩增，每个循环结束时通过荧光信号的增加来监测 DNA 量的变化。

④ 荧光检测：实时收集每个循环中的荧光数据。

⑤ 结果分析：通过荧光强度的变化曲线，可以定量分析目标 DNA 的初始量。实时 PCR 通常用于基因表达分析或突变检测。

（4）高通量测序（MPS）　高通量测序原理：MPS 是一种高通量测序技术，能够同时测序数百万到数十亿片 DNA 分子。与 Sanger 测序相比，它可以在较短的时间内以更低的成本测序整个基因组或特定区域。

227

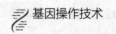

实施流程：

① 样本准备：提取 DNA，制备测序文库，包括片段化、末端修复及连接特定接头。或直接对目标基因进行扩增富集后加上特定接头后完成文库制备。

② 测序：通过高通量测序（如 DNB 测序）或单分子实时测序方法进行测序。

③ 数据分析：使用生物信息学工具处理测序数据，进行序列拼接、变异检测和功能注释。

④ 结果分析：MPS 产生的大量数据需要通过专门的软件进行分析，以识别基因变异、SNPs、插入和缺失等，从而提供对遗传病原因的深入理解。

每种技术都有其独特的应用范围和优势，根据具体的研究或临床需求选择合适的方法，如疾病的类型、样本的可用性和所需的信息类型。

二、多基因遗传病的分子生物学检验

多基因遗传病，又称为复杂遗传疾病，是由多个基因的变异和环境因素共同作用引起的疾病。与单基因遗传病相比，多基因遗传病的遗传模式更加复杂，多基因遗传病不遵循简单的孟德尔遗传规律。这类疾病包括许多常见的慢性疾病，如心脏病、糖尿病、某些类型的癌症以及阿尔茨海默病等。

1. 多基因遗传病的特性

① 复杂的遗传背景：多基因遗传病涉及多个基因，每个基因可能只对疾病风险产生微小的影响，但这些基因的共同作用可以显著增加疾病的风险。

② 环境因素的影响：除了遗传因素外，环境因素在多基因遗传病的发展中也起着重要作用。例如，生活方式、饮食习惯、暴露于特定环境因素等都可能影响疾病的发展。

③ 表型的异质性：即使是相同的遗传背景，由于基因表达的差异、环境因素和随机事件的影响，个体表现出的疾病症状和严重程度也可能不同。

通过分子检验技术，可以识别与多基因遗传病风险相关的特定基因变异，帮助评估个体对某些疾病的易感性。分子检验技术有助于揭示多基因遗传病的遗传和分子机制，为疾病的预防、诊断和治疗提供科学依据。了解个体的遗传背景可以指导个性化治疗计划的制订，选择最适合个体遗传特征的治疗方法。

2. 常用多基因遗传病分子生物学技术

（1）全基因组关联分析（GWAS） GWAS 原理：GWAS 是通过比较患有特定疾病的个体和健康对照个体的基因组差异，来识别与疾病相关的遗传标记的一种方法。这种方法通常关注单核苷酸多态性（SNPs），这些是基因组中最常见的遗传变异形式。

实施流程：

① 样本收集：收集大量患病个体和健康对照个体的 DNA 样本。

② DNA 分析：使用微阵列技术，如 SNP 芯片，分析样本中成千上万个 SNP 的基因型。

③ 统计分析：通过统计学方法比较两组间 SNP 的频率差异，以识别与疾病风险相关的 SNPs。

④ 结果分析：GWAS 结果通常以 P 值的形式报告，表示特定 SNP 与疾病关联的统计显著性。通过这些关联分析，可以识别出可能与疾病风险增加有关的基因区域。

（2）高通量测序（MPS） 高通量测序原理：高通量测序技术允许同时高通量测序大量的 DNA 分子，提供比传统 Sanger 测序更快、成本更低的基因组、外显子组或特定基因区域的测序。

实施流程：

① 样本准备：提取 DNA，制备测序文库，包括片段化、末端修复及连接特定接头。或直接对目标基因进行扩增富集后加上特定接头后完成文库制备。

② 测序：通过高通量测序（如 DNB 测序）或单分子实时测序方法进行测序。

③ 数据分析：通过生物信息学工具对大量测序数据进行处理和分析，包括序列比对、变异检测和功能注释。

④ 结果分析：MPS 数据分析可以揭示 SNPs、插入/缺失（Indels）、拷贝数变异（CNVs）和结构变异等，有助于识别与多基因遗传病相关的遗传变异。

（3）多重 PCR 和微阵列　多重 PCR 和微阵列原理：多重 PCR 是一种能同时扩增多个 DNA 目标序列的 PCR 变体。微阵列技术则利用成千上万个不同 DNA 探针固定在固体表面，同时检测大量 DNA 或 RNA 样本中的特定序列。

实施流程：

① 多重 PCR：设计多对特异性引物，同时在一个反应中扩增多个目标序列。

② 微阵列检测：将标记的 DNA 或 RNA 样本杂交到微阵列芯片上，通过探针与目标序列的结合和随后的信号检测来识别特定的遗传变异。

③ 结果分析：多重 PCR 的结果通过凝胶电泳或实时荧光定量 PCR 来检测。微阵列数据则是通过图像分析和信号强度比较来分析，用于识别基因表达差异或 SNPs 等遗传变异。

（4）表达组学和蛋白质组学　表达组学和蛋白质组学原理：表达组学关注基因表达水平的变化，蛋白质组学则研究蛋白质的表达、功能和相互作用。这些技术有助于我们从功能层面理解多基因遗传病的影响。

实施流程：

① RNA 提取和测序：对疾病和对照组样本进行 RNA 提取，然后进行 RNA 测序（RNA-Seq）。

② 蛋白质样本处理：蛋白质提取、消化和标记，然后通过质谱（MS）进行分析。

③ 数据分析：使用生物信息学工具分析 RNA-Seq 或 MS 数据，识别表达差异和功能相关的蛋白质。

④ 结果分析：表达组学和蛋白质组学的结果有助于识别疾病相关的基因和蛋白质表达模式，揭示疾病的分子机制和潜在的治疗靶点。

这些分子检验技术和相关产品为基因遗传病的研究、诊断和治疗策略的开发提供了强大的工具。随着技术的进步和生物信息学分析方法的完善，我们将不断深入对复杂遗传疾病的理解，为患者带来更有效的治疗方法。

三、染色体遗传病的分子生物学检验

染色体遗传病是由染色体异常引起的疾病，这些异常可以包括染色体的数目变化（如多余或缺失某条染色体）和染色体结构变化（如断裂、倒位、转位等）。染色体遗传病通常会导致复杂的临床表型，包括发育迟缓、智力障碍、先天性畸形以及多种系统性疾病。

1. 染色体遗传病的特性

① 表型的多样性：即使是同一种染色体异常，不同个体之间也可能表现出不同的临床特征，表型的变异范围可以从轻微到严重。

② 遗传性：染色体遗传病可以通过遗传传递给下一代，但也有很多病例是由生殖细胞在形成过程中发生的新突变而产生的。

③ 发生率：染色体异常是常见的遗传病因之一，某些类型的染色体异常（如21-三体综合征，即唐氏综合征）是最常见的遗传性智力障碍原因。

分子检验技术能够提供高分辨率的染色体分析，甚至能够检测到微小的染色体结构变化，这对于准确诊断染色体遗传病至关重要。与传统的染色体分析相比，分子检验技术可以更快地提供结果，有助于及时进行遗传咨询和做出临床决策。某些分子检验技术可以在单次实验中分析整个基因组的染色体结构和数目变化，提供全面的遗传信息。

2. 常用染色体遗传病分子生物学检验技术

（1）核型分析　核型分析原理：通过显微镜观察经过特殊染色处理的染色体，以检测染色体数目和大的结构异常。

实施流程：

① 样本收集：从患者处收集细胞样本，常见的样本类型包括外周血、羊水细胞、皮肤活检组织或骨髓。

② 细胞培养：将收集到的细胞在含有促进细胞分裂的培养基中培养数天。

③ 细胞收获与处理：在细胞分裂的中期，添加秋水仙碱等细胞分裂抑制剂，阻止细胞进入下一个阶段，使染色体处于最易观察的状态。再通过高渗溶液处理使细胞膨胀，方便染色体的分离和观察。之后进行细胞固定、制片（通常使用乙醇和醋酸的混合溶液固定细胞）。

④ 染色：使用 Giemsa 染色、梯度 G 染色或 Q 染色等技术对染色体进行染色，使染色体带纹清晰可见。

⑤ 显微镜检查：使用显微镜观察染色好的细胞，拍摄染色体的图像。

⑥ 染色体分析：通过特殊软件或手工方法对染色体图像进行分析，包括计数、识别和排列染色体，寻找数目和结构异常的染色体。

核型分析是通过显微镜观察染色体的一种方法，这种方法可以直观地看到染色体的数目和结构。染色体在细胞分裂中期时被染色和显微镜成像，以观察其形状、大小和排列方式。

优势：

① 直观性：能够直接观察整个染色体的形态，便于发现是否有数目异常（如三体综合征）和大的结构异常（如易位、倒位）。

② 广泛应用：核型分析是一种成熟的、广泛使用的技术，适用于多种类型的样本，包括外周血、骨髓和羊水等。

劣势：

① 分辨率有限：核型分析只能检测相对较大的染色体变异，一般在 5~10Mb 以上，无法检测染色体微小的变异。

② 时间消耗：染色体的制备、染色和分析过程相对耗时。

③ 技术要求：需要经验丰富的技术人员进行染色体的识别和异常的解释。

（2）荧光原位杂交（FISH）　荧光原位杂交原理：使用带有荧光标记的 DNA 探针，与目标染色体上特定的 DNA 序列互补杂交，用于检测染色体的微小变化和特定基因的异常。

实施流程：

① 样本准备：与核型分析相似，首先需要收集细胞样本，如血液、羊水或组织切片。

② 制片：将细胞制成玻片样本，通过热或化学方法将样本固定在玻片上。

③ 探针制备：选择与目标 DNA 序列互补的 DNA 探针，并用荧光染料进行标记。

④ 杂交：将荧光标记的探针与样本 DNA 共同加热，使双链 DNA 变性成单链。在适当的条件下冷却，使荧光探针与其互补的目标 DNA 序列杂交。

⑤ 洗涤：移除未杂交的探针，减少背景信号。

⑥ 显微镜观察与成像：使用荧光显微镜观察并拍摄荧光信号，分析目标序列的存在、位置和数量。

FISH 使用带有荧光标记的 DNA 探针，这些探针特异性地结合到染色体的目标区域，允许直接在染色体上进行特定序列的定位和检测。荧光原位杂交可以用于检测特定基因的缺失、重复、易位等微小的染色体结构变异。

优势：

① 高特异性：FISH 能够精确地定位染色体上特定的基因或序列。

② 多重检测：FISH 通过使用不同荧光标记的探针，可以同时检测多个染色体区域。

③ 适用范围广：FISH 可以应用于固定细胞和活细胞，适用于各种类型的组织和细胞样本。

劣势：

① 有限的目标区域：每次实验只能针对有限的目标序列进行检测。

② 成本：相对于传统的染色体分析，FISH 技术的成本较高。

③ 操作复杂性：FISH 实验的设计和执行需要实验人员具备特定的专业知识和经验。

（3）微阵列比较基因组杂交（aCGH）　aCGH 原理：比较患者 DNA 和参考 DNA 在成千上万个基因组区域的相对拷贝数，用于检测染色体的拷贝数变异（CNVs）。

实施流程：

① DNA 提取：从患者和对照样本中提取总 DNA。

② 标记与杂交：将患者和对照样本的 DNA 分别标记不同的荧光染料（例如绿色和红色）。将标记的 DNA 与覆盖整个基因组的具有成千上万个探针的微阵列芯片杂交。

③ 洗涤与扫描：去除未杂交的或非特异性杂交的 DNA。使用微阵列扫描仪扫描芯片，检测荧光信号的强度。

④ 数据分析：利用专门的软件比较不同荧光标记的信号强度，计算患者和对照样本 DNA 在每个探针位置的相对丰度。识别拷贝数增加或减少的区域，这可能指示此处的染色体出现异常。

aCGH 是一种比较两个 DNA 样本（测试样本和参照样本）在全基因组范围内拷贝数变异的技术。通过测量绑定到微阵列芯片上成千上万个探针的荧光信号强度的差异，aCGH 能够检测到整个基因组中的增益和损失。

优势：

① 高通量：能够在单次实验中覆盖整个基因组，检测广泛的 CNVs。

② 较高分辨率：相比于传统的核型分析，aCGH 能够检测到更小的拷贝数变化，分辨率可达几千到几十万个碱基对。

③ 无须细胞培养：可以直接使用 DNA 样本，无须在实验前进行长时间的细胞培养。

劣势：

① 无法检测平衡性变异：aCGH 无法检测到不影响基因拷贝数的平衡性染色体变异，如某些易位和倒位。

② 数据解析复杂：大量的数据需要专业的生物信息学支持进行分析和解释。

③ 成本相对较高：尽管价格已经有所下降，但 aCGH 的成本仍然比传统的染色体分析方法的成本高。

（4）无创 DNA 产前检测技术（non-invasive prenatal testing，NIPT）　NIPT 用于在怀孕早期通过分析孕妇血液中的游离胎儿 DNA 来评估胎儿染色体异常的风险，如唐氏综合征（21-三体综合征）、爱德华综合征（18-三体综合征）和帕陶综合征（13-三体综合征）等。

NIPT 技术的特点

① 无创性：相比于传统的羊膜穿刺或绒毛取样等有创性检测方法，NIPT 只需要从孕妇血液中提取游离 DNA，对母亲和胎儿几乎没有风险。

② 高精度：华大基因使用先进的基因测序技术和复杂的生物信息学分析，使 NIPT 检测具有高准确率和高敏感性。

③ 早期检测：NIPT 可以在孕早期（一般为孕期 10 周后）进行，比传统的产前筛查更早提供重要信息。

④ 应用范围广：除了检测常见的染色体异常外，NIPT 技术还可以扩展到检测其他遗传性疾病和染色体微小缺失/重复综合征等。

实施流程：

① 血液采集：从孕妇手臂静脉抽取少量血液样本。

② DNA 提取和准备：从血液样本中提取游离 DNA，包括胎儿和母体的 DNA。

③ 高通量测序：使用高通量测序技术对提取的 DNA 建库后进行测序。

④ 生物信息学分析：分析测序数据，识别胎儿 DNA 的特征，如染色体数目的异常。

⑤ 结果解读和报告：根据分析结果，提供关于胎儿染色体异常风险的报告。

优势与限制

优势：NIPT 提供了一种安全、准确且早期的产前检测方法，可以有效减少需要进行有创性诊断测试的孕妇数量。

限制：尽管 NIPT 的准确率较高，但它仍然是一种筛查测试而不是确诊测试。在检测结果呈阳性时，通常建议进行有创性的诊断测试以再次确认。

NIPT 技术代表了产前检测领域的重要进步，为孕妇提供了一种更为安全和准确的选择。随着技术的进一步发展和应用范围的拓展，预计未来会有更多的孕妇受益于这项技术。

四、线粒体遗传病的分子生物学检验

线粒体遗传病是一组由线粒体 DNA（mtDNA）或核 DNA 中编码线粒体蛋白的基因突变引起的遗传性疾病。线粒体是细胞中负责能量生产的器官，因此线粒体遗传病通常影响身体的能量密集组织，如肌肉和神经系统。

1. 线粒体遗传病的特性

① 异质性：线粒体遗传病表现出高度的临床和遗传异质性，同一种线粒体突变可导致不同的疾病表型；相反，相似的临床表型可能由不同的遗传缺陷引起。

② 母系遗传：大多数线粒体遗传病通过母系遗传，因为线粒体 DNA 主要由母亲传给后代。

由于线粒体遗传病的复杂性，选择分子检验技术时需要考虑技术的敏感性、准确性和能够检测特定类型突变的能力。

2. 常用线粒体遗传病分子生物学检验技术

（1）线粒体 DNA 测序 线粒体 DNA 测序原理：全面测序 mtDNA 以识别已知和未知的突变。

实施流程：

① 样本收集：从患者处收集样本，如血液、肌肉组织或其他含有线粒体的组织。

② DNA 提取：使用化学或物理方法从收集到的样本中提取 mtDNA。由于线粒体在细胞中以多拷贝形式存在，因此即使从少量样本中也能获得足够的 mtDNA 进行测序。

③ PCR 扩增：使用特定于线粒体基因组的引物对 mtDNA 进行 PCR 扩增，以增加待测序 DNA 片段的数量。这一步骤对增加测序的特异性和灵敏度至关重要。

④ 测序：根据需求，可以采用 Sanger 测序或高通量测序技术（MPS）对扩增的 mtDNA 进行测序。

Sanger 测序：传统的方法，适合用于单个或少数几个特定区域的测序。

高通量测序技术：提供全面的 mtDNA 覆盖，能够在单次实验中捕获整个线粒体基因组的信息。

⑤ 数据分析：测序结果以电子数据形式输出，需要通过生物信息学工具进行分析，以识别 mtDNA 序列中的突变和变异。对比参考线粒体基因组，识别出可能与疾病相关的序列变异。

⑥ 结果解释：分析结果需要由遗传学专家进行解释，以确定检测到的变异是否与患者的临床表现相关，并评估其可能的病理性。

优势：

① 敏感性高：能够检测 mtDNA 中的微小变异，包括点突变和小范围缺失/插入。

② 全面性：高通量测序技术可以提供对整个 mtDNA 的全面覆盖，有助于发现未知或罕见的突变。

③ 适用性广：可以从多种类型的生物样本中提取 mtDNA 进行测序。

劣势：

① 成本较高：特别是采用高通量测序技术时，成本较高，可能限制了其在某些情况下的应用。

② 数据分析复杂：测序产生的大量数据需要复杂的生物信息学分析，对实验人员的数据分析能力提出了较高要求。

③ 异质性挑战：线粒体 DNA 的异质性（即同一细胞中不同线粒体之间的基因组差异）可能使得识别与疾病相关的突变变得更加复杂。

（2）实时荧光定量 PCR（qPCR） qPCR 原理：用于检测特定 mtDNA 变异的拷贝数，如大范围缺失。

实施流程：

① 提取 DNA 样本。

② 设计特异性引物和探针，靶向正常和突变的 mtDNA 序列。

③ 进行 qPCR，实时监测荧光信号的增加。

④ 根据荧光信号的变化计算突变与正常 mtDNA 的相对比例。

⑤ 结果分析：通过比较突变和正常 mtDNA 的相对量，评估突变拷贝数的变化。

优势：快速、敏感，适合大范围缺失和拷贝数变异的检测。

劣势：只能检测已知的特定突变，无法识别新的或未知的突变。

（3）Southern 印迹 Southern 印迹原理：用于检测 mtDNA 的缺失和重排。

实施流程：

① 提取 DNA，通过凝胶电泳分离 DNA。

② 将 DNA 从凝胶转移到膜上。

③ 使用标记的 DNA 探针杂交到膜上的 mtDNA。

④ 通过探针的信号检测 mtDNA 的缺失和重排。

⑤ 结果分析：根据膜上的信号模式识别特定的 mtDNA 缺失或重排。

优势：可以直观地观察到 mtDNA 的大范围结构变化。

劣势：技术要求高、操作烦琐、灵敏度和分辨率相对较低。

线粒体遗传病的分子检验技术选择需要根据特定的临床表型、疑似的遗传缺陷类型以及可用的样本类型来决定。每种技术都有其独特的优点和局限性，精确的技术选择和结果解释通常需要遗传学和分子生物学的专业知识。随着科学技术的进步，特别是高通量测序技术的发展，对线粒体遗传病的诊断和理解将会更加深入和准确。

综上所述，我们不难发现，高通量测序技术在各类遗传病的检验中都扮演了至关重要的角色，高通量测序在分子生物学检验中有以下作用：

① 遗传病的精确诊断：高通量测序技术能够精确诊断包括单基因遗传病、多基因遗传病和染色体遗传病在内的各种遗传性疾病。它通过提供全面的遗传信息，帮助医生确定疾病确切的基因病因，从而为患者提供个性化的治疗方案。

② 疾病风险评估：高通量测序技术可以用于评估个体对特定遗传病的易感性，特别是对于多基因遗传病。通过分析个体基因组中的多个风险位点，高通量测序有助于预测疾病风险并指导预防性健康措施。

③ 新突变和病理机制的发现：高通量测序技术使研究人员能够发现与遗传病相关的新突变和未知的病理机制。这些发现不仅丰富了我们对遗传病的理解，而且为开发新的治疗方法提供了可能。

④ 无创产前检测：高通量测序技术在无创产前检测（NIPT）中也有应用，通过分析孕妇血液中的游离胎儿 DNA，为早期发现胎儿染色体异常提供了一种安全有效的手段。

⑤ 个体化医疗与精准医疗：高通量测序技术是实现个体化医疗和精准医疗的关键工具。通过对患者遗传信息的深入分析，医生可以根据患者的遗传特征选择最合适的治疗方法。

高通量测序技术的未来展望

成本的降低和所需测序时间的进一步减少：随着技术的不断进步，高通量测序技术的成本预计将进一步降低，所需测序时间也将进一步减少，使得更多的个体和家庭能够负担得起全基因组测序，为大规模的遗传病筛查和早期诊断提供可能。

数据分析和解释能力的提升：随着生物信息学和人工智能技术的发展，对高通量测序产生的海量数据进行分析和解释的能力将大大提高，这有助于研究人员从复杂的遗传信息中提取有用的知识。

更广泛的临床应用：高通量测序技术在遗传病诊断以外的临床领域，如癌症、心血管疾病和神经退行性疾病的研究和治疗中，也将发挥越来越重要的作用。

整合多组学数据：未来，高通量测序技术将与转录组学、蛋白质组学和代谢组学等其他组学技术相结合，通过整合分析多组学数据，为复杂疾病的研究和治疗提供更全面的视角。

伦理、法律和社会问题的解决：随着高通量测序技术的普及，伦理、法律和社会方面的问题也日益凸显。未来将需要更多的努力来解决这些问题，确保技术的负责任使用。

总之，高通量测序技术在分子生物学检验中扮演了至关重要的角色，并将继续推动遗传病研究和临床诊断的革新。随着技术的进步和应用的拓展，高通量测序技术有望为人类健康和疾病治疗带来更多的突破。

‹ **案例警示**

胎儿先天性心脏病基因检测报告案例

王女士在孕期 B 超检查中发现胎儿有先天性心脏病，随后进行了羊水 CNV-seq 检测，发现胎儿 15 号染色体存在致病性缺失，但该缺失与心脏异常无直接关联。随后王女士和其丈夫也做了 CNV-seq 检测进行验证，检测结果发现王女士携带同样的染色体缺失，而其丈夫携带一个无明确致病性的染色体重复。进一步的全外显子组测序（Trio-WES）发现胎儿 *MKKS* 基因携带一个疑似致病的杂合突变，但父母均为健康携带者。综合检测结果，未找到胎儿心脏病的明确遗传病因，推测为发育异常。此案例展示了产前基因检测在评估胎儿健康中的复杂性和挑战，以及在遗传咨询中解释检测结果的重要性。它也强调了在产前诊断中，综合多种检测方法和结果，以及与患者及其家属进行充分沟通的必要性，以确保他们能够做出知情的决定。

‹ **素养园地**

华人基因编辑第一人——张锋

张锋，主要研究领域为神经系统功能与疾病。在自然微生物 CRISPR 系统用于真核细胞（包括人类细胞）的基因编辑工具开发方面做出了最前沿的探索。2013 年，他的实验室开发出创新性 CRISPR-Cas 系统，大幅度提高了编辑基因的可靠性和效率，引起了国际广泛关注，张锋也因为他突破性的研究成果而获得了各种荣誉。2016 年 7 月 1 日，张锋晋升为 MIT 终身教授，成为 MIT 历史上最年轻华人教授。他最著名的研究是基因修饰技术 CRISPR-Cas9 的发展和应用，凭借此项技术他率先获得了美国专利，并被视为诺贝尔奖的热门人选之一。2021 年 10 月，张锋当选美国国家医学院院士。入选理由是：通过发现新型微生物酶和系统及其作为分子技术的发展（如光遗传学和 CRISPR 基因编辑），彻底改变了分子生物学，并推动了分子生物学研究，使治疗人类疾病的能力实现了变革性飞跃。

张锋不仅在科研上硕果累累，在科研转化方面也是不可多得的人才。他成立了多个生物技术公司。这些公司都围绕着 CRISPR 技术，不断拓宽着该技术应用的边界。张锋陆续开发和改进了多种基因编辑工具，并创立了多家基因编辑领域公司。2022 年 2 月，持续 6 年的 CRISPR-Cas9 的专利权争议，终于尘埃落定。美国专利商标局裁定，CRISPR-Cas9 基因编辑技术的专利属于麻省理工学院-哈佛大学博德研究所（broad institute）的张锋团队，而并不是加利福尼亚大学伯克利分校珍妮弗·杜德娜团队。凭借着众多专利，张锋的商业化进程还远远没有结束，这场由他主导的基因编辑热潮还有更多的想象空间。

附 录

S1-1 样本转移申请表

样本或菌种	名称	分类	样本状态	规格	数量	来源
运输目的						
主容器			辅助容器		填充物	
外包装			制冷剂与数量			
注意事项						
运输起点						
运输终点						
运输次数			运输日期			
接收单位	名称					
	地址					
	负责人			电话		
运输方式			运输负责人		职务及电话	

S1-2 样本转让协议

转让方（以下称"甲方"）：
地址：
联系人：　　　　　　　电话：
受让方（以下称"乙方"）：
地址：
联系人：　　　　　　　电话：
鉴于乙方科研需要，甲方同意将其合法所有的生物样本转让给乙方。双方为样本转让事项顺利开展特作如下约定，
以兹共同信守：

1. 样本转让明细

甲方同意将如下经匿名化处理的样本及相关样本信息转让给乙方：

序号	样本名称	规格	数量	备注
1	例：干血片	2cm×2cm	70	
2				
3				

2. 双方权利与义务

① 甲乙双方同意本样本转让为无偿，乙方无须向甲方支付任何转让费用，样本运输、搬运费用由 乙 方承担。

② 甲方有权知悉样本用途和使用情况。

③ 甲方应向乙方提供完整、准确、真实的样本信息和相关材料，并提供安全的包装、储存、运输条件，确保样本完好、有效。

④ 各方应对合作期间所知悉的对方的商业秘密、技术秘密等未公开的信息保密，未经对方事先同意，一方不得向任何第三人披露该等保密信息。

⑤ 乙方利用甲方提供的样本所产生的所有数据、科研成果及相关知识产权归乙方单独所有，无剩余样本保留。

3. 样本交付

双方约定，本协议项下全部样本转让交付时间为：____年__月__日。甲方应保证交付的样本包装完好，储存、运输符合条件，符合样本有效期要求等，同时保证其提供的样本相关信息、资料完整真实。

4. 承诺与保证

（1）甲方承诺其具有合法采集生物样本的合法资质，保证其提供给乙方的生物样本，其采集、收集、进口、运输、保管、使用和处置符合所有应适用的国家法律法规及伦理规范（包括但不限于人源、动植物及微生物样本），人类血液及其他人源样本的采集、使用已获被采集者的知情同意（包括但不限于书面或其他伦理审查认可的形式）。

（2）乙方承诺对甲方提供的样本仅用于进行_____科研目的，不得用于其他任何用途，如不得对甲方提供的样本进行再次转让或用于其他研究/应用。

5. 违约责任

（1）甲方因未取得样本来源知情同意或其他原因而造成对第三人侵权的责任，应由甲方自行承担。

（2）乙方违反本协议约定，将甲方采集的样本用作他途的，甲方有权追究乙方违约责任。

（3）其他任何一方违反本协议第2条有关权利义务约定的，守约方皆可追究违约方的违约责任，并要求赔偿相应损失。

6. 其他

本协议一式两份，双方各执一份，经双方签字盖章始生效，至协议项下全部样本转让完成时终止，任何一方欲解除本协议，应提前十五个工作日书面通知对方。

因本协议的生效、执行、解除等发生争议，双方应协商解决，协商不成任何一方可向甲方所在地有管辖权的人民法院提起诉讼。

[以下无正文]

甲方（盖章）：

法定代表人/授权代表（签字）

乙方（盖章）：

法定代表人/授权代表（签字）

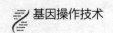基因操作技术

S1-3 基因检测实验室规章制度

第一章 总则

第一条 为规范基因检测实验室管理，保护实验室工作人员的身体健康，保证检测结果的准确性和可靠性，制定本规章制度。

第二条 基因检测实验室必须遵守国家的相关法律法规和规章制度，定期对实验室工作人员进行安全培训，确保其实验操作规范、安全、有效。

第三条 实验室人员必须按照实验室的操作规程进行操作，保证数据真实可靠。

第四条 实验室人员必须保护实验室的机密信息和知识产权，不得泄露实验室的机密信息。

第五条 实验室人员必须遵守实验室的伦理规范，不得进行非法和不道德的实验行为。

第六条 实验室人员必须定期参加实验室的质量控制和质量保证活动，确保实验室的质量水平符合标准要求。

第二章 实验室管理

第七条 实验室必须有专门的管理人员，负责实验室的日常管理和安全管理工作。

第八条 实验室必须定期进行安全培训和应急演练，确保实验室的安全操作规程和应急处理措施得到有效的实施。

第九条 实验室必须定期进行设备的维护和保养，确保设备的正常使用和长期稳定运行。

第十条 实验室必须保持清洁和整洁，确保实验室环境卫生和操作场所的安全。

第十一条 实验室必须按照实验室的标准程序进行废物处理，确保废物符合环保要求。

第三章 实验室操作

第十二条 实验室人员必须按照实验室的标准程序进行操作，确保实验室操作规范、安全、有效。

第十三条 实验室人员必须遵守实验室的质量控制和质量保证活动，确保实验室的质量水平符合标准要求。

第四章 处罚规定

第十四条 对于违反实验室规章制度的行为，实验室管理人员有权采取相应的处罚措施。

第十五条 违反本规章制度，对实验室造成严重影响的，应当依法追究责任。

第十六条 实验室管理人员对于违反实验室规章制度的行为应当及时进行处理，并将相关情况及时上报有关部门。

第五章 附则

第十七条 本规章制度的解释权归基因检测实验室所有。

第十八条 本规章制度自发布之日起生效。

超微量分光光度计（附图）的使用操作规程

① 打开电源，等待仪器自检，须听到"砰"的一声，大概自检 3～5min。

② 选择样品类型（比如 dsDNA）并设置测量参数（体积参数设置为 1～2μL）。

③ 用擦镜纸擦拭点样口和盖子接触口，确保样品口和盖子干净。

④ 用移液枪或在涡旋振荡仪上混匀样品。

⑤ 用移液枪吸取空白样品（比如无菌水 1～2μL）滴在样品口上，使样品形成小液珠。

⑥ 盖上盖子，选择"blank"按钮，生成一个空白测量（调零）。

⑦ 用擦镜纸擦除点样口和盖子上的样品。

⑧ 用移液枪吸取 1～2μL 样品溶液滴在样品口上，使样品溶液形成小液珠。

⑨ 检测（比如 DNA 溶液的浓度和纯度），并记录数据。

⑩ 用完后用无菌水或 70%酒精擦拭样品口，关闭电源，套上外防尘保护套。

1. 使用功能

① 用于紫外检测：常规紫外线波长下检测样品吸光值。

② 用于核酸检测：可检测 dsDNA、ssDNA、RNA 等不同类型核酸的浓度及其在 260nm、280nm 处的吸光值。

③ 用于蛋白检测：检测普通纯化后蛋白的浓度和 280nm 处的吸光值，BCA、Bradford、Lowry 法蛋白定量分析。

④ 用于菌液/悬浮细胞浓度检测：可检测菌液 OD_{600} 值及监测悬浮细胞生长情况。

⑤ 用于动力学检测：用于酶活力和生长曲线等动力学实验的测定。

2. 相较于传统分光光度计的优势

① 所需样品体积小，仅需 $1\sim2\mu L$。

② 不需要比色皿，用移液枪直接将样品滴加到检测孔上，测量时样品自动形成液柱，检测完成后只需用干净的擦镜纸将样品从检测孔上擦拭干净即可。

③ 具有 1mm 和 0.2mm 两个光程（电机控制自动选择光程），样品无需稀释，测量范围可达到常规分光光度计的 50 倍。

④ 氙气闪光灯为灯源，寿命长，性能稳定。

⑤ 不需要预热，自检后可随时检测。

⑥ 显示吸光度值的同时，程序会直接给出浓度值（核酸、蛋白和荧光染料）。

⑦ 体积小，相当于一本字典大小，仅占约 20cm 实验室空间。

附图　超微量分光光度计及核酸检测界面结果图

凝胶成像系统（Gel DocTM XR+）的使用操作规程

① 打开成像仪器电源，将样品放入紫外透射仪上。

② 双击桌面图标，打开 Image Lab 软件。

③ 单击"新建实验协议"或者已保存的实验协议。

④ 选择相应的应用程序，如"Ethidium Bromide"。设置成像区域及曝光时间等。

⑤ 点击"放置凝胶"，并选择相应的滤光片。

⑥ 通过"照相机缩放"将图像调至合适大小。

⑦ 点击"运行实验协议"，系统将根据输入的曝光时间进行成像。

⑧ 成像结束后，可通过图像工具对结果进行分析处理并保存。

⑨ 仪器使用完后，请及时关闭电源，特别是 ChemiDox XRS 的 CCD 电源。

注意事项：

① 请勿将潮湿样品长期放在暗箱内，以防腐蚀滤光片，更不要将液体溅到暗箱底板上，以免烧坏主板。

② 使用后将平台擦干净，以防有水损坏 CCD；切胶时在平台上垫上保鲜膜，以防划损平台。

③ 只有在进行化学发光实验时才需要提前打开冷 CCD 预热 30min 后再使用，其他操作无须预热。

④ 请勿使用控制成像仪的电脑上网，也不要自行重装电脑操作系统或给操作系统升级。

⑤ 及时取走自己的物品，注意用电安全，保持实验室清洁，不浪费。仪器不正常时，及时上报，不得自行处理。

参考文献

[1] 肖忠华，孟凡萍.分子生物学与检验技术.北京：北京大学医学出版社，2023.

[2] 赵斌.医学遗传学.北京：科学出版社，2022.

[3] 沈百荣.深度测序数据的生物信息学分析及实例.北京：科学出版社，2022.

[4] 王志刚.分子生物学检验技术.北京：人民卫生出版社，2021.

[5] 鞠守勇.基因操作技术.北京：化学工业出版社，2020.

[6] 王贵霞，张在国.基因操作技术.北京：中国农业大学出版社，2020.

[7] 王玉亭.基因操作技术基础.北京：中国轻工业出版社，2017.

[8] 张申，胥振国，高江原.分子生物学检验.武汉：华中科技大学出版社，2017.

[9] 杨焕明.基因组学.北京：科学出版社，2016.

[10] 田锦.基因操作技术.北京：中国农业大学出版社，2013.